Fundamentals of Aircraft Equipment

항공장비 개론

오상광, 최쌍룡, 박윤명, 김정래, 송병호, 신동호

도서출판 진 영 사

항공장비개론

오상광, 최쌍룡, 박윤명, 김정래, 송병호, 신동호

2014년 2월 24일 초판 인쇄
2016년 8월 11일 초판2쇄 발행
2021년 2월 22일 초판3쇄 발행
발행인 박 진 영
발행처 도서출판 진영사
인천광역시 부평구 갈산동 185번지 풍진빌딩 303호
전화 : 032)505-4207
팩스 : 032)505-4206
E-mail : 0183734207@hanmail.net
등록 : 122-91-77317

ISBN 978-89-6541-163-5 93550
값 18,000원

머 리 말

항공기가 다양화되고 대형화됨에 따라 전기전자, 기계를 기본으로 하는 각종 센서들을 활용함으로서 사람들이 다루어야 할 여러 업무들을 경감해주고 기계적인 작동을 신속 정확하게 처리하고 있다. 항공장비의 발달과 더불어 이를 운용하고 정비하는 업무의 종사자들에게 관련 장비들에 관한 기본적인 개념 및 활용할 수 있는 지식이 필요하게 되었다. 이러한 추세에 발맞추어 교육기관 혹은 자기 학습을 하는 초심자 입장인 학생들의 수준에 맞게 구성된 서적이 요구되어 왔으며, 수년에 걸쳐 교육하고 강의한 경험들을 바탕으로 본 학습 자료를 만들게 되었다.

본 서적은 크게 6개로 분류하여 항공장비의 기초적인 소양 및 지식을 학습하는데 주안점을 두었다. 항공계기 계통, 유압 및 공압계통, 방빙 및 제빙계통, 경고 및 비상계통, 기내 환경조절 계통 그리고 비행 기록장치에 이르기까지 필요한 내용과 더불어 해당되는 관련 그림들을 제시하여 독자들이 더욱 잘 이해할 수 있도록 도움을 주고자 하였다. 또한 해당분야를 학습하고 나서 관련 지식들을 확인하고 점검할 수 있도록 뒷부분에 문제를 제시하여 해결하도록 구성되었다. 아쉬운 것은 항공통신 및 항공법 분야의 범위가 넓어 허용하는 분량이 너무 크게 되어 다루지 못한 것이다.

공학은 반복의 학문이다. 즉 기존의 장치 혹은 장비를 잘 익혀야 이들의 문제점을 파악하고 더욱 개선된 성능을 가진 제품을 만들 수 있기 때문이다. 한 유명한 철학자 Decarte는 문제를 해결하기 위해 다음과 같이 4가지 기법들을 제시하였다. 먼저 어떤 것이 본인의 마음으로부터 모든 의문점을 배제할 수 있을 만큼 명백하지 않고 분명하지 않으면 절대 어느 것이라도 사실로 받아들이지 말고, 둘째로 한 해결책에 도달하기 위해 필요한 만큼 해당 문제를 나누며 셋째로 나눈 내용들 중에서 가장 간단한 것부터 시작하여 복잡한 부분 쪽으로 단계적으로 나아가며, 마지막으로 어떤 것도 빼먹지 않았다고 확신할 정도로 그 해결책을 아주 완전하게 그리고 일반적으로 검토한다. 이와 더불어 공학은 적절한 수준의 물리학과 수학이 결합되면 더욱 효과적으로 학습할 수 있을 것이다.

이 책자가 독자들에게 도움이 되길 바라며 필요한 내용을 더욱 보충하고 개선하고자 한다. 이 원고정리 및 번역에 도움을 준 오은경님, 늦게까지 바라지하고 격려해준 박은희님께 감사의 마음을 전합니다.

저자 일동

목 차

제1장 항공계기 계통

항공기가 고성능, 고속화 및 대형화됨에 따라 항공기에 대한 안전성과 신뢰성 그리고 경제성을 가지는 것이 매우 중요하게 되었다. 항공기 안전에 필요한 정보를 시시각각으로 승무원에게 제공하는 항공계기는 정확히 작동해야 하고, 계기가 지시하는 의미를 올바르게 파악하여 이상이 있을 경우에는 신속히 조치를 취함으로써 항공기의 안전운항이 이루어질 수 있도록 해야 한다.

Daniel Bernoulli(1700~1782) :

He was a Dutch-Swiss mathematician and one of the many prominent mathematicians in his family. He is particularly remembered for his applications of mathematics to mechanics, especially fluid mechanics. The Bernoulli principle is of critical use in aerodynamics.

The Bernoulli effect states that the pressure in a fluid decreases as the speed of the fluid increases. This is true for flowing air as well as for flowing liquid.

To see the Bernoulli effect at work, cut a strip of paper about half an inch wide and eight inches long. Grasp one end of the paper strip between your thumb and forefinger. Hold the strip just below your mouth and close to your bottom lip. Blow across the top of the strip and watch.

The moving air creates an area of low pressure above the strip. The still air below the strip, its pressure being higher than that of the moving air above it, pushes the paper up.

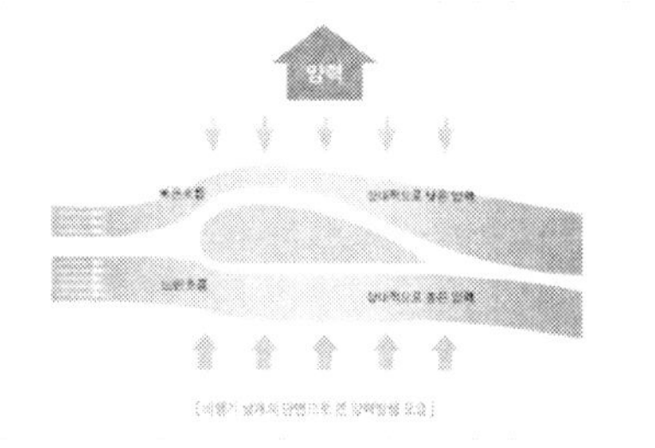

1-1 항공계기 계통이란?

항공기의 고속화 대형화로 인해 항공기의 사용 장비의 발달과 동시에 첨단 항공계기가 개발되면서 항공기의 운용에 필요한 계기의 구조와 성능, 기능면에서 많은 발전을 해왔다. 오늘날 항공계기는 첨단기술의 기계, 전기 및 전자장치들이 모인 집합체이다.

과거에는 단순히 항공기의 위치, 방향, 속도, 단순한 통신장치, 기관의 상태 등을 알려주는 역할을 했으나, 지금의 계기는 항공기의 모든 구성부품들의 상태와 승객의 쾌적함을 주기 위한 주위 환경까지 제어할 수 있도록 설계되었으며 이중 혹은 삼중의 안전장치들을 마련하여 각 기관의 상태를 정확히 지시하는 기능 및 계기 자체의 신뢰성을 높이는 데에도 많은 발전이 거듭되었다.

(a) digital계기 배치

(b) analog계기 배치

그림 1-1 항공기 계기판

1-1-1 항공계기의 특성 및 분류

항공계기로서의 구비 조건은 다음과 같다.

① 비교적 소형 경량일 것
② 내구성이 클 것
③ 어떤 조건에서도 정확성이 확보되고, 외부조건의 영향이 적을 것
④ 판독이 쉬울 것

항공계기의 종류는 사용 용도나 관점에 따라 여러 가지의 분류 방법이 있다.

1. 계기 구조에 따른 분류

① 기계식 계기
② 자이로 계기
③ 전기계기
④ 전자계기

2. 용도에 따른 분류

(1) 기관 계기(engine instrument)는 항공기에 장착된 기관의 상태를 알아내는 데 필요한 계기이다.

① 매니폴드 압력계(manifold pressure indicator)
② 연료 압력계(fuel pressure gauge)
③ 기관 압력비 계기(EPR: engine pressure ratio indicator)
④ 압축기 배출 압력계(compressor discharge pressure gauge)
⑤ 실린더 헤드 온도계(CHT: cylinder head temperature indicator)
⑥ 윤활유 온도계(oil temperature indicator)
⑦ 연료 온도계(fuel temperature indicator)
⑧ 흡입 공기 온도계(carburetor air temperature indicator)
⑨ 배기가스 온도계(EGT: exhausted gas temperature indicator)
⑩ 압축기 입구 온도계(compressor inlet temperature indicator)
⑪ 기관 회전계기(tachometer)
⑫ 회전 동조계(synchroscope)
⑬ 연료 유량계(fuel quantity indicator) 등이 있다.

(2) 비행 계기(flight instrument)는 항공기의 비행 상태를 알아내는데 필요한 계기이다.

① 고도계(altimeter)
② 대기 속도계(ASI: air speed indicator)

③ 승강계(VSI: vertical speed indicator)
④ 마하계(machmeter)
⑤ 실속 탐지기(stall detector)
⑥ 선회 경사계(turn and bank indicator)
⑦ 방향 자이로 지시계(directional gyro indicator)
⑧ 자이로 수평 지시계(gyro horizon indicator) 등이 있다.

(3) 항법 계기(navigation instrument)는 항공기의 진로, 위치, 방위 등을 알아내는데 필요한 계기이다.

① 자기 컴퍼스(magnetic compass)
② 외기 온도계(OAT: outside air temperature indicator)
③ 절대 고도계(RA: radio altimeter)
④ 자동 무선 방향 탐지기(ADF: automatic directional finder)
⑤ 초단파 전방향 무선표지(VOR: very high frequency omnidirectional radio range)
⑥ 단거리 항법 장치(TACAN: tactical air navigation)
⑦ 거리 측정 장치(DME: distance measuring equipment)
⑧ 관성 항법 장치(INS: inertial navigation system)
⑨ 지구 위치표시 장치(GPS: global positional system) 등이 있다.

(4) 기타 계기

① 전압계(voltmeter)
② 전류계(ammeter)
③ 작동유 압력계(hydraulic pressure gauge)
④ 객실 고도계(cabin altimeter)
⑤ 산소 압력계(oxygen pressure gauge) 등이 있다.

3. 지시방법에 따른 분류

(1) 직독식 계기

(2) 원격 지시식 계기

이중 용도에 따른 분류에 의한 종류를 보편적으로 사용하며 이 교재에서도 이에 따른 분류에 기초한다.

1-1-2 항공계기의 오차

1〉 누설 오차(leakage error)

흔히 계기 케이스와 유리판과의 틈이나 계기의 배관의 연결부에서 발생하며, 누설오차가 발생할 때, 피토(Pitot) 정압 계통의 계기나 압력 계기에서는 지시에 큰 영향을 미칠 수 있으므로 밀봉(sealing)을 철저히 함으로서 누설 오차를 방지해야 한다.

2〉 마찰 오차(friction error)

기계적인 구조를 가진 계기들은 감지부에서 얻어낸 작은 변위량을 확대부를 거쳐 지시부(지침)로 전달하게 되는데 이 때 기계적인 부품들 간에 힘을 전달하기 위한 접촉이 마찰 오차를 유발시킨다. 이는 기계적 구조가 복잡한 계기일수록 많이 발생할 수 있으며, 이를 방지하기 위해 기계적 접촉부분에 사용되는 부품들의 재질을 마찰이 적은 정밀도가 높고 표면경도가 큰 재료를 이용하며 접촉 부품들 사이에 미세한 진동을 형성 시켜 마찰을 줄일 수 있도록 한다. 제트기관을 장착한 항공기에서는 이 진동 발생장치를 고도계 근처에 설치하는 경우도 있다.

3〉 온도 오차(thermal error)

항공기의 운항은 계절의 변화에 의한 온도의 영향을 받는다. 뿐만 아니라 고도의 변화에서도 심한 온도변화가 생겨 항공 계기 각 부품들의 체적 변화와 탄성률

변화를 가져와 지시에 영향을 미치게 된다. 항공 계기에 생기는 온도에 의한 오차는 다른 오차들 보다 비교적 크고 일반적으로 나타날 수 있으므로 온도오차가 발생하지 않도록 온도에 영향이 밀접한 부품에는 온도 보상장치를 설치하게 되는데 주로 바이메탈(bimetal)이 쓰인다.

4) 진동 오차(vibration error)

계기가 엔진으로부터 오는 진동에 의해 지침이 떨리는 현상이며 이는 기체에 계기판을 장착할 때 고무로 된 완충장치(shock mount)를 설치함으로서 일부 감소시킬 수 있다.

5) 위치 오차(position error)

계기 자체에 잘못이 있거나 항공기의 자세변화에 따라 생기는 오차로 계기 내의 가동부의 불평형에 원인이 있으며 진동 오차의 원인이 되기도 한다.

6) 시차(parallax)

계기의 눈금을 보는 눈의 각도에 따라 생기는 오차를 말한다.

7) 전기적 단락

고공을 비행하는 항공기 내부의 전기적 부품들은 부품들 간의 절연이 잘 안되어 전기적 단락(short)현상이 일어날 수 있으므로 전기계기 내부에는 알곤, 헬륨 등의 불활성 가스를 충전시켜 산소의 유입을 막아 아크(arc)에 의한 산화를 방지한다.

1-1-3 항공계기의 색표지

계기에는 색표지를 하여 눈금을 정확히 읽지 않더라도 신속히 상황판단을 할 수 있도록 되어있다. 항공기의 운용한계를 계기 눈금 또는 계기 유리 위에 색깔로 표시하는 것이다. 운용중인 항공기의 최대 및 최소 운용한계, 경고와 경계범위 등을 나타낸 것이며, 이는 그림 1-2와 같다.

1〉 붉은색 방사선

최대 및 최소 운용한계를 나타내며, 붉은색 방사선이 표시된 범위 밖에서는 절대로 운용을 금지한다.

2〉 녹색 호선

안전운용범위, 즉 계속 운전 범위를 나타내는 것으로서, 순항 운용 범위를 의미한다.

3〉 노란색 호선

안전 운용범위와 초과금지까지의 경계, 경고 또는 기피범위를 의미한다.

4〉 흰색 호선

① 흰색호선은 대기 속도계에만 표시하는 색이다.
② 플랩을 조작할 수 있는 속도 범위를 표시한다.
③ 최대 착륙무게에 대한 플랩을 내리고 비행 가능한 최소속도(flap down power off stall speed)를 하한점으로 한다.
④ 플랩을 내리더라도 구조 강도상에 무리가 없는 최대 플랩 내림속도(maximum flap down speed)를 상한점으로 나타낸다.

(a) 기관 계기

(b) 실린더 헤드 온도계

(c) 흡입 공기 온도계

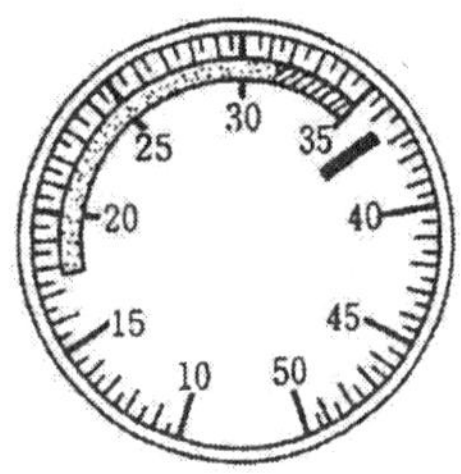

(d) 매니폴드 압력계

(e) 진공압계

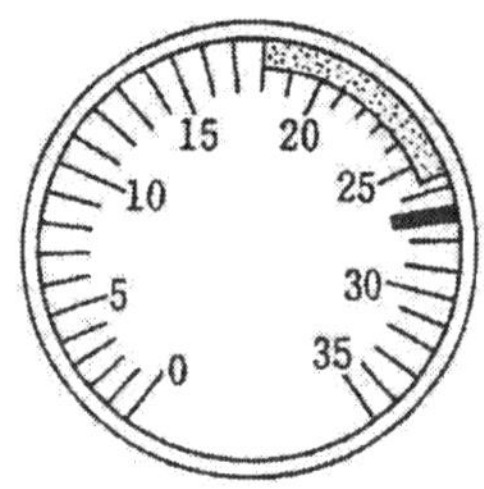

(f) 회전계

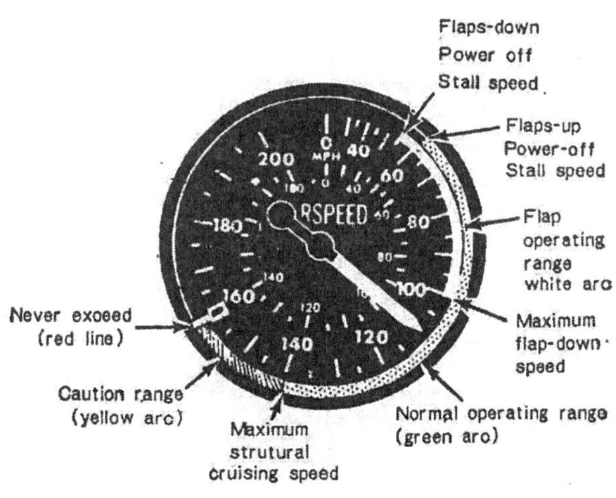

그림 1-2 항공계기의 색표시

5) 푸른색 호선

푸른색 호선은 기화기를 장비한 왕복기관에 관계된 기관계기에 표시하는 색으로서, 흡기 압력계(manifold pressure indicator), 기관 회전계기(tachometer), 실린더 헤드 온도계(cylinder head temperature indicator) 등에 표시한다. 연료와 공기 혼합비가 오토린(auto-lean)일 때의 상용 안전운용 범위를 나타낸다.

6〉 흰색 방사선

계기의 유리판과 케이스에 걸쳐 표시되어 있으며, 앞에서 설명한 색표지들을 계기 앞면 유리판에 표시하였을 때, 유리가 케이스와 정확히 맞물려 있는가를 표시하는 미끄럼 방지를 표시하는 마크이다.

복습문제 1

다음 오른쪽 항공계기인 속도계에 대해 답하시오.

1> 허용하는 최대속도는?

2> 안전운전 속도범위는?

3> 플랩(flaps)을 내리고 비행이 가능한 최저속도는?

4> 안전 운용범위와 초과금지까지의 경계, 경고 또는 기피범위는?

복습문제 2

[1] 비행계기(flight instrument)에 속하지 않는 계기는?

㉮ 고도계 ㉯ 속도계 ㉰ 선회경사계 ㉱ 회전계

[2] 항공계기 중 전기계기 내부는 어느 것으로 충전시키는가?

㉮ 산소가스 ㉯ 질소가스 ㉰ 수소가스 ㉱ 불활성가스

1-1-4 항공기 계기판

항공기계기판은 자기 컴퍼스에 의한 자기적인 영향을 받지 않도록 일반적으로 비자성 금속재료인 알루미늄 합금이 사용된다. 하지만 용도에 따라 자기적, 전기적 영향을 차폐시킬 목적으로 철재 케이스를 사용하는 경우도 있으며 요즈음에는 플라스틱재 케이스도 많이 쓰는 추세이다. 또한 계기판에는 기관으로부터 오는 진동을 방지하기 위해 계기판의 중량에 비례하여 고무로 된 완충 마운트를 설치하며, 유해한 반사광선으로 인하여 계기판의 지시 내용이 잘못 파악되거나 조종사의 눈의 피로를 덜어주기 위해 무광택의 검은색 도장을 한다.

계기판의 배치 및 종류

조종사의 앞쪽 계기판은 가능하면 기축에 수직이 되도록 장착하는 것을 원칙으로 하지만 시야가 계기판에 닿는 각도가 직각을 이루도록 앞쪽으로 약간(15° 정도)기울이는 경우도 있다. 계기의 종류별로 구분하여 배치하는데 가장 중요한 비행계기를 그림과 같이 T형 배열하여 조종사와 부조종사 앞쪽에 우선 배열하며 다음으로 중요도에 따라 배치한다.

속도계	자세 지시계	고도계
	방위 지시계	

그림 1-3 계기판의 배치

그림 1-4는 통상적인 주계기판, 상부계기판 등의 항공기에 설치된 계기판의 배치를 나타낸 것이다.

1〉 주 계기판(main instrument panel)

윈드실드(windshield) 아래쪽에 배치된 계기판으로 조종사용과 부조종사용 그리고 중앙 계기판 부분으로 나누어져 있으며, 가장 중요한 비행계기가 조종사용과 부조종사용 계기판에 각각 한 개씩 배치되며 중앙계기판에는 주로 기관계기가 배치된다.

2) 상부 계기판(overhead instrument panel)

머리위쪽에 있는 계기판으로써 자주 사용하지 않는 계기나 스위치 등이 배치된다.

3) 중앙부분(center pedestal)

조종사와 부조종사 좌석 사이의 공간에 배치한 패널이다. 주로 기관, 조종면 조작 레버 스위치, 조종면 관계의 지시계와 무선기기의 조작스위치 등이 장착되어 있다.

4) 기관사(비행공학자)용 계기판(flight engineer's instrument panel)

요즈음 항공기에는 설치가 되지 않고 있으나 예전의 항공기에서 기관사가 담당하는 계기들이 배치된다.

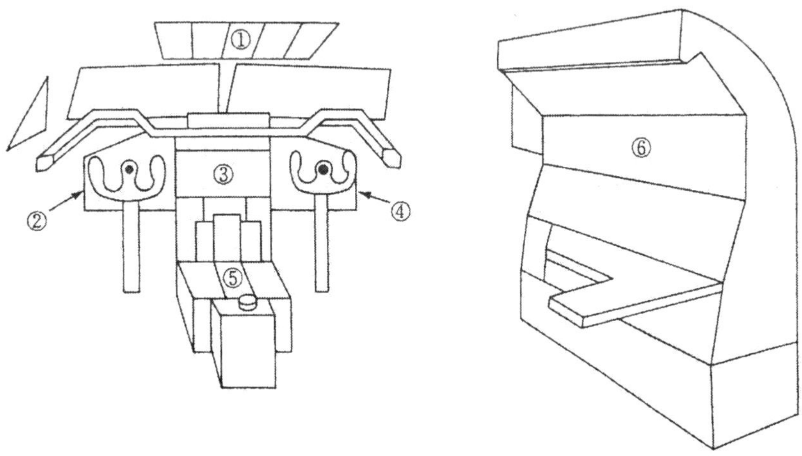

① 상부 계기판 ② 조종사용 주계기판 ③ 중앙 계기판
④ 부조종사용 주계기판 ⑤ 중앙 부분 ⑥ 기관사용 계기판

그림 1-4 항공기 계기판의 배치

마지막으로 그림 1-1의 항공기 계기판의 배치를 검토하면 T형으로 구성되어 있음을 알 수 있다.

메모

1-2 압력 계기

항공기에서 사용하는 유체는 압력(pressure)을 가지고 있으며 이 유체를 사용하는 계통에서 적당한 압력을 유지하지 못한다면 유체의 공급이나 유체의 고유한 역할을 할 수 없는 상태가 되어 항공기 운용에 막대한 지장을 초래할 것이다. 예를 들면 윤활유의 압력이 규정값 이하일 경우 엔진의 윤활과 냉각이 원활하지 않을 것이며 연료압력이 낮을 경우는 기관 출력에 큰 영향을 미치게 될 것이다. 따라서 각 계통에 압력이 적당하게 유지되는가를 조종사는 수시로 점검해야 하므로 압력계기의 중요성은 아주 크다.

그림 1-5는 Torricelli가 실험한 1기압(1atm)에서 수은(Hg)의 높이를 나타낸다.

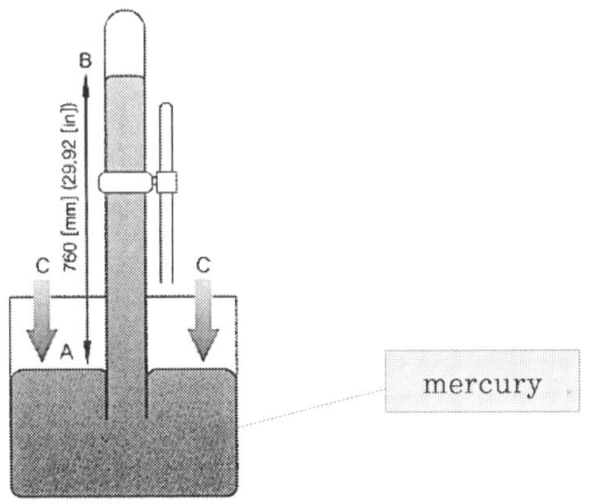

그림 1-5 표준 대기압(1atm)의 측정

1-2-1 압력이란?

압력이란 단위면적에 작용하는 힘으로 정의할 수 있으며 밀폐된 공간에서 유체의 압력은 단면의 방향에 관계없이 같은 값이 되고, 단면에 수직하게 작용한다. 압력의 단위는 그 종류가 많다. 하지만 항공기에서 사용하는 압력의 측정 단위로서 $inHg$와 psi가 대표적으로 많이 사용되고 있다.

Pascal의 법칙

프랑스의 수학자 파스칼은 제한된 용기 안에 있는 액체의 압력이 증가하면 용기(container) 안에 힘이 골고루 전달되며 용기 벽에 90°의 각도로 힘이 작동한다는 사실을 발견하였다. 즉 "용기 안에 액체를 가득 채우고 압력을 올리기 위하여 용기에 연결된 피스톤에 힘을 가하면 용기 내에 어느 곳에 같은 압력을 갖게 된다."

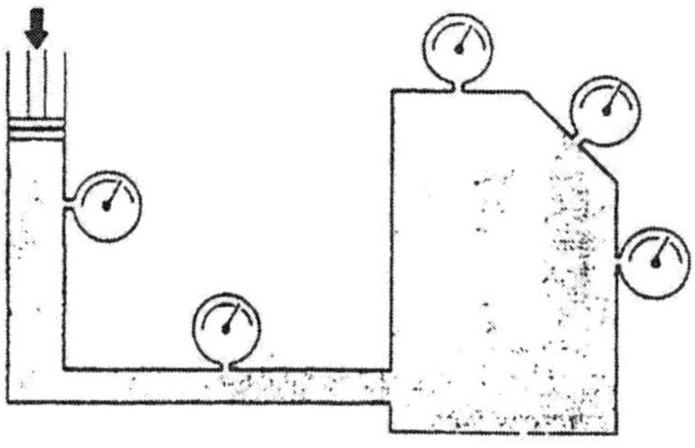

그림 1-6 어느 곳이나 같은 압력을 가진다.

압력, 힘 및 면적의 관계

압력(P: pressure)은 단위 면적당 작용하는 힘(F: force)이다. 따라서 압력은 단위 $inch^2$당 lbs(psi: pounds per square inches)로 측정되며, 미터 방식에서는 단위 cm^2당 힘(무게)으로 측정된다. 압력, 힘과 면적(A: area)의 관계식은 아래의 수식으로 표현된다.

$$\text{압력}(P) = \frac{\text{힘}(F)}{\text{면적}(A)}$$

압력에 관련된 여러 사항을 정리해 보자. 힘의 단위는 국제단위로 Newton[N]이 있다. 이는 $1kg$의 물체를 $1m/\sec^2$의 가속도로 움직일 때 발생하는 힘이다. 이는 가속도 법칙, $\vec{F} = m\vec{a}$를 이용하면 $1N = 1kg \cdot 1m/\sec^2$로 표현된다.

두 번째로 kgf가 있다. 이는 지구상에서의 힘 또는 무게의 단위로서 $9.8N$에 해당한다. 마지막으로 압력단위인 Pascal[Pa]은 단위면적당 작용하는 힘인 N/m^2로 나타낸다.

힘: $1kgf = 9.8N$

압력: $1kgf/cm^2 = 9.8N/0.0001m^2 = 98{,}000N/m^2$

$1Pa = 1N/m^2, \quad 1hPa = 100Pa$

1-2-2 압력의 종류

압력에는 다음과 같이 세 가지로 표현된다. 절대 압력(absolute pressure)은 절대 진공을 기준으로 측정하는 압력이며 게이지 압력(gauge pressure)은 대기압을 기준으로 측정하는 압력이다.

따라서 절대 압력과 gauge압의 관계는 절대 압력 = 대기압 ± gauge압과 같이 나타낼 수 있다.

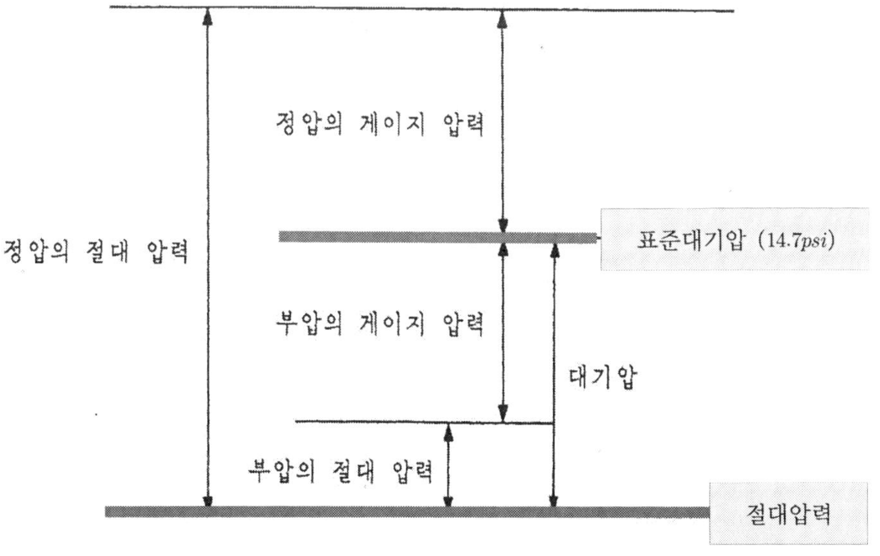

그림 1-7 대기압, 게이지(gauge)압 및 절대압의 관계

복습문제

Torricelli 실험에 의하면 1기압($1atm$)은 $760mmHg$이다.
이를 통상 압력단위로 사용하는 $inHg$와 psi로 계산하여 구하시오.
[해]

1-2-3 압력 감지부

압력계는 압력을 기계적인 변위로 변환시킨 다음, 이 변위를 다시 압력 단위로 읽을 수 있도록 한 것으로서 압력을 측정할 수 있는 압력 감지부로는 애너로이드(aneroid), 다이어프램(diaphragm), 벨로우즈(bellows), Bourdon 관 등을 이용하고 있다.

- 애너로이드(aneroid) : 내 외부가 완전히 밀폐되어 있고, 내부가 진공으로 되어 있어서 외부 압력을 절대 압력으로 측정하는 데에 사용되는 밀폐공함이다.

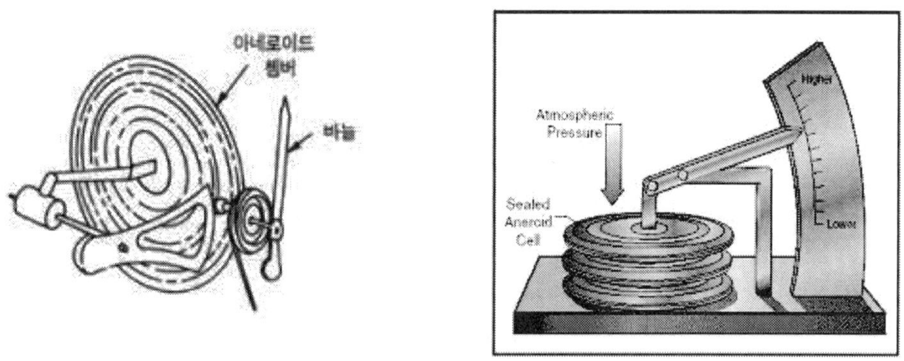

그림 1-8 aneroid 기압계

• 다이어프램(diaphragm) : 내부로 통하는 구멍이 있어 내측과 외측에 모두 압력을 받을 수 있으며 내외측의 압력 차, 즉 차압 측정에 사용한다.

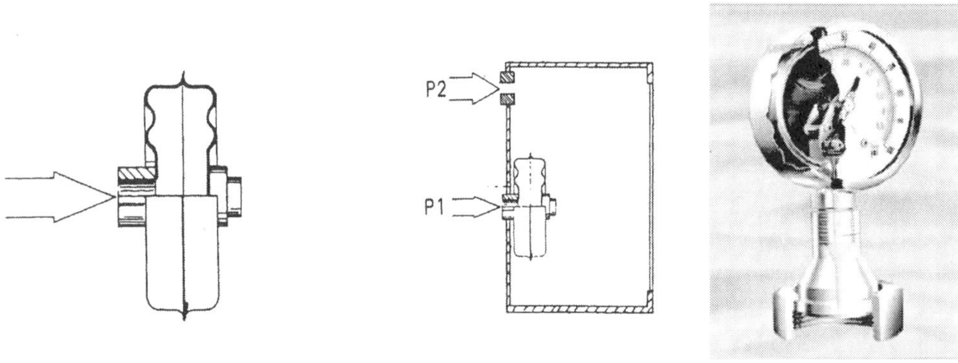

그림 1-9 diaphragm 압력계의 측정원리 및 외관

• 벨로우즈(bellows) : 여러 장의 다이어프램들을 겹쳐 놓은 형태로서 다른 차압 공함에 비해 감지 변위가 크고 감도가 좋아 확대부가 적은 단순한 계기로 제작할 수 있다.

그림 1-10 bellows 기압계

- Bourdon tube : 기본형은 글자 C 형태이며 속이 비어있는 타원형 단면 금속관의 형태이며, 압력이 가해지면 관이 펴져서 기계적인 변위량이 발생되어 압력을 지시할 수 있도록 되어 있다. 비교적 압력 측정 범위가 크기 때문에 가장 많이 쓰이는 압력 감지부이다.

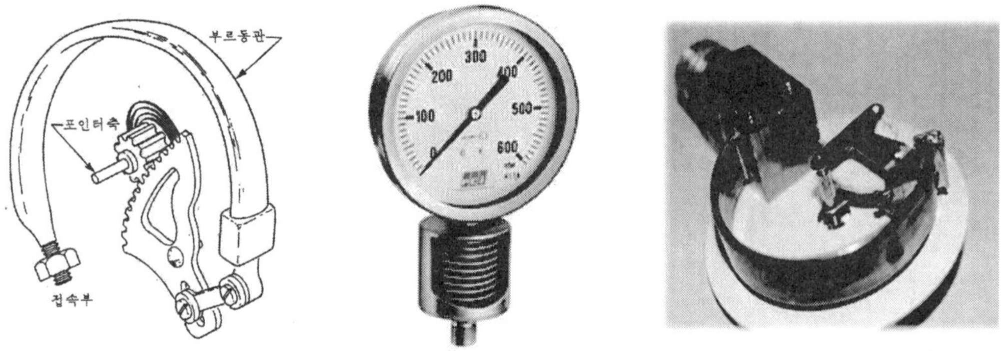

그림 1-11 Bourdon 튜브를 이용한 압력계

1-2-4 압력계의 종류

윤활유 압력계(Oil Pressure Gauge)

오일 압력계는 전기적 또는 기계적으로 작동되며 기계식 오일 압력계는 버든 튜브 안쪽에 기관으로 흘러 들어가는 오일의 일부를 받아 오일압력을 기계적인 연결장치를 이용하여 *psi* 단위로 압력을 지시하게 한다.

오일 압력이 정상적이면 윤활유가 기관의 각 부분을 정상적으로 순환하여 모든 베어링 부분을 충분히 윤활시키고 있음을 의미하여 만일 압력이 규정값 이하라면, 윤활이 충분하지 못하여 마찰 부분의 손상을 의심할 수 있다. 오일 압력계 입구에는 제한기(restrictor, snubber)를 설치하여 오일의 급격한 흐름으로부터 지시바늘의 떨림 현상을 방지한다.

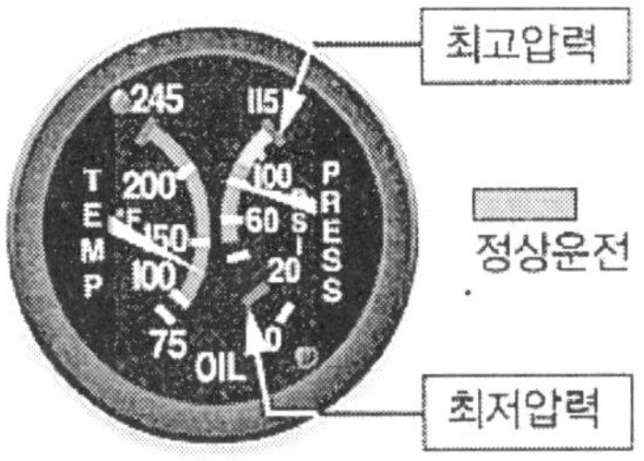

그림 1-12 윤활유 압력계

오일을 계기의 압력감지부에 전달하는 방식에는 두 가지가 있는데 윤활유가 직접 버든 튜브에 전해지는 방식은 동절기에 오일의 점성이 높은 상태에서는 압력측정에 어려움이 있다는 단점이 있다. 때문에 다른 한 가지 방식에서 윤활유가 중간에 변환기(transmitter)에 의해 점도가 낮은 유체(케로신)에 압력을 전달하여 이 케로신이 Bourdon 튜브에 압력을 가하는 방법을 사용한다. 하지만 현대의 항공기는 원격지시 방식으로 측정한 압력을 지시하는 경우가 대부분이다.

연료 압력계(Fuel Pressure Gauge)

연료압력계는 비교적 저압을 측정하는 계기이므로 다이어프램 또는 두 개의 벨로우즈들로 구성되어 있다.

연료 압력계는 기관의 연료 공급방식에 따라 측정압력이 다르다. 기관 구동식이나 전기 구동 연료 펌프를 장비한 항공기의 연료압은 플로우트(float)식 기화기를 장비한 항공기의 연료압보다 현저히 크다. 따라서 기관의 연료 공급방식에 따라 범위가 적당한 연료 압력계를 선택하여 사용해야 한다.

그림 1-13 연료 압력계

연료 압력계는 연료를 탱크에서 기화기(Jet 항공기인 경우 Fuel Control Unit)에 공급되는 연료압력을 나타낸다. 연료압은 비교적 저압이므로 다이어프램 또는 2개의 벨로우즈로 구성되어 있다. 이 두 공함 중 한 공함의 안쪽으로는 연료가 다른 한 공함의 안쪽으로는 대기압이 가해지며 두 공함 바깥쪽 즉 케이스 안쪽의 압력은 주로 객실의 압력이 가해진다. 고공을 비행하는 항공기에서 객실은 대부분 여압을 시키기 때문에 객실 압력과 대기압과는 약 5*psi*의 압력차를 갖게 되지만 그 압력은 연료의 지시압력에 아무런 영향을 미치지 않게 되므로 연료압은 연료의 절대압과 대기압의 차압인 연료의 gauge압이 지시된다.

보통 연료압은 플로우트식 기화기인 경우 0~10*psi*, 압력 분사식인 경우 0~25*psi*의 지시범위를 갖는다.

흡입 공기 압력계(Manifold Pressure Gauge)

흡기압력계는 왕복기관 항공기에만 있는 계기로서 흡입공기의 압력을 측정하는 계기이다. 흔히 매니폴드 압력계(다기관 압력계)라고도 한다.

왕복기관의 출력을 산출하거나 조절하려 할 때 rpm계기와 더불어 가장 중요한 계기이다. 또한 과급기의 작동 시기를 결정할 때 중요한 정보를 제공한다. 그 이유는 왕복기관에서 기관출력은 흡입압력에 의해 결정된다. 기관의 출력은 회전수를 일정하게 하면 흡입압력에 비례한다. 흡기 압력계는 *inHg* 단위를 사용하여 비행 당시의 대기압에 따른 매니폴드의 압력을 절대압으로 나타낸다.

흡기 압력계에는 두 개의 공함을 이용한다. 진공공함인 애너로이드와 차압공함인 다이어프램을 각각 한 개씩 사용하여 애너로이드는 고도변화와 여압에 따른 지시오차를 보상해주는 장치로 사용하며 다이어프램은 그 내부로 흡입공기를 받아들여 계기 주위의 공기압과의 차압이 작용하도록 한다.

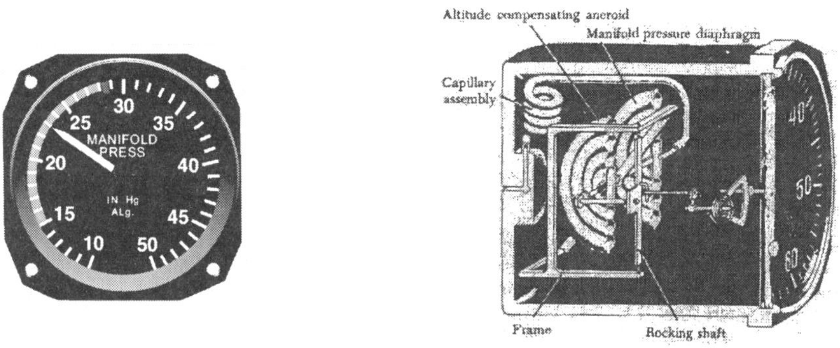

그림 1-14 흡기 압력계

공함 A(다이어프램)의 내부에는 계산된 흡입공기 압력이 가해지고, 외부에는 변화하는 대기압이 작용한다. 공함 B(애너로이드)는 내부가 진공으로 되어 있다. 고도가 증가하여 대기압이 변화한 경우에 아네로이드와 다이어프램은 서로 반대방향으로 신축하려고 하므로, 서로 상쇄되어 지시값은 영향을 받지 않는다. A에 가해진 흡입공기 압력이 변하는 경우에는 그에 따라 신축하여 지시바늘에 의해 절대압력으로 지시한다.

흡기 압력계는 흡기압의 절대 압력을 지시하는 계기이므로, 항공기가 지상에서 기관을 정지시키고 있는 경우에는 그 지상에서의 대기압을 지시한다.

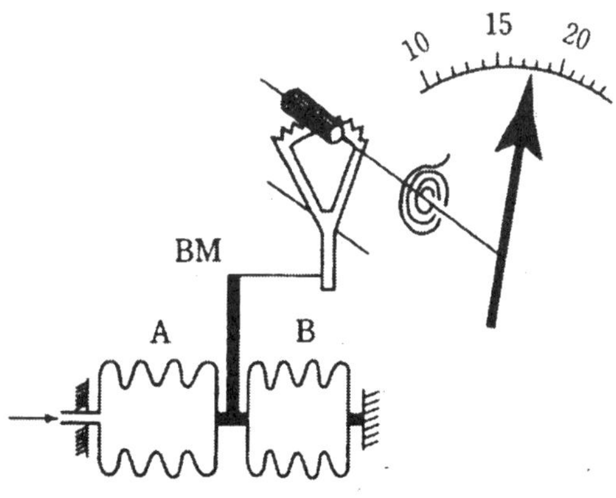

그림 1-15 흡기 압력계의 구성 및 동작

기관 압력비 계기(Engine Pressure Ratio Indicator, EPR)

EPR(engine pressure ratio) 계기는 가스터빈 기관에서 발생시킨 추력을 지시하는데 사용된다. 엔진입구의 공기 압력과 배기가스 압력을 감지하여 그 압력을 비로써 나타내어 준다.

압력비(pressure ratio)는 가스터빈 기관 항공기의 추력을 좌우하는 요소이며, 기관 출력을 산출하는데 사용된다. 기관 입구 압력과 출구 압력은 공함(bellows)으로 감지하여 감지된 압력에 따른 기계적 변위량이 변환기(transmitter)에 의해 전기신호로 바뀌어 지시계로 전달된다.

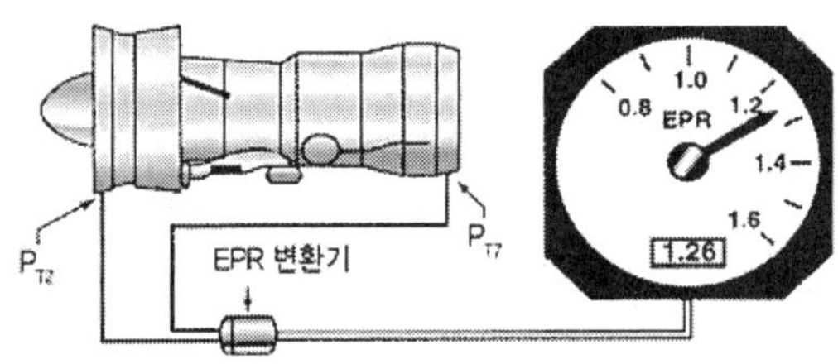

그림 1-15 EPR 계기의 구성도

지시계로 전기신호가 전달되는 형식은 전기용량 브릿지 회로를 이용하여 불평형이 된 전기용량으로 서보 모터를 회전시키고 그 서보모터의 회전량이 원격으로 오토신(Autosyn) 변환기를 거쳐 오토신 지시계 형태의 EPR 지시계에 최종적으로 전달되어 기관 압력비를 지시하는 경우가 있으며, 원격 지시장치를 통해 기계적인 운동이 전자적으로 비교가 되고 정확한 값이 지시계에 의해 출력되는 경우가 있다.

흡인 압력계(Suction Pressure Gauge)

자이로의 구동방법 중 진공압으로 자이로 로터가 구동되는 방식의 자이로에서 이 진공압을 알려주는 계기가 흡인 압력계이다. 보통 흡인압은 diaphragm 또는 bellows를 사용하여 그 내측에 방향 자이로(gyro horizon)의 압력을 받고 외측에 대기압을 받아 그 압력차를 지시한다.

흡인 압력계는 대기압보다 4±0.25$inHg$의 압력이 낮은 것이 정상이므로 3.75~4.25$inHg$의 범위를 지시할 때 정상 압력이다. 흡인 압력계는 그림과 같이 두 기압들을 비교하여 해당 계기에 맞도록 진공압이 적당한가를 알려주기 위해 계통에 설치된다.

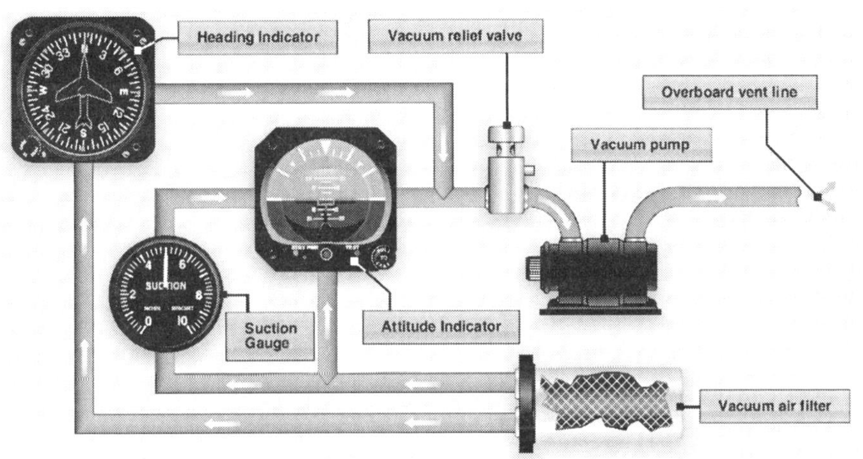

그림 1-16 흡인(suction) 압력계

작동유 압력계(Hydraulic Pressure Gauge)

항공기의 착륙장치, 플랩(flaps), 스포일러(spoilers), 브레이크(brakes) 등의 작동장치는 유압(hydraulic)으로 동작하도록 되어 있다. 제3장의 유압 및 공압계통에서 다루지만 이들 장치들을 작동시키려면 작동유의 압력을 지시하는 계기가 필요하다. 통상 큰 압력을 나타내므로 Bourdon관을 사용한다.

지시범위는 최대 4,000psi정도이며 이 계기에 연결된 배관은 고압이 작용하므로 강도도 강해야 하지만 면의 두께도 충분해야 한다.

복습문제 1

[1] 항공기에서 압력계는 압력을 기계적인 변위로 변환시킨 다음, 이 변위를 다시 압력 단위로 읽을 수 있도록 한 것으로서 압력 감지장치에 대해 그림을 그리고 각각을 설명하시오.

1> aneroid

2> diaphragm

3> bellows

4> Bourdon tube

복습문제 2

[1] manifold 압력계에서 어떤 구조로 되어 있어서 흡입공기만의 압력을 측정할 수 있는가? 그 동작원리를 설명하시오.

[2] manifold 압력계에서 사용되는 공함들은?

[3] 흡인압력계는 자이로와 대기압의 압력차를 맞추는 계기로서, 적정 압력은?

복습문제 3

[1] 항공기에서 사용되는 압력계에 대한 설명 중 가장 관계가 먼 것은?

㉮ 오일 압력계는 Bourdon 튜브식 압력계로 gauge 압력을 지시

㉯ 흡기 압력계는 diaphragm식 압력계로 절대 압력을 지시

㉰ 흡인 압력계는 공함식 압력계로 두 곳의 압력 차를 지시

㉱ EPR계는 bellows식 압력계로 두 개의 압력 비를 지시

[2] 항공기가 지상에 정지해 있을 경우, 이 흡기 압력계가 지시하는 압력은?

㉮ 대기압 ㉯ 지침의 최대값 ㉰ 0 압력 ㉱ manifold압력-대기압

[3] 유압계통에서 작동유의 압력을 지시하는 계기로 적절한 것은?

㉮ aneroid ㉯ bellows ㉰ diaphragm ㉱ Bourdon tube

[4] 가스터빈 기관에서 발생시킨 추력을 지시하는데 사용되며, 엔진입구의 공기 압력과 배기가스 압력을 감지하여 그 압력을 비로써 나타내는 측정기는?

㉮ suction gauge ㉯ EPR gauge ㉰ manifold gauge ㉱ fuel gauge

메모

1-3 피토(Pitot)-정압 계기

피토 정압계통에 연결된 계기에는 고도계, 속도계, 승강계, 마하계, 등이 있으며, 각각의 계기들은 필요에 따라 피토관(Pitot tube) 또는 정압공에 연결되어 Pitot 압력과 정압(static pressure)을 감지하여 그 압력값으로 항공기의 상태 등을 알려준다.

피토 정압관은 여압 계통, 자동 조종계통, 에어 데이터 컴퓨터(air data computer), 비행자료 기록계(FDR: flight data recorder) 등과 같이, 전압(total pressure)이나 정압을 필요로 하는 계기 및 장치에 연결된다.

1-3-1 Pitot-정압관 및 구조

피토-정압관은 그림 1-16과 같이 전압(total pressure)을 감지하는 Pitot공과 정압(static pressure)을 감지하는 정압공(static pressurc hole)을 함께 가지고 있는 구조이다.

정압공은 Pitot-정압계기로 분류된 모든 계기, 즉 고도계, 속도계, 승강계, 마하계 모두에 연결되어 지점 B로 정압(항공기 속도를 고려하지 않은 해당 높이에서 압력)을 제공하며, Pitot공은 속도계와 마하계에 연결되어 항공기가 앞으로 나아갈 때 지점 A로 전압(항공기 속도까지 고려한 압력 = 정압 +동압)을 제공한다.

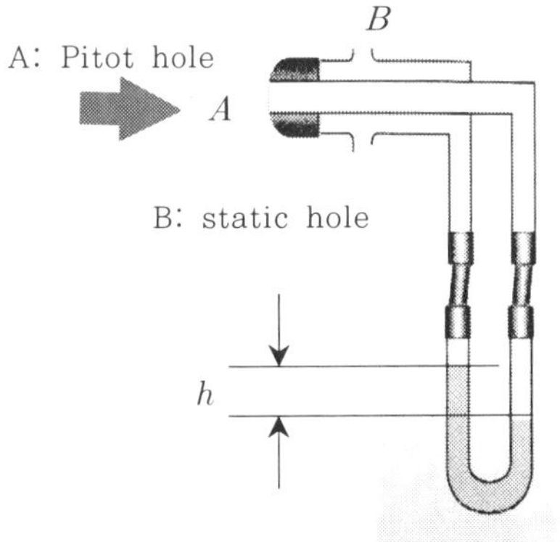

그림 1-16 Pitot-정압관의 원리 및 외관

기본적으로 Pitot공(Pitot hole)이나 정압공(static hole)에는 층류가 흐르도록 하는 것이 중요하다. Pitot공은 기체 축과 평행하게 되도록 기수의 아랫부분과 앞부분, 날개의 앞전과 수직 안정판의 앞전 등에 장착하며, 정압공은 동체 앞쪽 측면에 기축과 수직하게 대칭으로 설치한다.

일반적으로, 빗놀이(yawing)와 선회 비행 등의 원인에 의한 오차를 줄이도록 하기 위하여 Pitot관은 전압만을 감지하는 Pitot공을 가지며, 정압공은 동체 좌우에 대칭으로 설치한 다음 서로 연결한다.

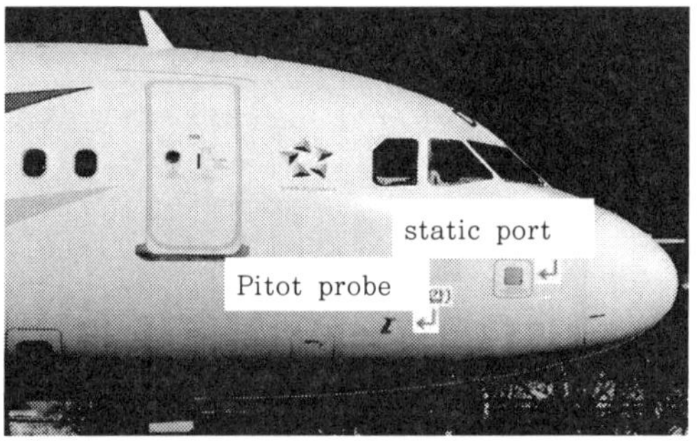

그림 1-17 항공기의 Pitot-정압관

그림 1-18은 소형 항공기에서는 Pitot-정압 계통이다. 눈, 비, 먼지 등이 관내에 흡입되는 것을 막기 위하여 피토공에서 여유를 두었다가 베플판(baffle plate)으로 보호한 다음 피토관에 압력이 전달된다. 또, 일단 들어온 수분 등은 배수되도록 배수공(drain hole)이 마련되어 있고, 겨울에는 얼음을 제거하기 위하여 승무원에 의해 조작되는 전기식 가열기(heater)가 설치되어 있으며, 가열기가 작동하는 것을 알리는 지시등(indicator light)이 있다.

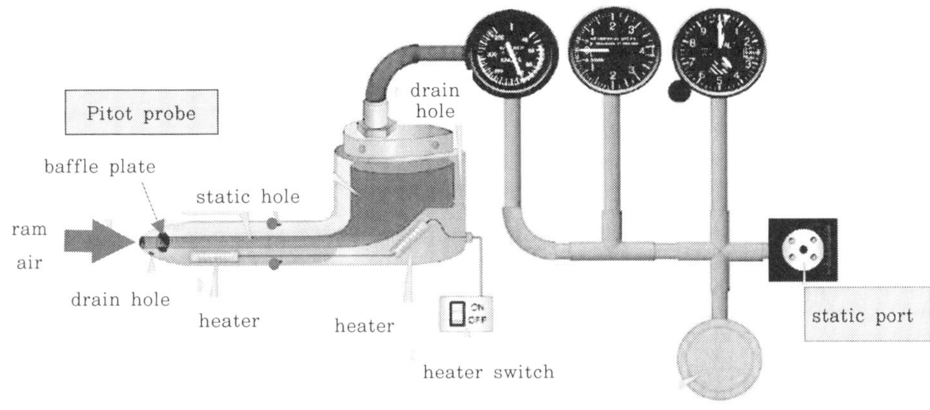

그림 1-18 Pitot-정압관의 내부구조 및 활용계기

그림 1-19는 B-737기의 Pitot-정압계통으로써 조종사와 부조종사 각각의 Pitot-정압계통이 분리되어 있어 어느 한쪽에 고장이 나더라도 항공기 운항에 영향이 없도록 하고 있다.

이 그림에서 정압관(static tube)은 속도계, 마하계, 고도계 및 승강계에 연결되어 있고 전압관(Pitot tube)을 이용하여 동압을 제어하는 동압관은 속도계와 마하계에 연결되어 있다.

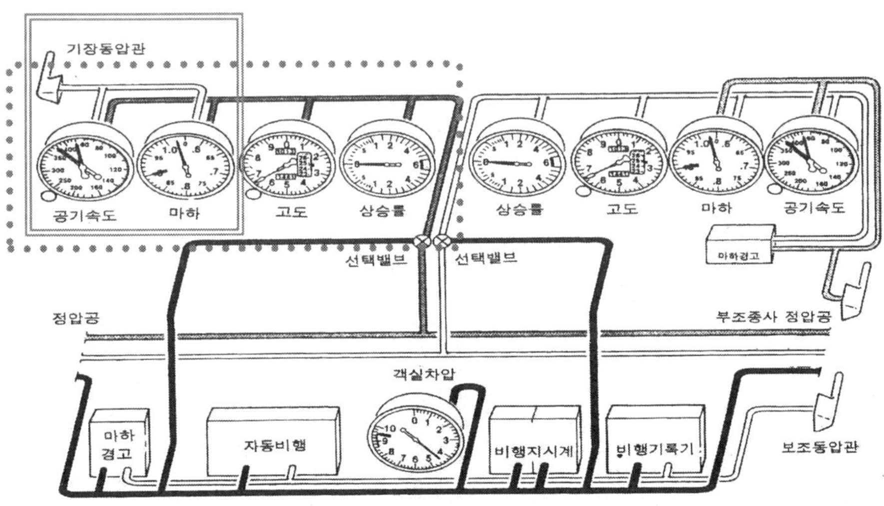

그림 1-19 대형 항공기의 Pitot-정압계통

1-3-2 Pitot-정압계통의 정비

Pitot-정압계통은 피토공이나 정압공(static holes)에서 전달된 압력이 중간에서 누설이 있으면 고도의 지시와 속도의 지시가 낮아지므로 허용되는 범위를 초과하는 누설이 있으면 안 된다.

통상 피토공에는 정압(positive pressure)을 가하고 정압공에는 부압(negative pressure)을 가한다. 따라서 지상에서 주기적으로 누설검사를 해주어야 하는데 W-1 type Pitot-static field test에서는 먼저 기압 고도로서 1,000ft에 해당하는 부압(negative pressure)을 정압공에 걸고, 고도계를 주시하여 1분이 경과한 후, 고도의 낙차가 150ft 미만의 낙차라면 허용하고 사용할 수 있으며 고도계만의 누설 검사를 할 때에는 똑같은 방법으로 압력을 걸어 1분이 경과 후 50ft 이내의 낙차라면 허용하고 사용한다.

Pitot관의 누설검사를 할 경우에는 Pitot공에 150mph에 해당하는 양의 압(positive pressure)을 걸고 1분이 경과한 후 속도계 바늘의 낙차가 10mph 이내라면 허용하고 사용한다.

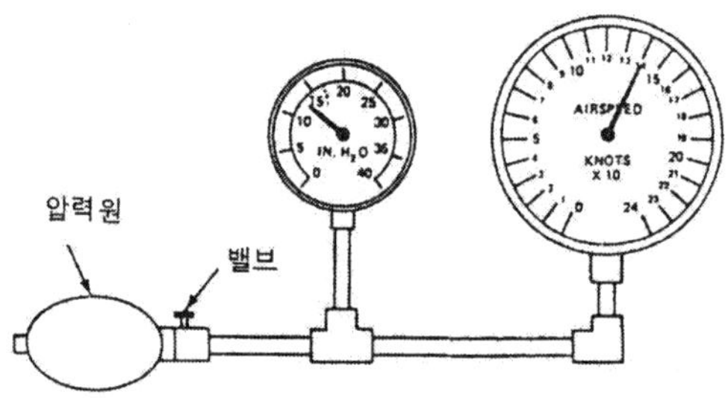

그림 1-20 대기속도계 누설검사

1-3-3 고도계(altimeter)

고도계의 역할은 기준 해면에서 항공기까지의 높이를 알려주는 장치이다. 이것은 일반적으로 기압을 측정하여 간접적으로 고도를 지시하는 것으로 측정되는 압력은 정압 즉, 대기압이다. 이것에는 보통급과 정밀급이 있다. 보통급은 지시 바늘이 1개인 고도계로서, 다이얼을 돌림으로써 0점 조절(zero setting)하며, 활공기나 스카이 다이빙(sky diving)에 이용한다. 정밀급은 아네로이드가 3/16*inch* 변위하는데, 긴 바늘이 35회전할 수 있는 정밀 고도계이다. 3개의 바늘을 가지고 있으며, 기압 보정을 할 수 있고, 현재 항공기의 대부분에 사용되고 있다.

고도(altitude)의 종류

① 기압고도(pressure altitude): 표준 대기압 해면(29.92*inHg*)으로부터 항공기까지의 높이

② 진고도(true altitude): 실제 해면으로부터 항공기까지의 높이

③ 절대고도(absolute altitude): 항공기로부터 그 당시의 지형까지의 높이

④ 밀도고도(density altitude): 표준 밀도에 상당하는 고도로서 공기 밀도가 대기압과 절대압에 따라 달라지는 것을 감안한 것이다.

⑤ 객실고도(cabin altitude): 객실 내의 기압이 표준 대기압으로 보아 어떤 고도에 해당하는 가를 알려주는 것이다.

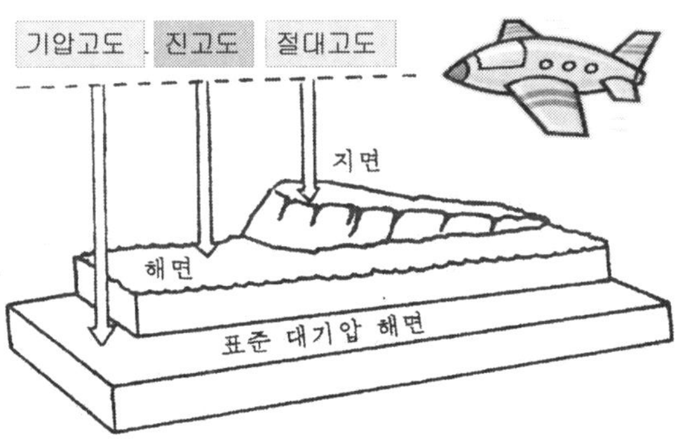

그림 1-21 고도(altitude)의 종류

고도계의 작동원리

고도계는 일종의 애너로이드(aneroid) 기압계인데, 기압 눈금 대신에 대기압에 해당되는 고도의 눈금이 표시되어 대기압과 고도와의 관계에서 항공기의 고도를 지시하는 계기이다.

고도계는 aneroid 라는 진공 공함을 이용하는데, 공함(collapsible chamber)은 압력을 기계적 변위로 바꾸는 장치이다. 항공기에 사용되는 압력계기 중에는 공함을 응용한 것이 많으며, 이를 사용한 대표적인 계기에는 고도계, 승강계, 속도계가 있다.

그림 1-22는 고도계로서 애너로이드 외부의 압력변화에 의해 팽창이나 수축하며, 이 변위량은 기계적은 연결장치를 거쳐 기어에 전달되고, 여기에 부착된 바늘은 변위량에 비례하여 눈금을 지시하게 된다.

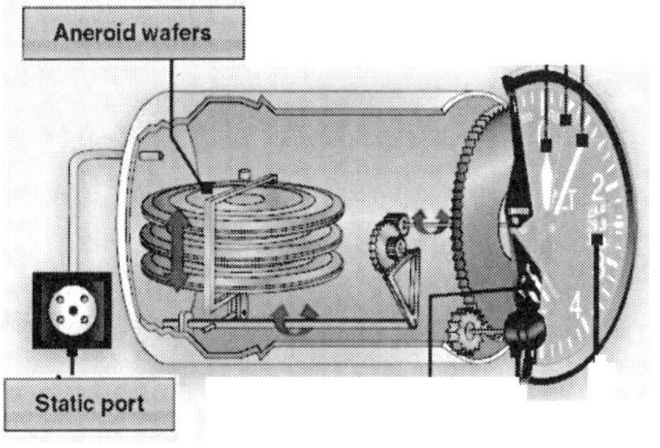

그림 1-22 고도계 구조

이 값이 고도계에서는 애너로이드 외부의 대기압에 해당하는 고도가 된다. 이와 같은 공함은 고도계와 같은 계기의 성능을 좌우하는 가장 중요한 센서요소이다.

일반적으로, 공함 재료의 탄성한계 내에서 가해진 외압과, 그것에 대한 변위량은 비례관계가 성립하며, 외압이 제거되면 변위는 없어지고 원래 위치로 돌아오게 된다.

센서로서의 기능을 수행하기 위해, 공함에 사용되는 재료는 탄성 한계 내에서 외력과 변위가 직선적으로 비례하고 비례상수도 커야 하므로, 현재에는 베릴륨-구리 합금이 쓰이고 있다.

고도계의 구조와 기능

일반적으로 계기는 감지부, 확대부, 지시부로 나눠지고 고도계 내의 aneroid는 감지부에 속하는 구조로서 대기압의 변화에 의한 미세한 변위량을 확대부인 여러 가지 연결장치에 전달하여 지시부인 바늘을 움직이게 한다.

보통 사용하는 고도계는 3개의 바늘을 가진 3침식으로서 숫자 1을 지시했을 때 분침(minute hand)이 100ft, 시침(hour hand)이 1,000ft, 초침(second hand)이 10,000ft를 뜻하며, 눈금의 안팎에는 삼각형의 설정 지표가 있다. 이것은 기압눈금을 맞추기 위하여 기압 설정 손잡이를 돌릴 때 같이 움직인다.

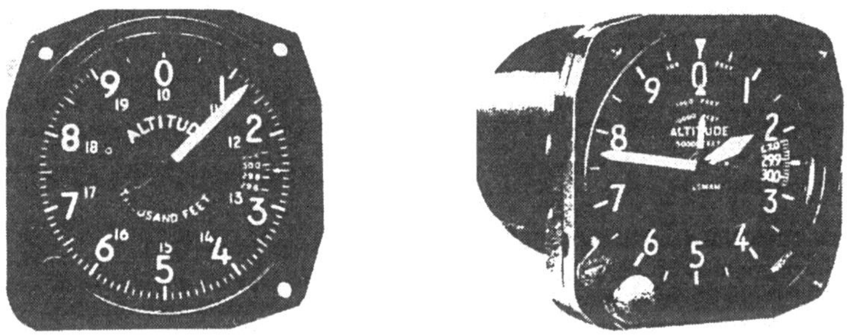

그림 1-23 단침식 및 삼침식 고도계

삼침식 고도계의 눈금판 2와 3 사이에 있는 작은 창구에는 기압눈금이 $inHg$ 단위로 되어 있는 것과 hPa 단위로 되어 있는 것이 있는데, 어떤 것은 창구가 두 개가 있어서 두 가지 단위를 함께 지시하는 것도 있다.

고도계 보정(altimeter setting)

고도의 기준은 해면이기 때문에 정확한 고도로 항공기가 비행하기 위해서는 비행 당시의 해면 압력을 기준으로 설정하여야 한다. 따라서 정확한 진고도를 지시하기 위해서는 기압 눈금 창구에 그 당시의 해면 기압을 맞추어야 한다. 이것을 고도계의 보정(altimeter setting)이라 하는데, 다음과 같은 세 가지 방법이 있다.

(1) QNE 보정

14,000ft이상의 고도, 해상의 원거리 비행 등을 할 때 고도계의 기압 창구에 표준 대기압인 29.92$inHg$를 맞추어 표준기압 면으로부터 항공기까지의 기압고도를 지시하게 하는 방법이다.

(2) QNH 보정

그 당시의 해면의 기압을 기압눈금판에 맞추면 항공기는 진고도를 지시하게 된다. 이 방식은 고도 4,200m(14,000ft) 미만의 고도에서 사용하는 것으로서, 활주로에서 고도계가 활주로 표고를 가리키도록 하는 보정이다. 항공기는 이륙할 때에 비행장에서 QNH로 보정을 하여 이륙하고, 운항 중에는 근처의 관제탑으로부터 대기의 정보를 수시로 받아 기압 눈금을 수정하게 되면, 각 항공기는 기준면이 일치되어 다른 항공기와 일정한 고도의 차이가 유지될 수 있다. 관제탑에서 기압정보를 받아 보정하게 되며 우리나라에서도 채택하고 있다.

(3) QFE 보정

활주로 면의 기압을 기압보정판에 맞추면 고도계는 활주로에서 항공기까지의 높이를 지시한다. 이는 항공기가 활주로 위에서 고도계가 0ft를 지시하도록 활주로를 기준으로 하는 방식이다.

이륙과 착륙 비행장을 항상 0으로 하여 비행하기 때문에, 단거리 비행이나 계기착륙을 할 때 또는 이륙 및 착륙훈련 등에 편리한 방법이다. 즉, 지상에 있을 때 비행장의 기압을 기압 눈금에 맞추어 높으면 착륙했을 때 고도계의 바늘은 0ft를 지시한다.

인코딩 고도계(encoding altimeter)

고밀도 교통지역에서는 항공기의 위치와 고도의 정확성 필요하므로, 인코딩 고도계(encording altimeter)가 항공교통관제(ATC: Air Traffic Control)에서 사용하는 ATC 레이더의 스크린 신호를 제공하기 위한 목적으로 개발되었다. 인코딩 고도계는 항공기 응답기(transponder)와 함께 작동하도록 전자회로를 포함하고 있다. ATC에서 응답기의 사용이 요구되면 자동적으로 항공기의 식별 및 고도가 레이더 스크린에 나타나게 된다.

그림 1-24 드럼 지침식 인코딩 고도계

인코딩 고도계는 캐터고리 Ⅱ와 Ⅲ의 착륙장치 계통을 갖고 있는 항공기와 운용 그룹 Ⅰ과 Ⅱ의 터미널 관제공역에서 12,500*ft* 이상을 비행하는 항공기에 요구된다. 인코딩 고도계에는 지시계기와 비 지시계기가 있다. 지시계기는 계기판 위에 고도 값을 지시하고 전자회로는 응답기에 필요한 고도신호를 제공한다. 비 지시계기(blind encoder)는 항공기의 전원과 정압관이 가용한 어느 곳이나 설치된다. 비 지시계기는 외부지시가 없다. 그러나 단지 정압 전자감지기의 신호 트랜스미터 기능만으로 고도 정보를 응답기에 제공해준다.

복습문제

[1] 고도계에서 고도종류와 그 보정방법에 대해 짝지으시오.

• 기압고도	• QNH
• 진고도	• QNE
• 절대고도	• QFE

[2] ATC에서 응답기(transponder)의 사용이 요구되면 자동적으로 항공기의 식별 및 고도가 레이더 스크린에 나타나게 된다. 이 때 사용되는 고도는?

고도계의 오차

고도계는 aneroid를 이용한 일종의 기압계로서 압력센서가 탄성체이므로 온도 등에 따라 탄성률이 변하게 되어 오차가 발생할 수 있다. 고도계의 오차에는 눈금 오차, 온도 오차, 탄성 오차, 기계적 오차 등이 있다.

(1) 눈금 오차

일정한 온도에서 진동을 가하여 얻어낸 기계적 오차는 계기 특유의 오차이다. 일반적으로 고도계의 오차는 눈금 오차를 말하며 수정이 가능하다.

(2) 온도 오차

원인이 온도 변화에 기인하여 고도계 구성 부분의 팽창, 수축, 공함과 그 밖의 탄성체의 탄성률 변화, 그리고 대기의 온도 분포가 표준 대기와 다르기 때문에 생기는 오차이다.

온도가 $-30^\circ C$~$50^\circ C$사이의 오차는 바이메탈(bimetal)로 수정이 가능하다.

(3) 탄성 오차

온도가 변하지 않았는데도 베릴륨-구리 합금으로 구성된 탄성체의 탄성률이 변하여 생기는 오차로서, 고도가 높을수록 기압과 온도가 낮으므로 오차가 적다.

종류에는 히스테리시스(hysteresis), 편위(drift), 잔류 효과(after-effect) 등이 있다.

hysteresis	항공기가 상승하는 도중에 어떤 고도에서 읽은 눈금과 하강할 때 같은 고도에서 읽은 눈금이 서로 다르게 되는 현상
drift	어떤 고도에서 시간에 따라 지시값이 변하는 것
after-effect	항공기가 상승하다가 하강하거나 또는 그 반대의 경우에 원래의 값을 지시하지 못하고 오차가 발생하는 것

(4) 기계적 오차

계기 각 부분의 마찰, 기구의 불평형, 가속도와 진동 등에 의하여 바늘이 일정하게 지시하지 못함으로써 생기는 오차이다. 이들은 압력의 변화와는 관계가 없으며, 수정이 가능하다.

1-3-4 대기 속도계(Air Speed Indicator: ASI)

항공기가 앞으로 나아갈 때 대기에 대한 상대풍의 속도를 지시하는 것으로서, 대기가 정지하고 있을 때에는 지면에 대한 속도와 같다. 속도계(ASI)는 Pitot압과 정압을 측정하여 이것을 Bernoulli 정리를 이용하여 속도로 환산하여 항공기의 속도를 지시하는 것이다.

동작원리

Pitot-정압계통의 속도계는 Bernoulli 정리를 기본 이론으로 하여 확대해 보자. 서로 다른 두 지점에서 압력의 총합은 같다.

$$P_1 + \rho g h_1 + \frac{1}{2}\rho v_1^2 = P_2 + \rho g h_2 + \frac{1}{2}\rho v_2^2$$

여기서 ρ는 밀도(density), g는 중력가속도, v는 속도(velocity)이다.

어느 한 지점에서

$P_1 + \rho g h_1 + \frac{1}{2}\rho v_1^2 = P_t$이고 $P_1 + \rho g h_1 = P_s$이므로

$P_s + \frac{1}{2}\rho v^2 = P_t$ 로 할 수 있다.

여기서 P_s(static pressure)는 정압, P_t는 전체 압력(total pressure)을 나타낸다.

따라서 속도는 $v = \sqrt{\frac{2(P_t - P_s)}{\rho}}$가 성립한다.

Pitot관을 통해 동압과 정압의 합인 피토압(P_t)를 받게 되며 이것이 전압이다. 정압공에는 정압(P_s)이 작용하며, 전압(P_t)과 정압의 차이는 동압(P_d: dynamic pressure)이 된다.

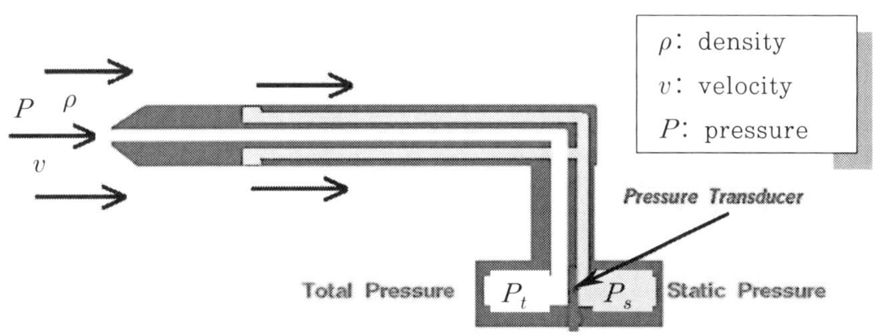

그림 1-25 Pitot-정압관의 개략도

속도계의 공함에는 동압이 가해지고, 속도는 동압의 제곱근(square root: $\sqrt{\ }$)에 비례하므로, 압력눈금 대신에 환산된 속도눈금으로 표시하면 대기속도가 측정된다.

[밀도와 압력의 관계]

밀도(density)란 단위 체적당 질량 즉 kg/m^3으로 정의한다. 압력과 관련시키면 다음과 같다. 아래와 같이 차원적으로 분석해 보면 밀도와 압력의 관계를 쉽게 알 수 있다.

$$P=\rho gh\ :\ [\frac{kg}{m^3}]\times[m/\sec^2]\times[m]$$
$$=[kg]\times[m/\sec^2]\times\frac{[m]}{[m^3]}$$
$$=\frac{[N]}{[m^2]}$$

여기서 g는 중력가속도이고 h는 거리이다.

$$P=\frac{1}{2}\rho v^2\ :\ [\frac{kg}{m^3}]\times[m/\sec]^2$$
$$=[kg]\times[m/\sec]^2\times\frac{1}{[m^3]}$$
$$=\frac{[N]}{[m^2]}$$

구조와 기능

속도계는 그림 1-26과 같이 밀폐된 케이스 안에 개방 공함인 다이어프램(diaphragm)이나 벨로우즈(bellows)와 같은 공함이 들어있는데, 공함 안쪽에는 Pitot압이 전달되고, 바깥쪽에는 정압이 가해진다. 항공기의 속도에 따라 이 두 압력의 차압, 즉 동압에 의하여 공함이 팽창하며, 이 변위량은 확대 장치에 의하여 확대되어 바늘에 전달된다. 변위량은 확대 기구에서 보정하여 눈금을 일정하게 한다.

속도의 단위는 knot(=1,852$mile/h$) 또는 mph(=1,609m/h)를 사용한다.

압력계에서 다루었지만 여기서 공함으로 사용되는 다이어프램(diaphragm)이나 벨로우즈(bellows)를 비교해 보자.

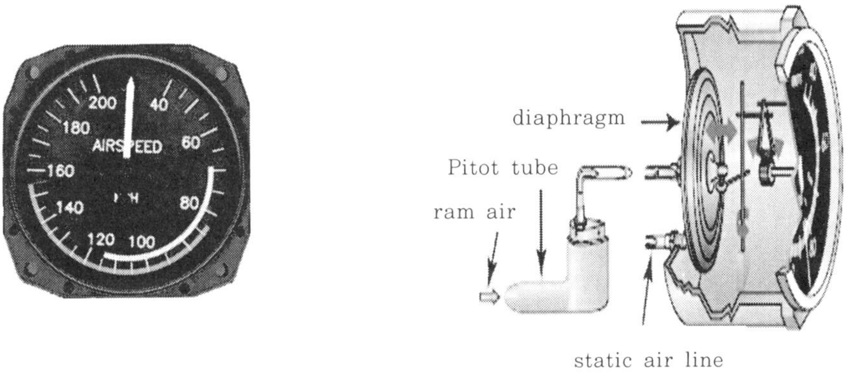

그림 1-26 속도계(ASI) 구조

다이어프램(diaphragm)은 내부로 통하는 구멍이 있어 내, 외측에 모두 압력을 받을 수 있으며 내, 외측 압력의 차, 즉 차압 측정에 사용하며 벨로우즈(bellows)는 여러 장의 다이어프램을 겹쳐 놓은 형태로서 다른 차압공함에 비해 감지 변위가 크고 감도가 좋아 확대부가 적은 단순한 계기로 제작할 수 있다.

속도계에는 피토관의 장착 위치에 따라 난류 등에 의한 오차가 생길 수 있다. 고도계에 사용되는 것보다 약하기 때문에 주의해서 취급해야 한다.

고도계는 지상에서 29.92$inHg$의 압력이 가해지나, 속도계에서의 압력은 300mph에서 3.4$inHg$, 400mph에서 6.2$inHg$, 600mph에서 15.0$inHg$로서, 고도계에서의 압력보다 반 이하 정도로 작다.

속도의 종류

속도계의 공함에는 동압이 가해지고, 동압은 유속의 제곱에 비례하므로 압력 눈금대신에 환산된 속도눈금으로 표시하면 대기속도가 측정된다. 이 속도를 지시 대기속도라 한다.

(1) **지시 대기 속도(IAS: indicated air speed)**

속도계가 지시하는 속도

(2) **수정 대기 속도(CAS: calibrated air speed)**

지시 대기속도에서 피토 정압관의 장착 위치와 계기 자체에 의한 오차를 수정한 속도

(3) **등가 대기 속도(EAS: equivalent air speed)**

수정 대기속도에서 공기의 압축성 효과를 고려한 속도

(4) **진 대기 속도(TAS: true air speed)**

등가 대기속도에서 다시 고도변화에 따른 공기밀도를 보정한 속도

이 때의 밀도 보정에 따른 수정률은 외기 공기의 온도(T)와 압력(P)에 의해 다음과 같이 표시할 수 있다.

지시 대기 속도 $v_i = \sqrt{\frac{2(P_t - P_s)}{\rho_0}}$ 이며, 진 대기 속도 $v_T = \sqrt{\frac{2(P_t - P_s)}{\rho}}$ 이다.

이들 속도의 관계는 $v_T = v_i \times \sqrt{\frac{\rho_0}{\rho}}$ 이며,

$\rho = \frac{P}{nRT}$ 이고 $\rho_0 = \frac{P_0}{nRT_0}$ 이므로 다음과 같은 식을 얻는다.

$$v_T = v_i \times \sqrt{\frac{P_0}{P} \times \frac{t+273}{288}}$$

여기서, ρ_0 : 해면상의 공기 밀도, ρ : 비행고도의 공기 밀도, P_0 : 해면상의 대기압
P : 비행 고도의 대기압, t : 비행고도의 대기 온도이다.

여러 속도들의 관계를 도식화하면 다음과 같다.

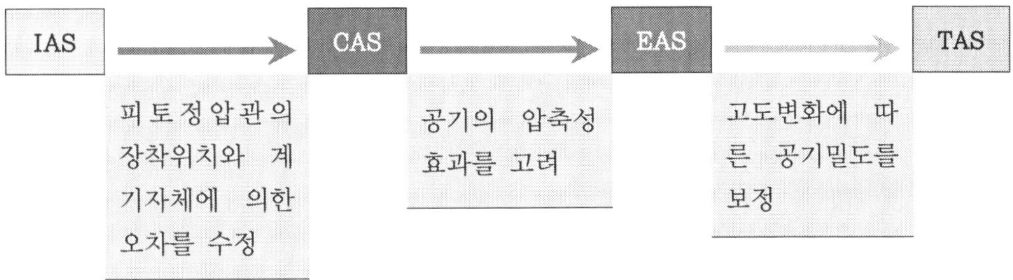

그림 1-27 진대기(TAS) 속도계의 구현 과정

복습문제 1

다음 그림에 대해 답하시오.

[1] 이 속도계의 단위는?

[2] 그림에 표시된 IAS와 TAS의 의미는?

[3] 이 계기에서 안전운전 범위는?

[4] 대기 속도계에만 표시하는 색은?

복습문제 2

[1] 대기 속도계(ASI: air speed indicator)에 대한 설명 중 틀린 것은?

㉮ 밀폐된 케이스 안에 다이어프램(diaphragm)이 들어있다.

㉯ 계기의 눈금은 속도의 제곱근에 비례한다.

㉰ 속도의 단위는 KNOT 또는 MPH 이다.

㉱ 난류 등에 의한 취부 오차가 발생한다.

[2] 피토관(Pitot tube)은 다음 중 어떤 압력을 측정하여 국부유속을 측정하는가?

㉮ 정압 - 대기압 ㉯ 동압 + 대기압

㉰ 전압 - 정압 ㉱ 전압 + 동압

[3] 공함(collapsible chamber)계기에 대한 설명으로 가장 거리가 먼 내용은?

㉮ 공함은 압력을 기계적 변위로 바꾸어 주는 장치이다.

㉯ 속이 진공인 공함을 다이어프램(diaphragm)이라 한다.

㉰ 공함 재료로는 베릴륨-구리 합금이 쓰인다.

㉱ 공함 계기로는 고도계, 승강계, 속도계 등이 있다.

[이상기체 상태방정식]

잠시 이상기체 상태 방정식에 대해 익혀 보자. 이 식은 열평형 상태에 있는 기체의 압력(P), 체적(V) 및 절대온도(T)의 상관관계를 나타낸 것이다.

$PV = \mu RT$ 또는 $P = \frac{\mu}{V} RT = \rho nRT$: 이상 기체 상태방정식

온도를 일정하게 하고 압력을 체적의 함수로 나타낸 것을 그 기체의 등온선이라 한다. 이 식을 그래프로 나타내면 다음과 같다.

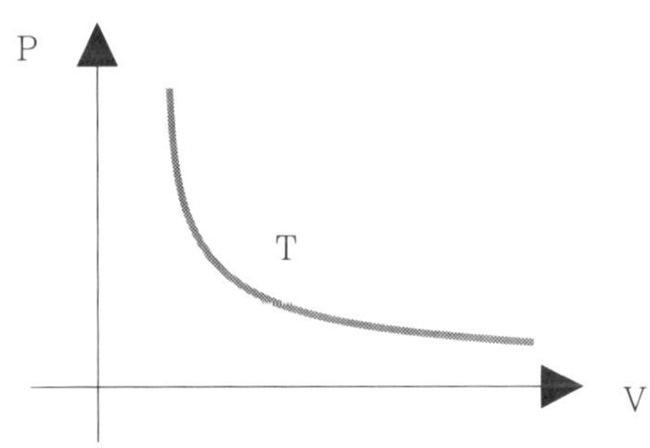

일정한 온도에서 PV=일정이 성립하고 이것을 Boyle 법칙으로, 일정한 압력하에서 $\frac{V}{T} = \frac{\mu R}{P}$=일정이 성립하며 Charle 법칙으로 중고교시절에 배웠다.

복습문제

어떤 한 농구공의 공기압이 0℃에서 1.5 atm 이었다. 이제 이 공의 온도가 30℃일 때 체적이 2% 증가했다면 이 때 그 공의 공기압은 얼마인가?

[해] 그 공안에 있는 기체의 mole수는 변화가 없으므로 $\frac{PV}{T} = constant$이다.

$\mu R = \frac{P_i V_i}{T_i} = \frac{P_f V_f}{T_f}$의 관계가 성립한다.

$$P_f = P_i \frac{V_i}{V_f} \frac{T_f}{T_i} = 1.5atm \times \frac{1}{1.02} \times \frac{273+30}{273} = 1.5atm \times 0.98 \times 1.1 = 1.6atm$$

1-3-5 마하계(Machmeter or Mach Number Indicator)

마하계는 항공기의 속도계의 한 종류로서 마하수(비행 고도에 있어서 음속과 항공기의 속도비)를 표시하는 계기를 말한다. 마하 1.0은 음속을 나타낸다. 항공기가 6,000m 이상의 고도를 고속으로 비행하면 기온의 저하로 인해 음속도 느려지기 때문에 음속에 관련하여 충격파나 충격파에 수반되는 현상이 발생되기 쉬우므로 항공기는 영향을 받게 된다. 그래서 항공기의 속도를 보통의 속도단위로 표시하지 않고 음속에 기준한 속도단위로 표시한다.

동작원리

마하계의 기본원리는 속도계(ASI)와 비슷하다. 하지만 마하수 변화와 관계가 깊은 요소인 중력 가속도와 대기 온도의 절대 온도의 변화량을 계기 내에서 기계적인 변화량으로 보정해야 하기 때문에 같은 대기속도일지라도 고도에 따라 음속은 다른 값으로 지시하도록 설계되어 있다.

- Mach number(M)

$$M=\frac{v_{(TAS)}}{a}$$

a: sound velocity
$v_{(TAS)}$: true air speed

그림 1-28 마하계 및 마하수

구조와 기능

대기 속도계가 피토관(Pitot tube) 계통에 의해 얻은 총압(정압과 동압의 합)과 정압의 차를 이용하여 속도를 구하는 데 반해, 마하계는 총압과 정압의 비를 이용하여 속도를 구한다. 즉, 마하계는 밀봉된 용기 내에 차압공함과 진공공함이 있어서 차압공함은 피토압과 정압의 차를 감지하고, 진공공함은 정압을 감지하여 고도 변화에 따른 마하수를 보정한다.

마하계에는 고도를 감지하는 절대 공함인 aneroid를 설치하여 고도 변화에 따른 기압의 변화를 보상할 수 있도록 되어 있으며 이 aneroid를 고도 수정 애너로이드(altitude correction aneroid)라 한다.

마하계는 제트 항공기에서는 속도계와 함께 절대적으로 필요한 계기로서, 현재 사용되는 일반 제트 여객기에 사용되는 것은 50,000ft 고도한계에서 0.5~2.0의 마하수로 눈금이 매겨져 있다.

1-3-6 승강계(Vertical Speed Indicator: VSI)

승강계(VSI)는 항공기의 수직방향 속도를 지시하는 계기로서 항공기가 비행 중 상승 또는 하강을 할 경우 상승률과 하강률을 정확히 나타내는 계기이다. 조종사가 기관 작동 범위 내에서 상승하도록 도와주며 저고도로 하강하거나 착륙할 때 정확한 하강률을 알 수 있도록 한다.

항공기가 수평 비행을 할 때에는 눈금이 0을 지시하지만, 상승 또는 하강에 의하여 고도가 변하는 경우에는 고도의 변화율을 ft/min 단위로 지시한다.

동작원리

승강계는 차압 공함(collapsible chamber)인 diaphragm을 이용하여, 이 차압 공함의 내부와 외부의 압력차에 따라 항공기의 승강률이 나타내어진다. 항공기가 상승할 때에는 공함의 안쪽은 그 당시 고도의 기압이 작용하고, 바깥쪽은 바로 조금 전 상태에 있는 고도의 기압이 작용하도록 되어 있어서 이 두 압력차에 의하여 공함이 수축한다.

이 때, 고도 상승을 멈추면 바깥쪽의 공기가 안쪽으로 모세관(pinhole)의 작은 구멍을 통해 흘러들어가는 것이 계속되어, 시간이 경과함에 따라 안팎의 압력차는 없어지게 됨으로써 공함은 원래의 상태로 복귀하게 된다.

그러나 작은 구멍(모세관)을 통하는 공기의 흐름에 의한 압력차는 고도가 증가함에 따라 계속 지속하게 될 때에는 공함은 수축하며, 그 수축 변위에 상당하는 양은 적당한 확대 장치를 통하여 바늘에 지시된다. 또, 항공기가 강하 비행을 할 때에는 안팎의 압력차가 반대로 작용하여 공함의 팽창에 의한 변위를 지시하게 된다.

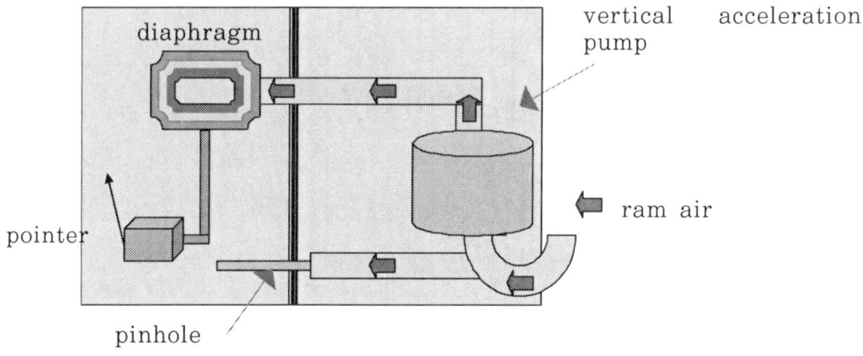

그림 1-29 승강계의 개념

이 승강계기의 지시에 대한 감도는 작은 구멍(pinhole)의 크기에 의해 결정되는데, 구멍이 작은 경우에는 감도가 높아지나 지시하는데 지연시간이 길어지고, 구멍이 큰 경우에는 지연 시간이 짧으나 감도가 낮아지게 된다. 그래서 현재 사용되고 있는 승강계는 지시 지연을 7~12초 정도로 하고 있다.

구조와 기능

승강계의 구조는 그림 1-30과 같으며, 승강계 다이얼에는 0의 위치가 9시 방향에 위치하며 항공기가 상승할 때에는 바늘이 시계방향으로 회전하며, 하강시에는 바늘이 반시계방향으로 회전하면서 지시하도록 되어있다.

승강계의 눈금 범위는 0~2,000*ft*/min용과 0~6,000*ft*/min의 두 종류가 있다.

케이스 뒷면에는 정압이 들어올 수 있는 연결관이 정압관에 연결되며 이 관을 통해 들어온 압력은 차압 공함으로는 어떤 흐름 제한 없이 들어오며 케이스 안쪽으로는 모세관(pinhole)을 통해서 들어오도록 연결된다. 고도의 변화가 있을 때에는 기압의 변화로 인하여 공함의 안쪽 압력이 변화하게 되는데, 공함의 바깥쪽 압력, 즉 케이스 안에는 모세관을 통하여 천천히 압력이 변화하게 된다.

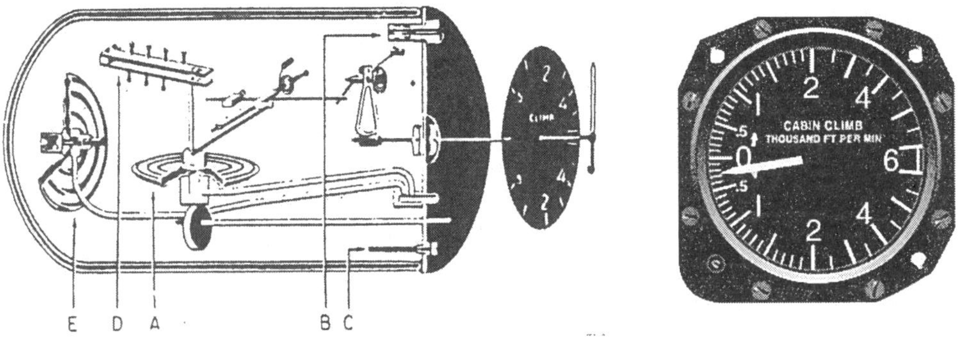

그림 1–30 승강계(VSI) 구조

공함 내 외측의 압력차에 따른 모세관 내의 공기 흐름의 저항은 공기의 동점성계수의 크기에 따라 좌우되는데 동 점성계수는 공기의 절대 온도와 대기압에 따라 변화한다. 온도가 높고 대기압이 낮을 때에는 공기의 밀도가 적어 동 점성계수는 감소하며 따라서 공기저항이 감소되어 흐름이 용이하여 모세관의 크기가 큰 것과 같은 현상이 생긴다.

반대로 온도가 낮고 대기압이 높으면 동 점성계수는 증가하고 공기저항이 증가하여 모세관이 작은 것과 같은 현상이 생긴다. 이와 같이 공기 온도와 대기압의 변화는 같은 고도변화의 경우라도 공함의 기계적 변화율을 달라지게 하여 승강계의 지시에 오차를 유발시킨다. 따라서 온도변화가 있을 때 이것을 보정하기 위해 온도 보정 장치인 Diffuser Valve Assembly를 승강계에 설치하여 온도가 변해도 지시에는 영향이 없도록 한다.

승강계 내부에 설치된 차압 측정 장치인 diaphragm은 항공기의 급강하 비행이나 거친 비행조작에 의해 손상될 수 있으므로 이 차압 공함의 손상을 방지 할 수 있는 대부분의 승강계에는 주 차압 공함의 보호용 공함이 설치된다.

보통의 승강계는 지시 지연 시간이 있기 때문에 짧은 순간의 승강률을 알 수가 없으므로 승강계의 지시지연을 거의 없게 만든 순간 수직 속도계(instantaneous vertical speed indicator)가 있다. 이것은 공함 내에 정압이 전달되는 과정에서 수직 가속펌프(vertical acceleration pump)에 의해 순간적으로 압력차를 해결하도록 제어함으로써 지시 지연을 없게 한다.

복습문제

[1] machmeter에 사용되는 압력센서는?

[2] 수직속도계(VSI)의 단위 및 사용되는 압력센서는?

[3] VSI의 모세관 저항이 커짐에 따라 계기의 감도와 지시지연은 어떻게 변화하는가?

㉮ 감도는 증가하고 계기의 지시 지연도 커진다.
㉯ 감도는 증가하고 계기의 지시 지연은 작아진다.
㉰ 감도는 감소하고 계기의 지시 지연은 커진다.
㉱ 감도는 감소하고 계기의 지시 지연은 작아진다.

1-3-7 기타 Pitot 정압 계통과 관련된 계기

영각 지시계(AOA indicator, angle of attack indicator)

영각(받음각)이란 날개에 맞는 바람의 방향과 이루는 각도를 나타낸다. 이 계기의 기능은 공기속도, 최대 허용 지시속도 및 영각을 지시한다. 지시 대기속도(IAS)는 다이어프램에 의해 구동되는 바늘에 의하여 다이얼 위에 지시된다.

영각의 정보사항은 계기판 다이얼의 외면 주위에 대하여 부채꼴 범위내의 회전대기속도의 지시값에 의하여 지시된다. 이 이동성 부채꼴 대기속도 눈금은 서보 기계장치에 의하여 지시되며, 서보 기계장치는 영각 감지기로부터 신호를 수신한다. 그러므로 바늘은 영각과 대기속도 둘 다 지시한다. 영각 감지기는 서보 기계장치를 제어하는 전기적 신호를 제공하여 최대 허용, 초과금지 지시 대기속도를 지시한다. 이 지침은 정압 진동판과 특수하게 교정된 기계장치에 의하여 작동한다.

그러므로 지침은 최대허용 지시 대기속도를 절대 대기속도의 기능만으로 지시한다. 최대허용 지시속도는 고도가 25,000ft까지 증가함에 따라 같이 올라가며 마하수 1에 도달하는 것을 허용하지 않기 때문에 그 후 감소한다. 이는 공기속도의 감지는 25,000ft 고도 이상에서 제한되기 때문이다.

영각 지시장치는 항공기 동체의 측면으로부터 항공기의 영각을 탐지하여 조종계통과 항공기의 기타 다른 계통의 작동과 조종을 도와주기 위하여 이 정보를 송출한다.

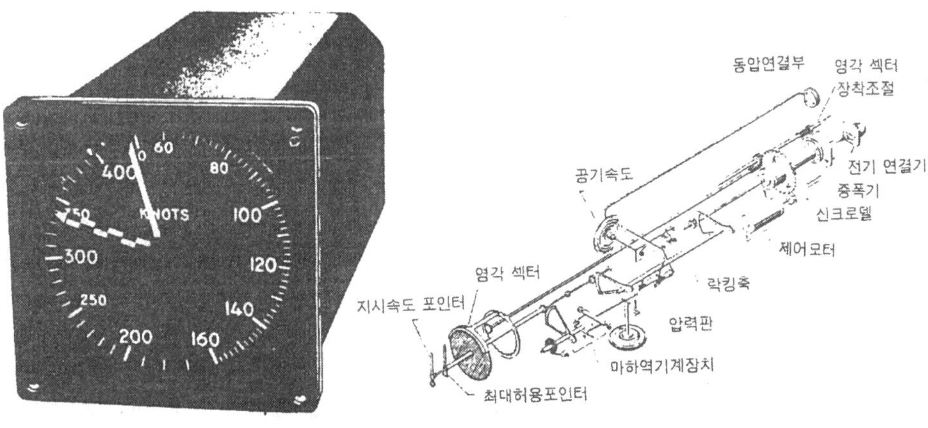

그림 1-31 영각 지시계와 계통도

실속 경고 지시계(stall indicator)

실속이란 항공기가 공기의 저항에 부딪쳐 추진력을 상실하는 현상이라 할 수 있다. 수평 비행 중에 서서히 조종간을 뒤로 당기면 날개의 받음각이 점점 증가하고 항공기의 속도는 서서히 감소한다. 조종간을 더 당기면 받음각이 실속 받음각에 이르게 되고, 갑자기 급격한 롤(roll)운동이 생긴다. 이것을 실속이라 한다. 실속이 되었을 때 롤(roll)운동을 하는 것은 양쪽 날개에서 동시에 실속이 일어나지 않기 때문이다.

그림 1-32는 서로 다른 받음각에서 공기흐름을 설명한 것이다.

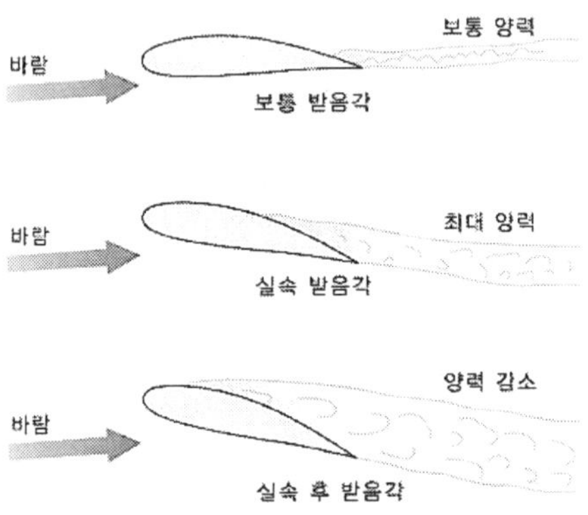

그림 1-32 서로 다른 받음각에서 공기흐름

항공기 날개는 상대풍과의 적절한 각을 형성하였을 때 양력을 발생시킬 수 있지만, 만약 항공기 날개와 상대풍의 각이 거의 수직을 이루고 있다면 받음각은 최대가 되나 공기의 저항이 최대가 되어 양력을 발생하지 못한다. 따라서 항공기는 속도를 상실하게 된다. 실속의 주원인은 받음각의 증가이며 통상 실속 받음각은 18~20°가 된다.

실속은 속도와 자세에 관계없이 발생하며 항상 동일한 실속각에서 발생한다. 항공기의 실속은 이륙 및 착륙시에 많이 발생하게 되는데 이륙시 증속 단계에서 항공기 부양에 필요한 충분한 양력을 얻기 위해 보다 큰 받음각이 필요하기 때문이며, 착륙시는 감속단계에서 항공기 중량을 지탱하기 위한 충분한 양력을 얻기 위해 받음각의 증가가 요구되기 때문이다. 또한 이착륙은 지면 가까이에서 조작되기 때문에 실속 발생 시 이를 회복하기 위한 충분한 고도가 확보되지 않았을 때는 상당한 위험을 초래할 수 있다.

실속현상은 날개를 지난 공기가 소용돌이를 형성하는데 받음각이 커지면서 그 영역이 점점 증가하여 실속 받음각이 되면 양력이 최대가 되고, 받음각이 더 증가하여 날개의 거의 대부분이 소용돌이 속에 들어가면 양력을 잃기 때문에 일어난다. 실속이 생겼을 때 항공기를 다시 수평으로 만드는 조종을 하지 않거나 방향키를 조작하여 yawing까지 발생시키면 조종능력을 잃고 선회하며 하강하는 스핀으로 들어갈 가능성이 있다.

대부분의 실속 경고 장치는 날개의 정체점(stagnation point)의 원리를 이용한다. 정체점이란 날개골의 앞전 위의 공기가 박리되는 곳의 위치이며 이 지점을 지나서 공기는 표면의 상부로 일부는 아래로 통과하여 흐른다. 영각이 증가하면 정체점은 아래로 움직이며 공기의 흐름이 난류나 실속상태로 변화될 때 정체점의 위치는 항상 같은 곳에 있게 된다.

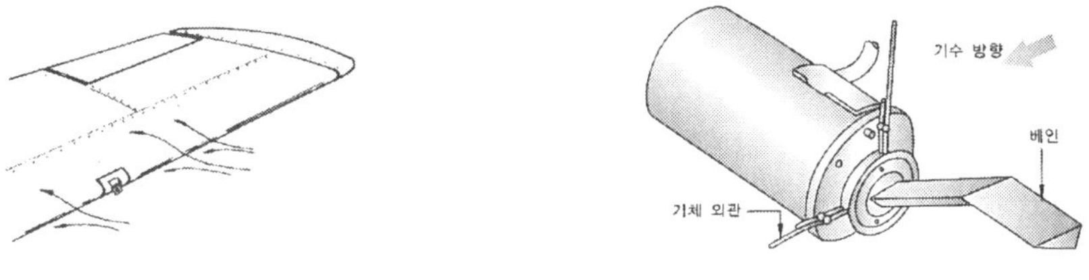

그림 1-33 날개의 정체점(stagnation point) 및 vane 경고장치

항공기가 실속상태로 조작이 될 때 충분한 항공 역학적 경고장치가 가용하지 않다면 조종사에게 항공기가 실속에 도달되는 영각에 접근하고 있다는 것을 경고할 수 있는 장치를 설비해야 한다. 경고 장치는 가청음이나 적색등(red light)을 사용할 수 있으며 고성능 항공기는 조종간에 진동을 주어 조종사에게 경고하거나 실제로 항공기의 기수가 하향되도록 조종간에 힘을 가하게 하는 장치를 가지고 있다.

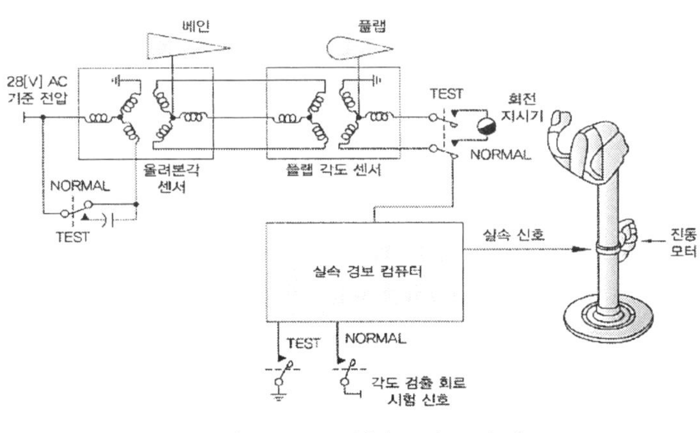

그림 1-33 실속 경고장치

소형 항공기에서는 날개의 전면에 베인을 설치하여 공기 흐름 방향에 따라 스위치가 개폐되도록 함으로써 실속에 도달되기 전에 붉은색 등과 경고음이 울리도록 한다. 대형 항공기에서는 동체 옆에 변환 베인을 장착하여, 공기 흐름 방향에 따라 움직이게 함으로써 실속 전에 미리 경고 회로가 작동되도록 한다.

경비행기의 실속상태를 알려주는 방식에는 리드식과 베인식 두 가지 방법이 있다.

(1) 리드식 실속 경고 장치

리드식 홈의 입구를 정체점 가까이 설치하여 영각이 증가하면 혼의 입구를 저압 쪽으로 움직이고 공기를 리드로 끌어들여 소리가 나게 된다. 혼(horn)에서 나오는 소리의 피치를 들으면 조종사는 쉽게 실속이 발생되는 지점을 식별할 수 있다.

(2) 베인식 실속 경고 장치

작은 베인(vane)을 날개 앞전부근 정체점 근처에 설치한다. 항공기가 실속 속도 이상으로 비행하면 베인을 지나는 공기흐름은 베인을 아래로 움직이고 그림 1-33과 같이 베인에 영각이 증가하면서 실속 상태가 되므로 정체점은 공기의 흐름이 베인을 위로 눌러줄 때까지 아래로 내려간다. 베인이 위로 올라가면 그 위치가 닫히고 적색등이나 경고음이 작동하게 된다.

복습문제

[1] 다음 airfoil에서 빈 공간을 항공기 용어들로 채우시오.

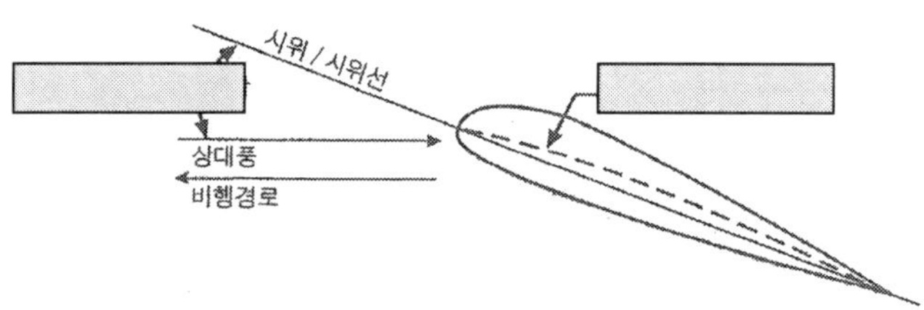

[2] 실속은 언제 발생하는가?

메모

1-4 온도 계기

온도계기는 크게 두 부분으로 나눈다. 즉, 항공기의 기관에 관련된 부분의 온도와 외기 온도를 측정하는 것이다.

1-4-1 섭씨와 화씨 온도관계

먼저 항공기에 사용되는 온도단위는 섭씨 온도(℃)과 화씨 온도(°F)의 구조를 익혀 보자.

	Celsius(℃)	Fahrenheit(°F)
시작점 / 종점	0 / 100	32 / 212
등분	100	180

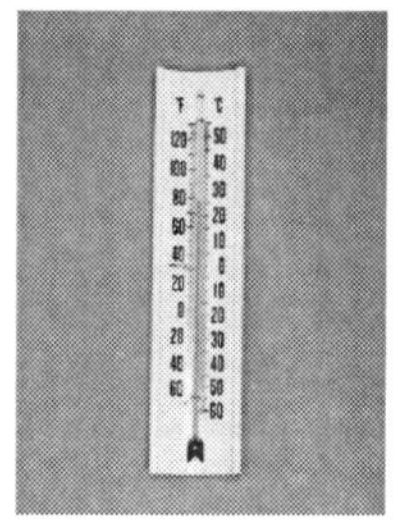

그림 1-35 두 온도계의 상관관계

위의 관계를 비례식으로 정리하면 다음과 같다.

$$℃ : °F - 32 = 100 : 180$$ 으로부터 $$F = \frac{9}{5}C + 32$$

온도를 측정하는 방법에는 직접 측정할 부분에 감지부를 설치하여 온도를 감지하는 접촉식과 복사열을 감지, 불꽃의 색깔로 온도를 알아내는 간접 측정법이 있으나 항공기에서 온도는 직접 측정법을 사용하여 온도를 측정한다.

온도 계기의 종류에는 그 측정 원리에 따라 증기압식, 바이메탈식, 전기 저항식, 열전쌍식 등이 있으며 항공기의 온도계 종류는 실린더 헤드 온도계(CHT), 배기가스 온도계(EGT), 외부 대기 온도계(TAT), 윤활유 온도계, 연료 온도계, 흡입 공기 온도계, 압축기 입구 온도계 등이 있다.

1-4-2 온도계의 종류

[측정방식에 따른 분류]

1〉 증기압식 (vapor pressure type) 온도계

액체는 열을 받으면 증발하여 기체가 되는데 이를 이용하여 밀폐된 용기에 증발성이 강한 액체를 넣고 증기압을 측정하면 그 증기압과 일정한 함수 관계를 가진 그 물체의 온도를 구할 수 있다. 이때 주로 사용하는 증발성이 강한 액체로는 염화메틸(methyl chloride)이 사용되며 전달부인 모세관, 그리고 증기압을 측정하여 기계적인 변위로 변화시키는 장치로는 버든(Bourdon) 튜브가 쓰인다. 증기압식 온도계를 사용할 때 가장 주의할 점은 누설에 대한 오차이다.

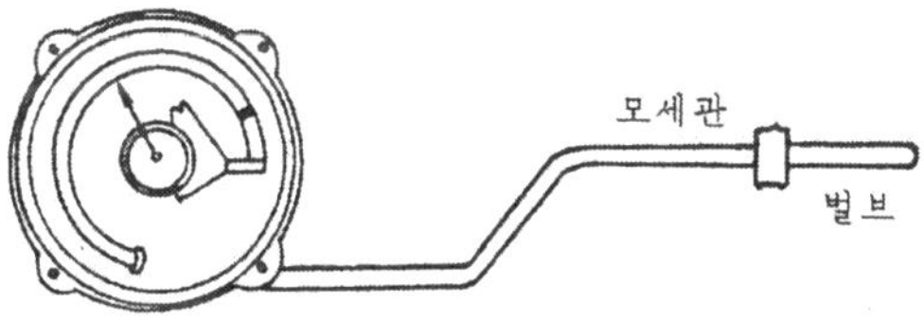

그림 1-36 증기압식 온도계

2〉 바이메탈식(bimetal type) 온도계

바이메탈은 온도의 변화에 따라 현저하게 구부러지는 성질을 이용하여 온도변화의 검출, 온도조정 등의 목적으로 널리 사용된다. 열팽창의 정도가 서로 다른 2개 이상의 금속을 나선형 또는 소용돌이형 바이메탈의 한 끝을 고정하고, 다른 한 끝에 지침을 고정시킨 온도계로서 전기입력 없이 동작한다.

재료는 팽창이 적은 쪽에는 니켈(Ni)과 철(Fe)의 합금을 팽창이 큰 쪽에는 구리(Cu)와 아연(Zn)의 합금, 니켈·망간·철의 합금, 니켈·몰리브덴·철의 합금, 망간·니켈·구리의 합금 등 여러 가지가 있다. 가장 간단한 바이메탈은, 저온의 경우에는 수평이던 것이 고온이 되면 니켈·철 합금 쪽으로 구부러진다.

이 온도계는 주로 항공기의 외부 대기 온도(OAT: outside air temperature)를 측정하는 데 사용되며, 지시 범위는 −60℃~50℃이다.

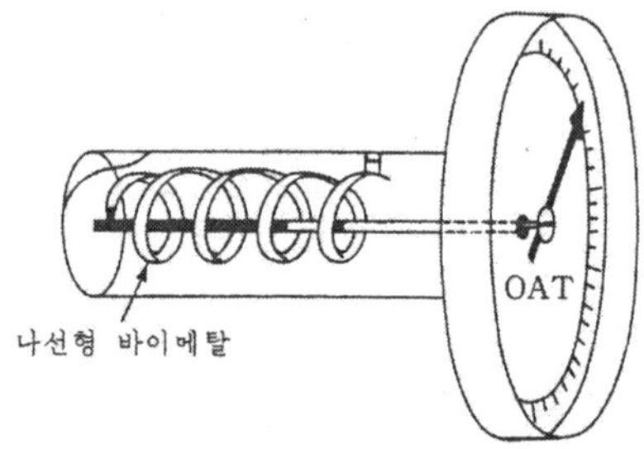

그림 1-37 바이메탈식 온도계

3〉 전기 저항식(electric resistance type) 온도계

대부분의 금속은 온도가 증가하면 전기저항이 증가한다. 금속선으로 저항체를 만들고 그 저항체에 정해진 전압으로 전류를 흘러 보내 주면 그 저항체를 흐르는 전류(i)는 그 저항체의 온도에 영향을 받아 온도와 반비례로 변화한다. 따라서 지시 눈금이 온도단위인 전류계 형태의 지시계로 그 저항체의 전류량을 측정하면 그 저항체의 온도를 알 수 있다.

이 때 사용되는 저항체는 다음과 같은 조건을 만족해야 한다.

① 온도와 저항의 관계가 직선적인 관계일 것
② 저항은 온도 이외의 다른 조건에는 변하지 말 것
③ 전기저항 계수의 변화가 클 것

이런 조건을 만족하는 재료로는 백금, 니켈, 니켈 망간 합금, 코발트 등이 있으며 이 중에서 니켈이 가격이 저렴하기 때문에 많이 사용된다. 또한 서미스터(thermistor)는 온도가 증가하면 저항의 감소하는 재료로서 온도보상용으로 사용되며, 온도 및 화재탐지 계통에 응용되기도 한다.

전기 저항식 온도계는 외부 대기온도(OAT), 기화기의 공기온도, 윤활유 온도, 실린더 헤드 온도(CHT) 등의 측정에 사용된다.

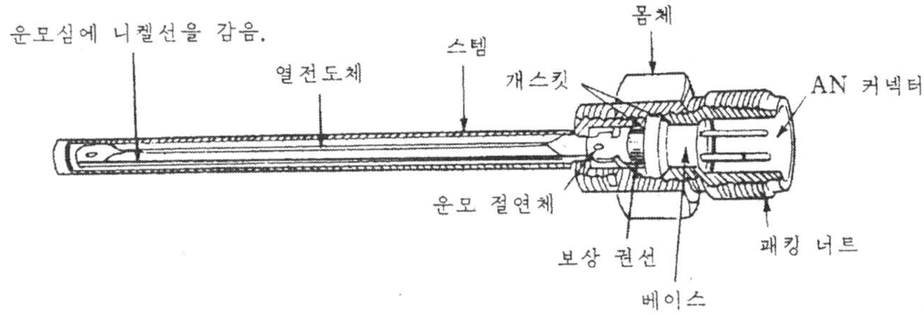

그림 1-38 전기 저항식 온도측정기

▶ 전기 저항식 온도계 주의사항

① 전기 저항식 온도계는 내부가 약하므로 충격, 진동 등을 가하지 않는다.

② 온도측정을 정확히 하기 위해 측정지점에 단단히 결합되도록 한다.

③ 길이가 직경의 7~15배 정도로 길기 때문에 10분 정도의 지시 지연시간이 있다.

④ 지시계를 계기판에 장착 전에 바늘이 자유로이 움직이는 가를 확인해야 하며 자유로이 swing하지 않으면 고장을 의심해야 한다.

⑤ 계기의 0점을 조절할 때, 전원을 켠 상태에서 0점을 조절하며 전원이 off된 상태에서는 0 또는 어떤 특정값을 지시하는 가를 확인한다.

⑥ 온도측정 저항체와 지시계간의 연결도선의 길이나 종류, 굵기 등을 변화시키면 지시값이 변하므로 함부로 연결 도선을 변화시키지 말아야 한다.

⑦ 연결도선이 끊어지거나(open) 접촉이 불량하면 지시침은 full scale을 지시하며, 선이 단락(short)되면 OFF scale을 지시한다.

⑧ 니켈 등의 저항체는 300℃이상에서 성질이 변하므로 300℃ 이상의 열을 오래도록 가하지 않는다.

전기 저항식 온도지시계 형태는 대부분 비율식을 사용한다. Wheatstone 브릿지를 이용한다. 온도변화에 대한 저항값의 증감으로 인한 브릿지 회로의 불평형을 감지하여 전류로 지침을 움직인다. 즉 전원전압의 영향을 받지 않으며 흐르는 전류 크기에도 관련이 없기 때문이다.

그림 1-39는 브릿지회로를 이용한 온도계를 나타낸 것이다. 4개의 저항들 중에서 1개의 센서저항을 연결하면 온도변화에 따라 저항이 증가하거나 감소한다. 이 변화를 출력쪽에서 전압값(V_{out})을 측정하여 온도변화로 환산하면 된다.

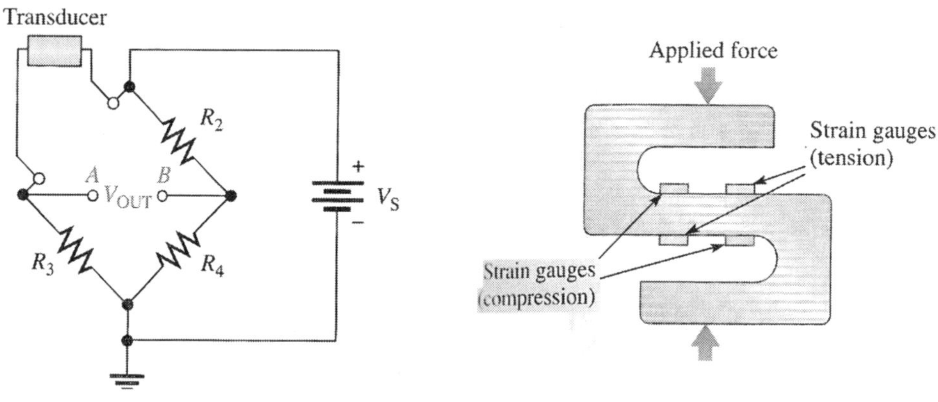

(a) 온도 또는 압력 (b) load cell

그림 1-39 물리적 값(온도, 압력, 무게 등)을 구하는 브릿지회로

4. 열전쌍식(thermocouple type) 온도계

열전쌍은 두 개의 다른 물질로 된 금속선의 양 끝을 연결하여 접합점에 온도차가 생기면 금속선에는 기전력이 발생하여 전류가 흐른다. 이 때의 전류를 열전류라 하고, 금속선의 조합을 열전쌍(thermocouple)이라 하며, 열전류를 생기게 하는 기전력을 열기전력이라 한다.

전기 저항식 온도계는 직류 12V, 24V의 외부 전원으로 사용하지만, 열전쌍식 온도계는 외부전원없이 온도변화에 의해 열기전력이 생기게 하는 장치인 열전쌍을 이용한다.

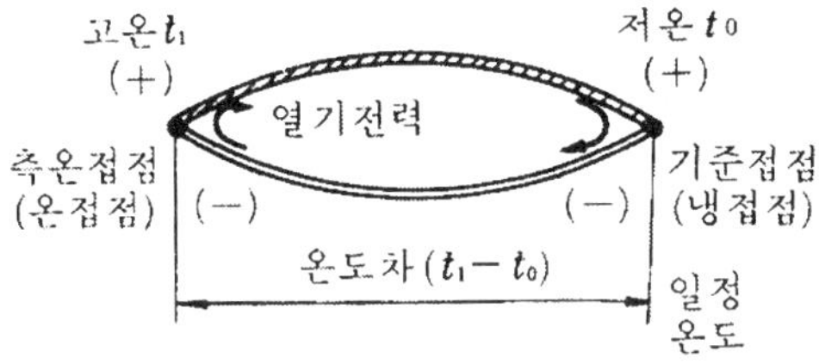

그림 1-40 열전쌍 원리

열기전력은 두 금속의 종류와 접합점의 온도차에 의하여 정해지며, 선의 굵기나 접합점 이외의 온도 분포에는 영향을 받지 않는다. 즉, 두 금속의 종류와 한 쪽의 접합점 온도가 일정할 때에는 열기전력은 다른 한쪽의 온도에 의해서만 정해진다.

▶ **열전쌍의 재료**

① **구리**-콘스탄탄의 구성은 Copper(Cu 99.9%)-Constantan(Cu 55%, Ni 45%)이고 최고 300℃까지 측정 가능하며 왕복기관의 실린더 헤드 온도(cylinder head temperature: CHT)를 측정하는데 쓰인다.

② **철**-콘스탄탄의 구성은 Iron(Fe 99.9%)-Constantan(Cu 55%, Ni 45%)이며 최고 800℃까지 측정 가능하며 구리-콘스탄탄 조합과 마찬가지로 CHT 온도계로 사용된다.

③ **크로멜**-알루멜(CA)의 구성은 Cromel(CR: Ni 90%, Cr 10%)-Alumel(AL: Ni 95%, Al 2%, Mn 2%, Si 1%)이며 최고 1,400℃까지 측정 가능하며 가스터빈 기관의 배기가스 온도계에 사용된다.

열전쌍식 온도계는 온도를 측정하고자 열점과 지시계가 있는 냉점과의 온도 차이에 의해 생긴 열전류를 측정하게 되는데, 이 때 조종실의 온도가 변하여 냉점의 온도가 변하면 열점의 온도가 변하지 않더라도 지시온도가 달라진다. 따라서 냉점의 온도는 지시온도에 영향을 미치지 않도록 하기 위해서 지시계 내부에 바이메탈 스프링을 설치하여 냉점의 온도가 보상되도록 하여 지시 온도는 열점만의 온도를 나타내도록 한다.

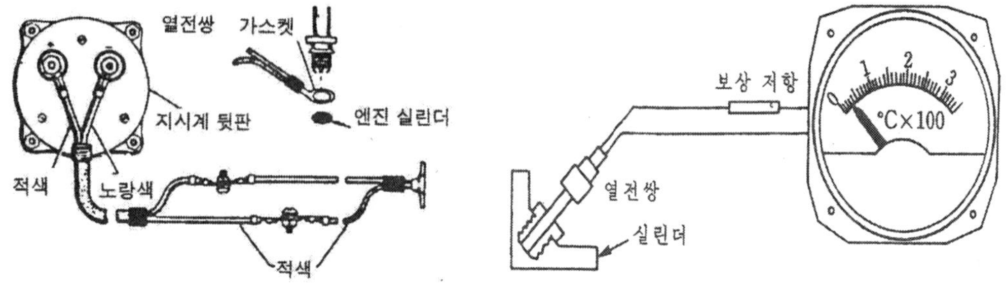

그림 1-41 실린더헤드에 적용한 열전쌍식 온도계

열전쌍을 이용하여 가스터빈 기관의 배기가스 온도(EGT)를 측정할 경우에는 배기구의 지름에 따라 그림과 같이 여러 개의 열전쌍을 **병렬**(in parallel)로 설치하여, 여러 곳의 온도를 측정하여 평균값이 지시되도록 한다.

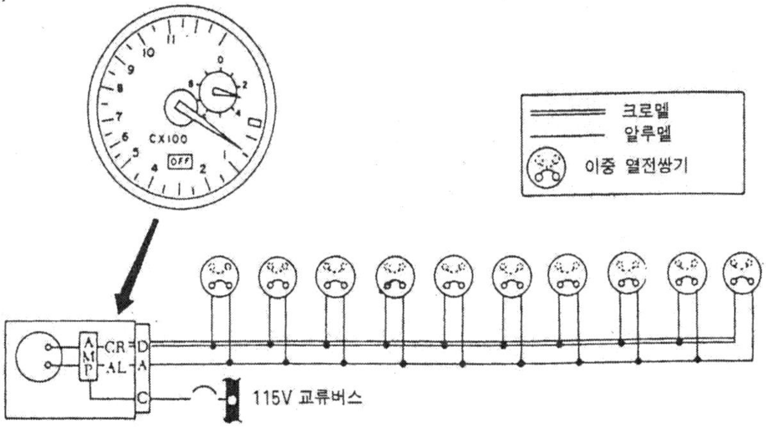

그림 1-42 배기가스에 적용한 열전쌍식 온도계

[용도에 따른 분류]

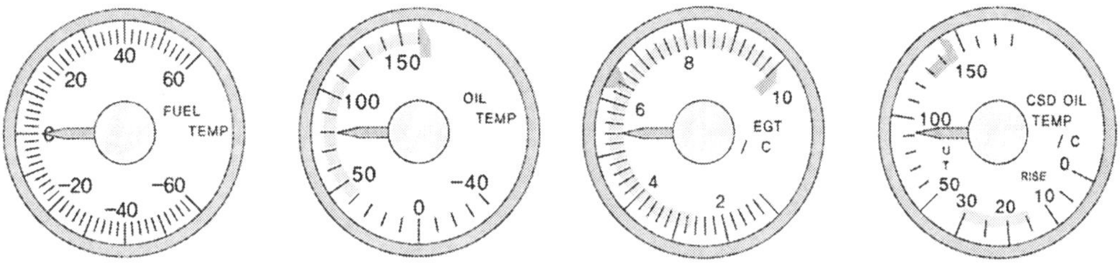

그림 1-43 항공기에 사용되는 여러 가지 온도계

1〉 오일 온도계

오일 온도계(oil temperature indicator)는 오일 온도를 측정하기 위해 전기 저항식 온도계, 온도 팽창식(증기압식) 온도계 등이 이용된다. 온도 팽창식 온도계의 경우 체적과 Bourdon관의 변위량으로 측정하지만, 전기 저항식이 더 많이 사용된다.

전기 저항식 온도계는 오일이 기관으로 들어가는 부분의 배관에 장착하여 이 저항봉의 온도에 따른 저항값에 의한 전류로써 오일 온도를 측정한다.

2〉 실린더 헤드 온도계

실린더 헤드 온도계는 왕복기관이 적정한 온도에서 작동하는 지를 감지할 목적으로 장착된다. 다수의 실린더들 중에서 가장 온도가 높은 1개의 실린더 헤드의 온도를 측정하는 장치로써 주로 열전쌍식 온도계 중에서 영기전력이 큰 철-콘스탄탄 열전쌍이 사용된다.

점화 플러그 와셔에 장착하여 온도에 따른 전류의 크기가 여기에 연결한 두 개의 전선을 통해 지시계에 전달되어 표시한다.

3〉 배기가스 온도계

가스 터빈기관의 경우에 연료가스의 온도는 기관의 성능 및 상태를 감시하기 위해서 필요한 것으로서 열전쌍식 온도계가 많이 사용되며, 기관의 형식에 따라 터빈 입구와 출구에서 연소가스의 온도를 측정한다.

가스터빈기관의 온도 측정방식에는 TIT와 EGT 방식이 있다. TIT(turbine inlet temperature) 방식은 연소가스가 가스 터빈기관에 유입되는 장소의 온도를 측정하며, EGT(exhausted gas temperature) 방식은 연소가스가 가스 터빈기관에서 배출된 장소의 온도, 즉 배기가스의 온도를 이용하여 기관 상태를 진단한다.

4) 외기 온도계

외기 온도(OAT: outside air temperature)는 기관의 출력설정, 결빙방지, 연료 내의 수분 동결방지 등의 목적으로 사용되고 비행중인 항공기에서 매우 중요한 계기이다. 그 이유는 고속 항공기의 항법상에 필요한 진대기속도(TAS: true air speed)를 구하는 데 사용되기 때문이다. 따라서 외기 온도계는 항법계기로 분류되고 있다.

복습문제

[1] 전기 저항식 온도계에서 센서부가 개방(open)되면 온도계는 얼마를 지시하는가?

㉮ 단선 직전 값　㉯ 0　㉰ 저온 측의 최소값　㉱ 고온 측의 최대값

[2] 전기 저항식 온도계의 온도센서로 thermistor를 이용할 경우, 물음에 답하시오.

1> 온도가 증가함에 따라 thermistor 센서의 저항값은 (증가, 감소)한다.

2> 왜 서미스터는 온도보상기로 사용할 수 있나?

3> 센서가 개방되면 출력값은?

4> 센서가 단락되면 출력값은?

5> 아래 조건을 참조하여 출력 전압값을 구하시오.

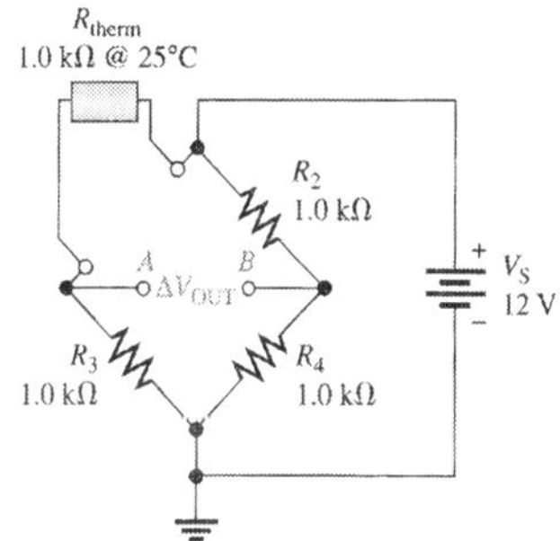

[조건] 그림과 같이 서미스터는 25℃에서 $1k\Omega$이다.
이 경우 평형($\Delta V_{out}=0$)을 이루고 있다. 이 후 온도가 50℃에서 900Ω이 되었다.

[3] EGT를 측정하는 thermocouple의 재료는 무엇이며 어떤 방식으로 활용되는가를 설명하시오.

[4] 다음 온도계들 중 계기분류에서 같은 부류가 아닌 것은?

㉮ 오일 온도계　㉯ EGT 온도계　㉰ CHT 온도계　㉱ 외기 온도계

메모

1-5 자이로 계기

한 점이 고정되어 있는 축 주위를 회전하는 것을 팽이라 하며 그 고정점이 회전체의 중심인 것을 자이로스코프(gyroscope) 줄여서 자이로(gyro)라 한다.

자이로스코프(gyroscope)는 항공기의 항법에 가장 필수적인 장치이다. 3차원 공간에서의 위치 기준점을 제공하여 항공기 제어를 가능하게 한다.

회전체가 3축에 대해 모두 자유롭게 움직일 수 있으면 자유도가 3인 3축 자이로이며 방향자이로(directional gyro)와 자이로 수평지시계(gyro horizon 또는 vertical gyro)에 사용된다. 3축 중에 한 축이 고정된 자이로를 자유도가 2인 2축 자이로라 하며 선회계(turn indicator)에 사용한다.

1-5-1 자이로의 특성 및 원리

자이로는 하나 혹은 두 개의 수직축에 대해 서로 자유롭게 회전하는 회전축으로 장착된 태 주위로 질량이 집중된 바퀴로 구성된 장치이다. 축을 중심으로 회전하는 팽이와 같이 회전체가 고정된 공간에서 축에 대해 안정을 유지하려는 경향을 가지고 있으며 외부로부터 힘이 작용하지 않으면 계속적으로 회전하려는 성질을 가지고 있다.

그림 1-44은 3축 회전으로 운동하는 자이로를 나타낸다. 자이로의 회전축은 X축으로 수평을 지시하고 Y축도 수평이며 회전축에 대해 수직으로 되어 있다. Z축은 수직축으로서 다른 두 축들에 대해 수직이다. 로터의 외부에 회전하는 링을 짐벌(gimbal)이라 한다.

자이로는 강직성과 섭동성이라는 성질이 있으며 이 특성들을 자이로 계기에 이용하였다.

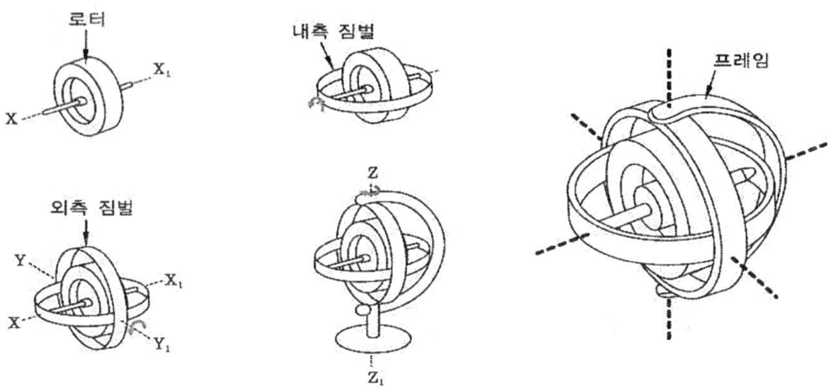

그림 1-44 자이로스코프 및 명칭

자이로의 성질

1〉 강직성(rigidity)과 편위

자이로는 외력이 가해지지 않으면 자이로 회전자 축은 우주 공간에 대하여 계속 일정 방향으로 그 상태를 유지하려는 성질을 가진다. 이러한 성질을 강직성이라 하는데, 자이로 회전자의 질량이 클수록, 자이로 회전자의 회전이 빠를수록 강하다.

자이로를 이무런 마찰이나 외부적인 영향이 없이 수평면에 수직으로 적도상의 한 지점에 자이로의 회전축을 두고 24시간 동안 관찰하면, 자이로 회전축의 방향은 그림 1-45와 같다. 이것을 지상에서 관찰하고 있으면, 그림과 같이 자이로의 회전축은 시계방향으로 이동하여 24시간 후에는 원위치로 되돌아온다. 이것은 지구의 자전으로 발생하는 현상이다.

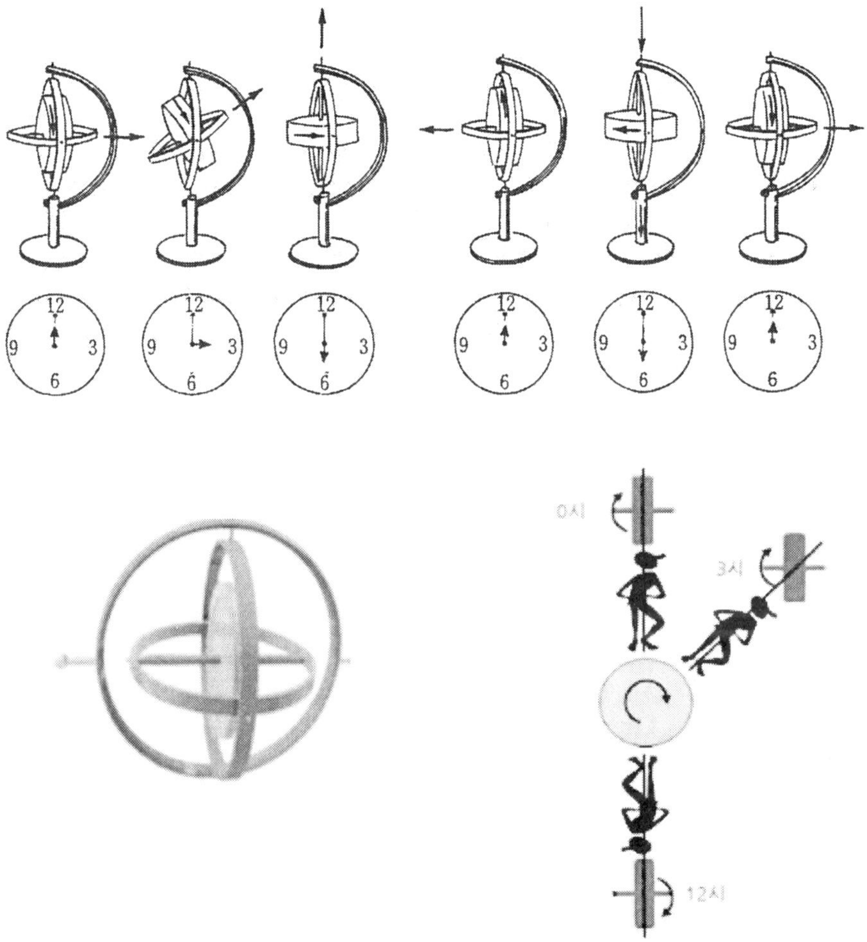

그림 1-45 자이로의 강직성(rigidity)과 지구자전과의 관계

자이로가 지구의 중력에 관계없이 자세를 유지하기 때문에, 지구의 자전에 의한 지구의 한 기준축과 각변위가 생겨 기울여지는 것처럼 보이는 데, 이것을 편위(drift)라 한다. 이론적으로는 24시간 동안에 360°, 즉 1시간에 15°씩 기울어지므로, 이것은 어떠한 방법으로든지 수정해야 한다. 이는 항법의 기준인 효과적인 장치를 만드는데 필요한 성질이다. 또, 자이로 회전자의 불평형과 마찰 등의 원인으로 섭동을 일으키게 되어 자세가 변위되는 현상이 생기는데, 이것도 편위에 포함된다.

2〉 섭동성(precession)

섭동성 혹은 세차성이라고 하며 이는 자이로가 회전할 때, 회전면에 힘을 가하면 실제로 발생하는 회전축의 움직임을 나타낸 것이다. 그림 1-46과 같이, 관성모멘트 I를 갖고 ω의 각속도로 회전하는 자이로가 회전하고 있을 때 회전자의 앞면에 F라는 힘을 가하면, 가한 점으로부터 회전방향으로 90° 진행된 점인 P에 힘이 가해진 것과 같은 작용을 하여 로터의 회전축은 A, B 방향으로 움직인다.

지구의 중력에 대하여 기울어져 있는 팽이를 나타낸 것이다. 팽이는 기울어져 있으므로 중력에 의해서 힘 F가 작용하여 넘어질 것 같지만, 섭동성에 의하여 회전방향으로 90° 전진한 점에 힘 P가 작용하므로 기울어져서 쓰러질듯하면서 계속해서 회전하게 된다.

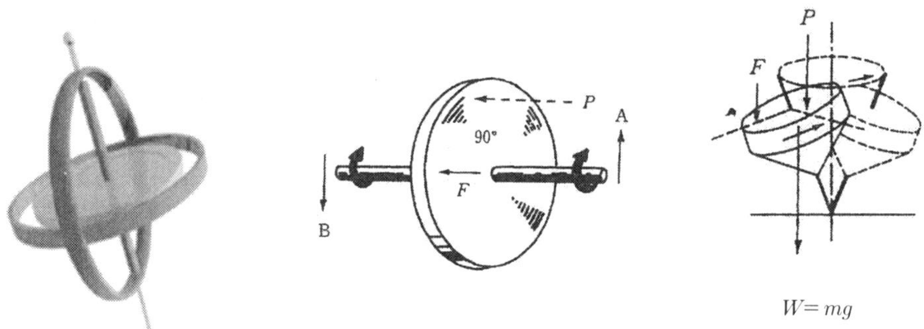

그림 1-46 섭동 원리

위에서 언급한 자이로의 두 성질들을 종합하면 다음과 같이 표현할 수 있다.

$$\text{섭동각속도}(\Omega) = \frac{\text{외력}}{\text{관성력} \times \text{회전각속도}} = \frac{M}{I\omega} = \frac{M}{L} (L = \text{각운동량})$$

섭동성은 로터의 무게가 증가하거나 회전 각속도가 크면 감소하고 로터를 기울이려는 외력에 비례하므로, 강직성은 섭동성과 반대의 성질이 있다.

자이로의 필수 기준선

항공기에서 사용하고 있는 자이로는 비행을 위하여 두 개의 필수적인 기준선이 설정되어 있다. 그 하나는 수직비행 기준에 대해 자세의 변화인 피치(pitch)와 롤

(roll)을 감지하는 것이다. 다른 하나는 비행 직선방향에 대해 수직축의 변화를 감지하는 것이다.

이들 기준선들은 그림 1-47과 같이 자이로에 회전축을 수직축 혹은 수평축으로 배치하여 설정하게 된다.

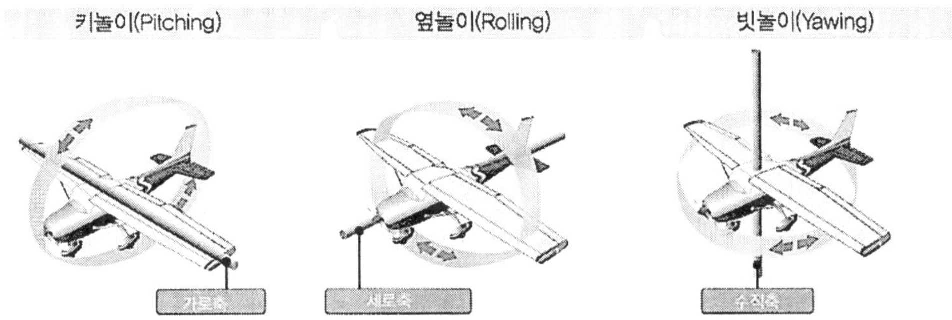

그림 1-47 자이로스코프의 필수 기준선들

복습문제

[1] 그림 1-46에서 로터의 회전방향이 반대이면 실제적인 힘이 미치는 곳을 표시하시오.

[2] 섭동각속도$(\Omega) = \dfrac{\text{외력}}{\text{관성력} \times \text{회전각속도}} = \dfrac{M}{\omega I}$ 에서 강직성과 관련되는 파라미터는 무엇인가?

1-5-2 자이로 회전자의 동력원

강직성과 섭동성을 나타내려면 자이로 회전자는 고속으로 계속 회전해야 하는데, 자이로 회전자의 회전 동력원으로는 진공 계통, 공기압 계통, 전기 계통 등이 있다.

1) 진공 계통(vacuum system)

① 벤투리 관(Venturi tube)

벤투리 관에서 목 부분의 부압(negative pressure)을 이용하여 공기를 배출시킨다. 동력이 필요하지 않는 장점이 있지만 벤투리 관이 직접 외부공기와 닿으므로 결빙의 우려가 있다.

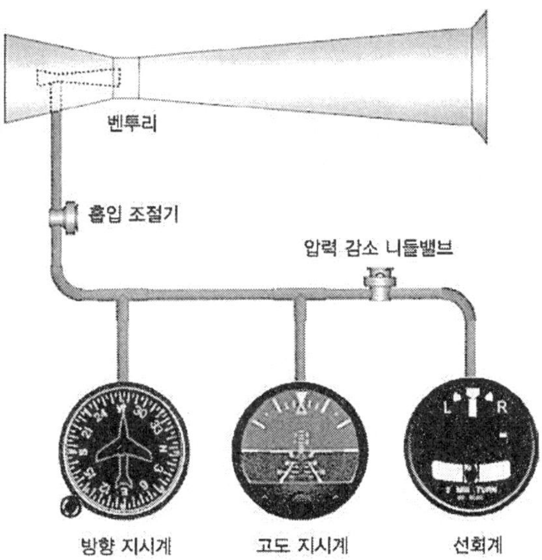

그림 1-48 벤투리 관을 이용한 자이로의 동력원

② 진공펌프 계통(vacuum pump)

기관에 의해 구동되는 베인식 진공 펌프에 의해서 진공압을 얻는다. 진공계통의 압력은 압력 릴리프 밸브에 의해 4±0.25*inHg*로 조절되며, 선회경사계는 흐름을 제어하는 제한기 밸브(restrictor valve)에 의해 2±0.1$inHg$로 맞춰진다. 또한 흡인 압력계는 진공압이 적당한가를 알려주기 위해 계통에 설치된다.

벤투리 관은 글라이더나 소형기에 사용되고, 진공 펌프는 중형기에 사용되었으나, 현재에는 소형기와 중형기에서도 거의 진공 펌프가 사용되고, 대형기에는 전기 계통이 사용된다.

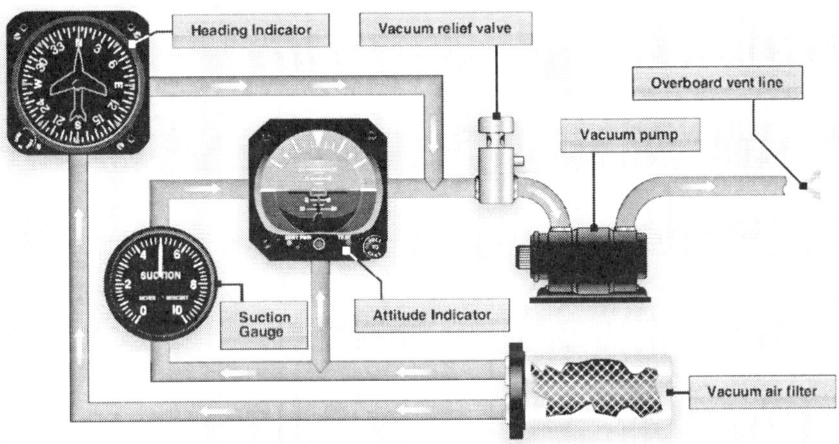

그림 1-49 진공펌프를 이용한 자이로의 동력원

2) 공기압 계통

18,000ft 이상의 상공에서는 자이로 로터를 회전시키는 공기의 질량이 충분하지 못하여 진공압 계통으로는 로터의 구동이 어렵다. 따라서 공기압 펌프를 사용하여 대기압보다 높은 압력으로 자이로의 회전자를 회전시킨다. 공기압 계통이 진공 계통보다 효율적이다.

3) 전기 계통

고도(altitude)와 무관하게 사용할 수 있는 전기 구동식은 자이로 계기의 중요성이 커짐에 따라 쉽게 읽을 수 있고, 자립특성이 좋으며, 오차가 적고, 높은 고도에서도 효과적이기 때문에 현재 많이 사용되고 있다.

1-5-3 자이로스코프 특성을 이용한 계기

선회 경사계(Turn & Bank Indicator)

선회 경사계는 선회계와 경사계가 1개의 케이스에 조합되어있는 계기이다. 이 가운데서 선회계는 자이로를 이용하여 항공기의 **분당 선회율**(rate) **즉, 선회 각속도**를 ° **/min 단위**로 나타내는 계기이며, 경사계는 수평 비행을 할 때에 항공기 날개의 쳐짐을 나타내고 선회 비행시에는 정상 선회, 내활선회(slipping) 또는 외활선회(skidding)인지를 나타내는 계기이다.

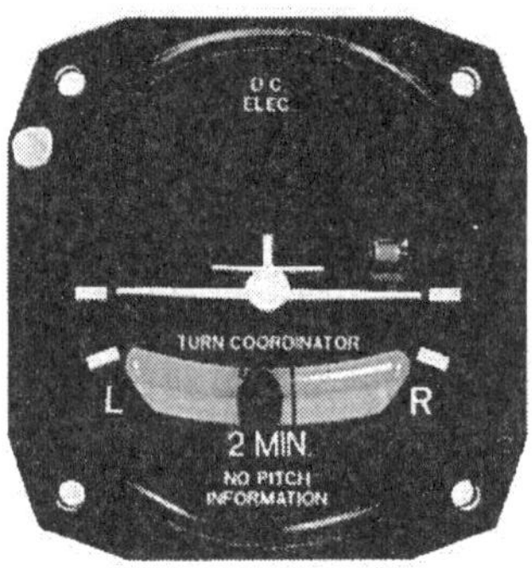

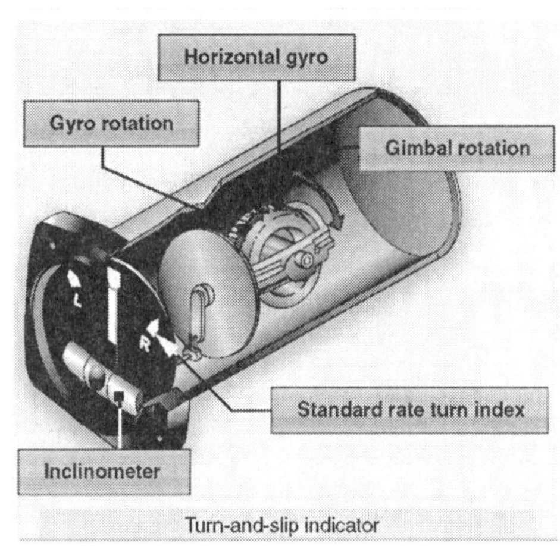

그림 1-50 선회경사계 및 구조

1. 선회계

선회계는 1분 동안 몇 도를 선회했는가를 나타내는 계기로 자이로의 성질 중에서 섭동성만을 이용한 계기이다. 선회계는 그림과 같이 자유도가 2인 자이로가 X축과 Y축만을 중심으로 자유롭게 회전할 수 있도록 되어있는데, 이 자유도에 의하여 지시 바늘이 작동된다. 자이로 회전자의 회전축이 X-X'로서, 회전자가 화살표 방향으로 회전하고 있을 때 항공기가 오른쪽으로 선회하게 되면 짐벌의 X는 앞으로 X'는 뒤로 힘을 받게 되는 모멘트가 발생한다.

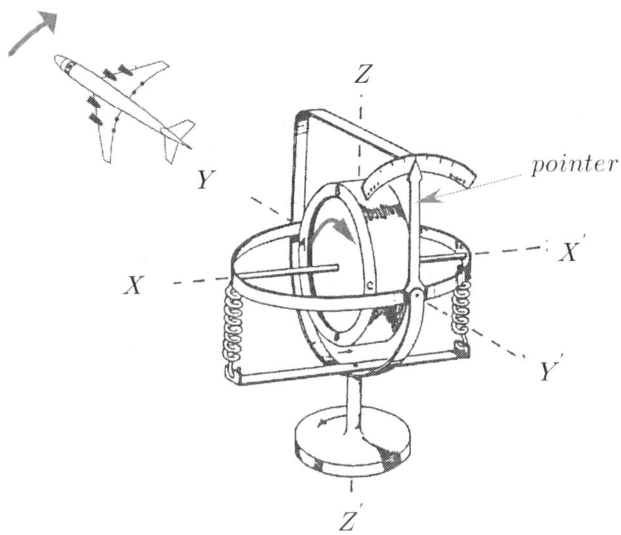

그림 1-51 선회계의 작동원리

이 모멘트는 회전자의 앞쪽을 왼쪽에서 힘을 가한 곳과 같은 효과를 가지게 되므로 회전자의 섭동은 회전자의 회전 방향으로 90° 전진한 회전자의 축 X는 위로 올라가고, X'는 아래로 내려가 회전자의 축은 오른쪽으로 기울어진다. 이 기울어짐은 포크와 핀을 거쳐 지시 바늘을 선회방향인 오른쪽으로 움직이게 한다. 이때 중립스프링이 늘어나게 되는데, 스프링의 장력은 바늘의 음직임과 균형하게 되고, 항공기의 선회가 끝난 다음에는 자이로 회전자축을 중립 위치로 되돌리는 역할을 한다.

선회각속도(°/min)를 나타내는 자이로를 Rate Gyro(RG)라 부른다.

선회계의 지시방법에는 두 가지가 있는데 그 한 가지는 바늘이 1바늘 폭 만큼 움직였을 때 180°/min의 선회 각속도를 의미하고, 2바늘 폭일 때에는 360°/min의 선회 각속도를 의미한다. 이것은 표준형으로서 2분계(2min turn)라 한다. 또 다른 한 가지는 가스터빈 항공기에 사용되는 것으로서, 1바늘 폭의 단위가 90°/min이고, 2바늘 폭의 단위가 180°/min의 선회인데 이것을 4분계(4min turn)라 한다.

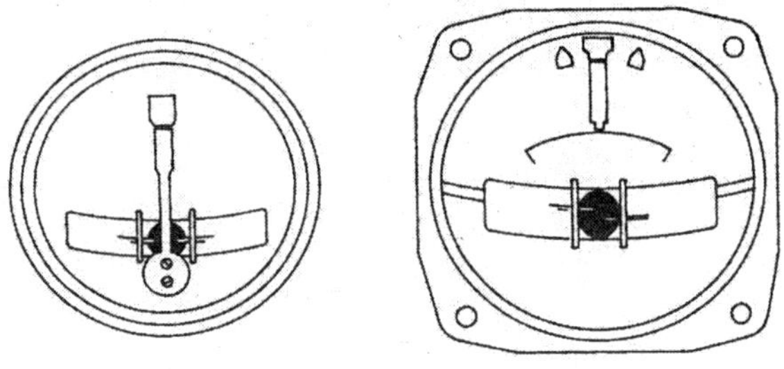

그림 1-52 선회계의 지시방법

2) 경사계

정상 비행시에는 항공기의 경사도를 나타내고, 선회 비행시에는 항공기 선회의 정상 여부를 나타낸다.

경사계는 구부러진 유리판 안에 케로신과 강철 볼을 넣은 것으로서, 케로신은 댐핑 역할을 하도록 충분한 점성이 있고, 유리관은 수평위치에서 가장 낮은 지점이 중앙에 오도록 구부러져 있다. 볼이 중앙에 있으면 항공기는 수평비행 중이며, 항공기가 경사지게 되면 기울어진 쪽으로 볼이 흐른다. 그러나 항공기가 선회할 때 발생하는 원심력과 중력이 균형을 이루면, 즉 정상 선회를 할 때에는 볼이 중앙에 있게 된다. 볼이 선회계 바늘과 같은 방향으로 치우쳤을 때에는 항공기가 선회방향의 안쪽으로 미끄러지고 있는 상태인 내활 선회(slipping turn)이며, 선회계 바늘과 반대 방향으로 볼이 치우쳤을 때에는 항공기가 원심력 때문에 선회 방향의 바깥쪽으로 밀리는 상태인 외활 선회(skidding turn)임을 의미한다.

(a) 슬립 선회 (b) 정상 선회 (c) 스키드 선회

그림 1-53 선회 경사계의 동작구분

복습문제 1

그림 1-51에서 항공기가 왼쪽으로 선회한다면 선회계의 동작과정을 설명하시오.

복습문제 2

아래 그림은 선회경사계를 나타낸다. 각 상태를 표시하시오.

㉮ ㉯ ㉰ ㉱

▶ 선회경사계 상태표시

가. 수평비행 나. 좌 외활선회(skid) 다. 좌 내활선회(slip) 라. 정상 우선회

복습문제 3

[1] 항공기를 선회(turn)시키는 힘은?

㉮ 양력의 수직성분 ㉯ 원심력 ㉰ 중력(gravity) ㉱ 양력의 수평성분(구심력)

비행기의 날개가 수평상태가 아니라면, 양력(lift)은 순수하게 수직으로 작용하고 있지 않으며, 비행기를 아래로 쳐진 날개쪽 방향으로 잡아당기려는 경향을 만든다. 조종사가 rudder, aileron, elevator을 이용해서 조화된 조작을 통해 뱅크(bank)를 만들면 양력(lift)의 수평성분을 얻게 되어 비행기는 선회된다.

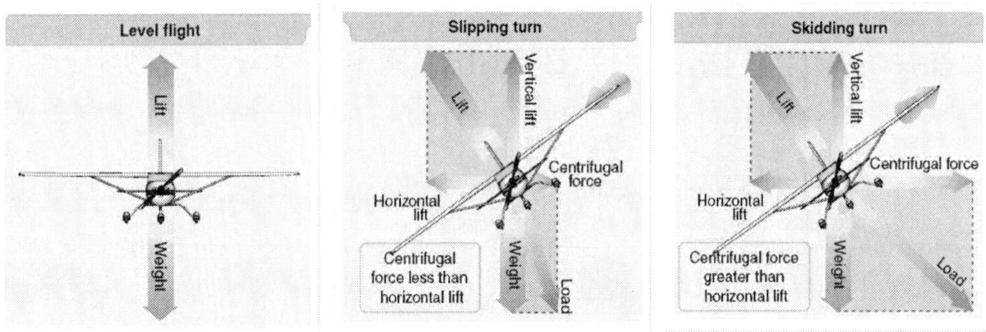

선회하는 동안 중량 혹은 중력과 반대방향으로 작용하는 힘을 양력의 수직성분이라 하고, 선회의 중심방향으로 적용되는 수평적인 힘을 양력의 수평성분 혹은 구심력이라고 한다. 따라서 선회란 러더를 이용하여 이루어지는 것이 아니며, 러더는 다만 항공기가 선회할 때 기수(nose)와 꼬리가 동일한 선회 경로상에 위치하도록 편차를 수정하기 위해 사용된다. 훌륭한 선회란 항공기의 기수와 꼬리의 경로가 같은 선을 따라 움직이도록 하는 것이다. 만일 선회중에 러더를 사용하지 않으면, 항공기의 기수는 선회 바깥쪽으로 요(yaw)하게 될 것이다. 이 때 러더를 사용함으로써 기수가 상대풍(relative wind)과 다시 직접 부딪힐 수 있도록 기수를 안쪽으로 되돌릴 수 있다.

중량(weight)을 떠받치고 있던 양력은 선회하면서 수직성분과 수평성분로 나뉘게 되므로 수직성분만으로는 중량을 계속 떠받칠 수 없게 된다. 결국 항공기는 고도를 잃게 될 것이다. 이를 보완하기 위해 받음각(AOA)을 증가시켜 양력의 수직성분이 더 커져서 다시 중량과 같은 양의 힘을 발휘하게 하면 된다. 뱅크각이 깊어지면 깊어질수록 양력의 수직성분은 줄어들므로, 고도를 유지하기 위해서 받음각은 더 커져야 한다. 그러나 받음각이 커지면 airfoil의 유도항력도 커지므로 속도감소가 발생한다.

일정한 속도로 선회를 하는 동안 선회율은 양력의 수평성분의 양에 좌우 된다. 뱅크가 깊어질수록 양력의 수평성분도 커지게 되므로 선회율도 더 커지게 되는 것이다.

방향 자이로 지시계(Directional Gyro Indicator)

방향 자이로 지시계는 자이로 회전자의 회전축이 항공기 기수 방향에 수평으로 놓여있는 3축 자이로로서 강직성을 이용하여 항공기의 기수 방위와 선회비행을 할 때에 정확한 선회각을 지시하는 계기이다.

뒤에 배우게 될 자기계기에서 자기 컴퍼스의 자차, 북선오차 등에 의한 문제점이 있으므로 이들의 불편을 없애기 위하여 개발된 것이다. 자이로는 북극을 찾지 못하지만 계속적으로 조종사에게 항공기의 기수를 특정한 방향으로 정하도록 해 줄 수 있다. 플럭스 밸브(flux valve)와 같은 장치와 연결하여 원격지시 컴퍼스로 발전하게 된다.

1) 기본 원리 및 구조

방향자이로는 스핀축의 위치가 계기 케이스와 독립적으로 유지되도록 자이로 로터가 짐벌 안에 지지되어 있다. 스핀축은 통상 수평으로 되어 있으며 내부 짐벌 축도 수평이나 스핀 축에 수직이다. 외부 짐벌은 수직축에 회전축으로 되어 있어서 3개의 축이 서로 상호 수직으로 된 3축 자이로이다. 계기의 다이얼 각은 항공기의 기수방향과 자이로 스핀 축사이각이다. 항공기의 기수변화는 자이로의 위치가 공간에서 강직성을 가지고 항공기 움직임에 영향을 받지 않으므로 다이얼이 지시된다.

X축에 있는 자이로, Y축에 있는 내부 짐벌, Z축에 있는 외부 짐벌을 관찰하면 자이로가 회전할 때, 공간에서 계기 케이스가 어느 방향으로 회전하든지 간에 강직성을 유지한다.

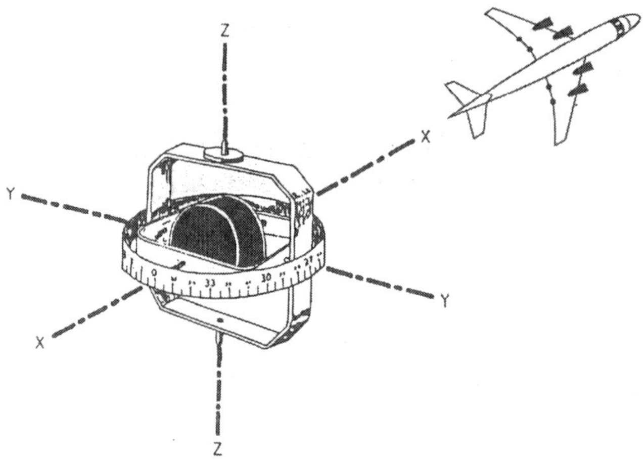

그림 1-54　방향자이로(DG)의 기본 원리

방향 자이로 지시계는 자이로의 강직성만을 이용하므로 자기컴퍼스와 같은 복각이나 자차의 영향은 없으나 회전축은 우주공간에 대하여 일정한 방향을 유지하므로 계기는 계기내부의 마찰 등에 의한 영향과 지구 자전 등의 영향에 의한 편위가 발생하여 시간에 따라 오차가 커지므로, 자기 컴퍼스를 기준으로 하여 15분마다 지시값을 수정해야 한다.

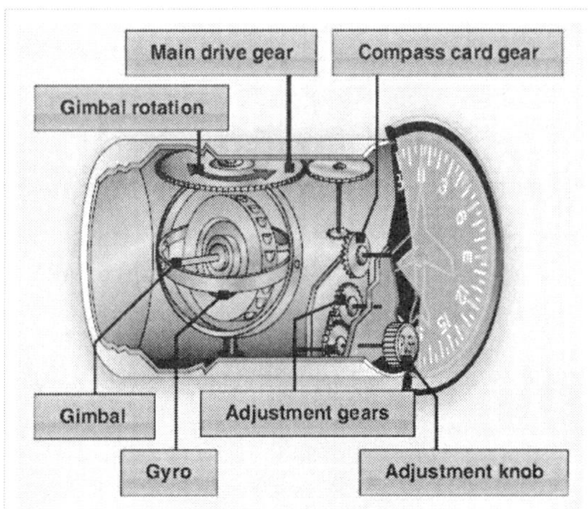

그림 1-55　방향자이로 계기 및 구조

방향자이로 지시계의 구조는 360° 전방위에 대한 눈금이 표시되어 있는 눈금카드, 3축자이로와 짐벌, 기준선이 표시된 케이스, 계기의 앞면에는 케이싱 노브가 있어, 이것을 누르면 수평 짐벌이 고정되어 섭동현상을 방지할 수 있으며, 노브를 돌리면 케이스 내부의 자이로 전체가 회전하여 눈금값을 다시 맞출 수 있고, 이 맞춤이 끝나면 다시 노브를 잡아당겨 계기가 정상 작동을 하도록 한다. 또한 중요한 부품 중 자이로 회전축이 항상 기체 축과 수평이 유지될 수 있도록 해주는 공기구동 또는 전기구동 자립장치가 있다.

그림 1-56 공기구동식 방향자이로 로터

2〉 자이로의 자립장치

〈1〉 공기 구동식

공기구동식 자립 장치는 섭동성을 이용하여 자립시키기 위한 방법으로서, 그림 1-57과 같이 공기 받침대(plow)를 이용한다. 수직 짐벌 아래쪽으로 쐐기 모양의 플라우를 설치하여 공기가 두 갈래로 나뉘게 된다. 자이로스코프가 수평이 되면 공기의 양이 서로 같게 된다. 그러나 자이로가 기울어지면 공기기류가 받침대의 한 면으로 치우쳐 균형되지 못한 힘이 외부 짐벌을 움직이게 한다.

이 힘은 섭동성 때문에 회전 방향으로 90° 전진한 점에 자이로를 복원시켜 주는 힘으로 나타난다. 이렇게 됨으로써 기울어진 자이로의 회전축은 수평으로 복귀된다. 공기 구동식 방향 자이로 지시계의 정상 작동 범위는 피치(pitch)와 경사(rolling)가 모두 55°이다.

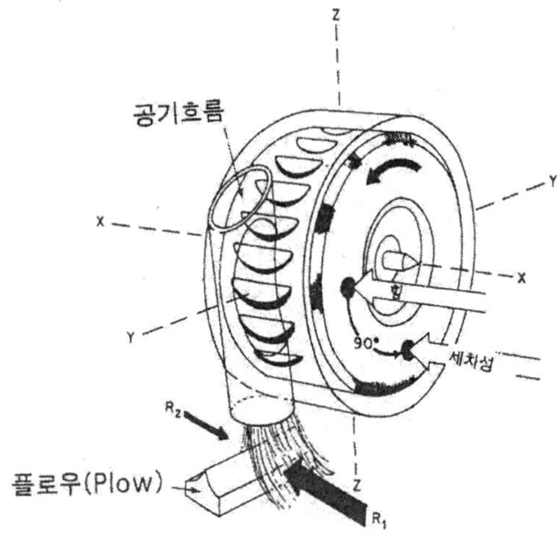

그림 1-57 공기구동식 자이로 자립장치

〈2〉 전기 구동식 자이로의 자립 장치

전기 구동식 자이로의 자립 장치는 외부 짐벌 위에 위치한 토크 모터에 의하여 수평이 된다. 이 모터의 회전으로는 수직 짐벌에 토크가 가해지면 섭동에 의하여 자이로 회전자의 회전축은 수평으로 되돌아온다. 전기 구동식 방향 자이로 지시계의 정상 작동범위는 피치와 경사가 85°이다.

자이로 수평 지시계(Gyro Horizon Indicator, Vertical Gyro)

자이로 수평 지시계는 인공 수평의(artificial horizon indicator) 또는 줄여서 수평의라고 부르는 3축 자이로로서, 항공기 기수 방향에 대하여 수직인 자이로 축을 가지고 있다. 정확히 말하면 지구 수평면과 수직인 축을 회전하는 자이로를 가진다. 즉 항공기의 수평자세를 지시하는 목적으로 설계된 것이다. 이 계기는 항공기의 위치가 수평면에 대해 위치된 상태를 조사하여 조종사가 항공기의 자세를 쉽게 판독할 수 있다.

자이로의 특성 중에 공간에 대한 강직성과 섭동성을 이용한 직립장치를 사용하여 자이로의 회전축이 언제나 지구 중심을 향하게 함으로써 항공기의 지구 표면에 대한 자세, 즉 피치와 경사를 알 수 있게 하는 계기이다.

자이로 로터를 구동시키며 회전축이 지구중심을 향하도록 하는 방법에 따라 그 방법이 4±0.25$inHg$의 진공압을 사용하면 gyro horizon 이라 하며, 115V 400Hz의 교류전원을 사용하는 전기구동식인 경우는 vertical gyro라 한다. 또한 자세를 나타내기 때문에 자세자이로(attitude gyro)라고도 불리운다.

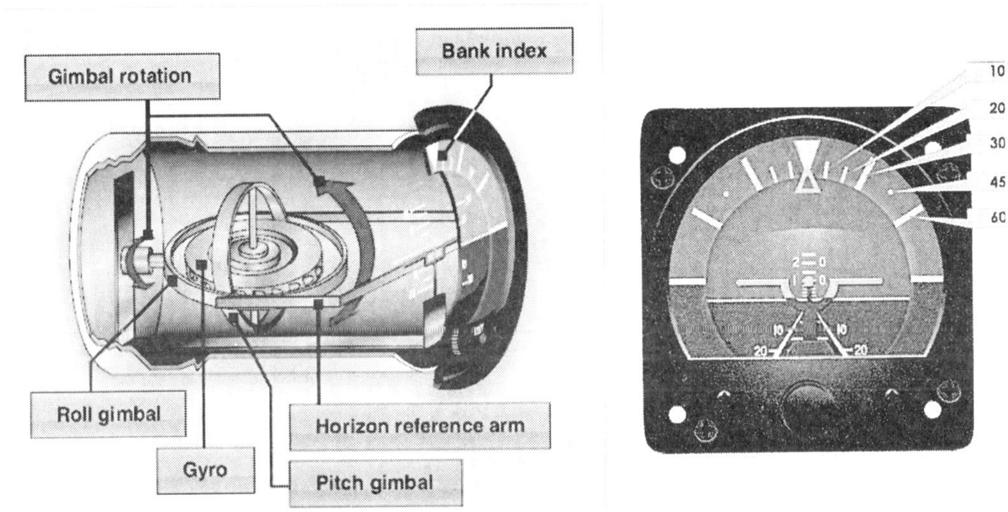

그림 1-58 gyro horizon(vertical gyro)

방향자이로(DG)는 수평위치에서 기수의 변화를 탐지하지만 X축에 대한 옆놀이(rolling)는 측정하지 못한다. 항공기의 키놀이(pitching)와 옆놀이를 측정하기 위해 수직 스핀축과 수평 짐벌축을 가지는 자이로를 이용해야 한다.

그림 1-59는 항공기의 자세인 피치와 경사를 나타낸 것이다. 자이로 수평지시계의 중심그림을 참조하여 8가지의 동작 상태를 각각 설명한다.

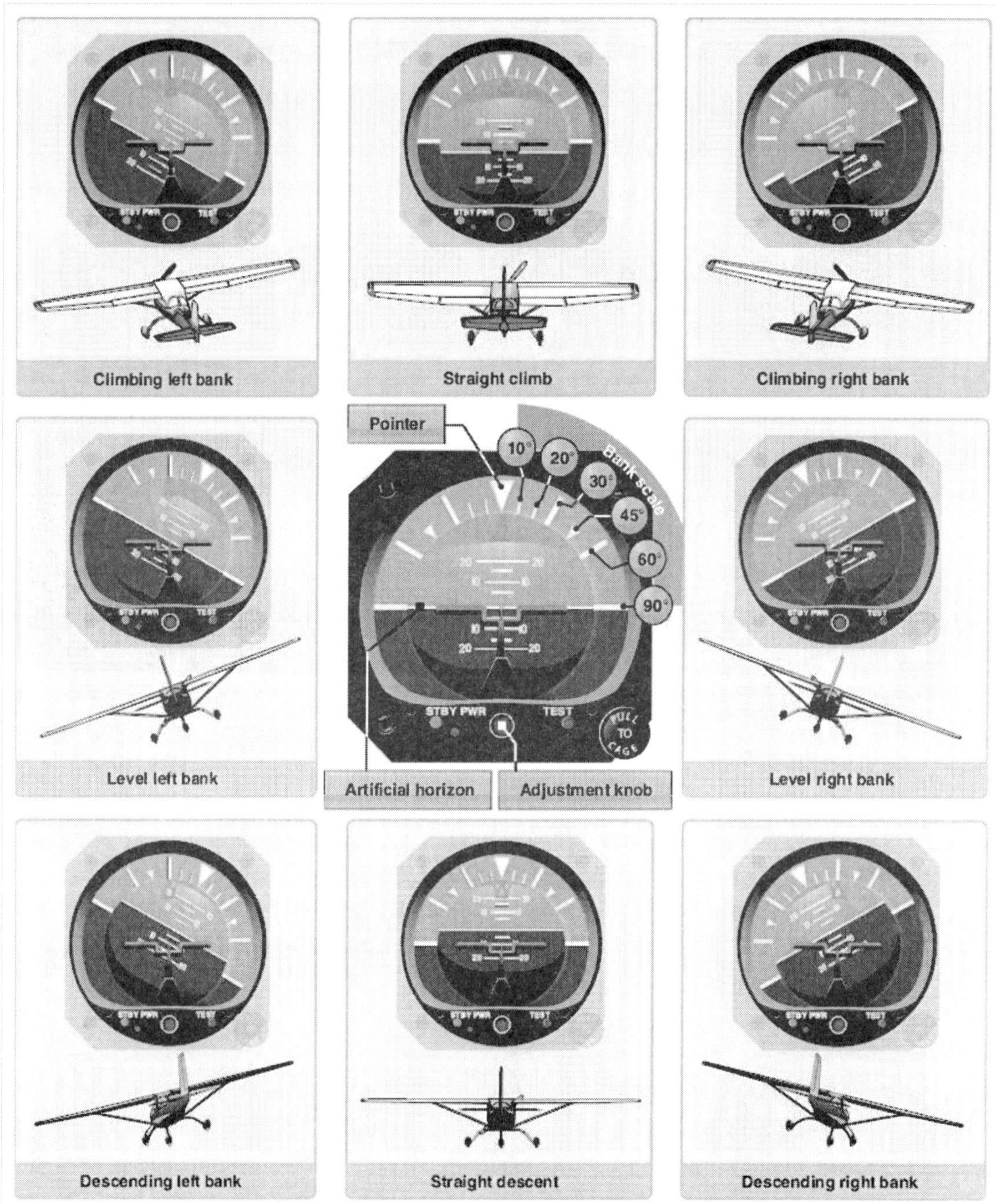

그림 1-59 자이로 수평지시계(수직 자이로, 자세 자이로)

1> 공기구동식 자이로의 직립장치

직립 장치는 자이로 회전자 축이 비행 자세의 변화와 지구의 자전 등의 영향에 구애됨이 없이 지구 중심을 향하도록 하는 장치이다. 공기구동식 직립장치는 자이로의 아래쪽에 4개의 진자식 베인들이 달려 있다. 자이로가 수직일 때에는 4개의 베인들이 동시에 구멍을 반씩 막고 있어, 자이로 회전자를 통과한 공기가 이들 구멍을 통하여 같은 양으로 배출되므로 공기에 의한 반작용력은 평형을 이룬다. 그러나 자이로가 기울어지게 되면 베인을 중력은 중력에 의하여 움직여 공기흐름이 변화하며 공기의 반작용력에 의해 외력이 생기고 이 힘에 의한 섭동은 90° 전진한 힘으로 나타나므로 자이로 축은 다시 수직으로 복귀된다.

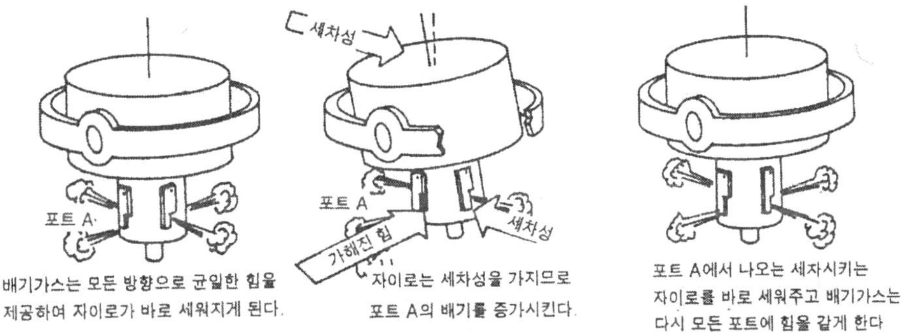

그림 1-60 공기구동식 자이로의 베인식 직립장치

2> 전기 구동식 자이로의 직립장치

전기 구동식 자이로의 직립장치는 섭동을 이용하여 자이로 회전자를 수직으로 복귀시키는 것으로서, 볼식(ball type), 맴돌이 전류식(eddy current type), 진자식(pendulum type) 및 액체 스위치식(liquid switch type)이 있다.

볼식은 자이로 회전자 상단의 반원형 홈에 강철 볼을 넣어 회전자가 기울어지면 이 볼에 의해 발생하는 모멘트를 이용한 것이다. 맴돌이 전류식은 자이로 회전자 하단에 직립 콘(Erection cone)과 자성체의 진자를 두어 회전자가 기울어지면 전자기적인 맴돌이 전류 효과에 의한 모멘트를 발생시켜, 회전자의 축을 수직으로 복귀시키는 방식이다.

한편, 전자식과 액체 스위치식은 짐벌에 각각 진자식 또는 액체식 스위치를 설치하여 회전자의 축이 기울어지면, 이들 스위치가 'ON'으로 작동되어 토크 모터에 전류가 흘러 모터가 회전하므로, 이로 인한 섭동 작용에 의해 회전자의 회전축을 수직으로 복귀시킨다.

3〉 자이로 수평 지시계 지시장치

수평바가 있고 항공기의 위치가 수평선에 대하여 위치된 것을 지시하여 조종사가 항공기의 자세를 쉽게 판독할 수 있다.

복습문제

[1] 관련되는 것들을 선택하여 쓰시오.

1> 선회계:
2> 방향자이로 지시계:
3> 자이로 수평지시계:

- 강직성
- 섭동성

[2] 항공기 기수방향이 다음과 같을 때, 자이로의 회전축과 로터의 평면도(top view)를 그리시오.

항공기 기수	종류	평면도(로터 및 회전축)
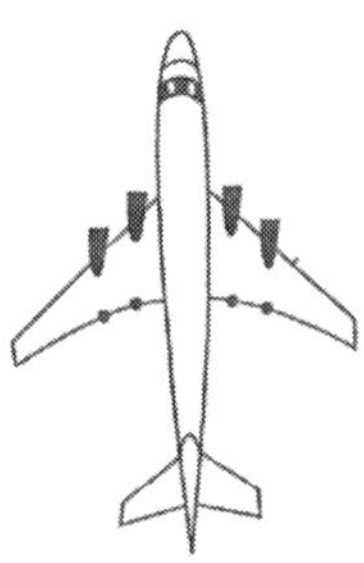	선회계(RG)	
	방향자이로 지시계(DG)	
	자이로 수평지시계(VG)	

[3] 선회각(°)을 지시하는 계기는?

[4] 선회 각속도(°/min)를 지시하는 계기는?

[5] pitch 와 roll을 측정할 수 있는 계기는?

[6] 강직성과 섭동성을 나타내려면 자이로 회전자는 고속으로 계속 회전해야 하는데 동력원으로 진공압을 사용하면, VG와 연결된 흡인 압력계의 지시 압력은?

복습문제 2

[1] 항공기 용어에 익숙해야 한다. 먼저 항공기의 주요 구성요소는 다음과 같이 세 가지로 ( ), ( ) 및 ( ) 구분된다. 항공기의 모든 운동은 중력중심(CG: center of gravity)에 대해 발생한다. 중력중심은 물체를 지주에 놓았을 때 평형이 일어나는 지점이다.

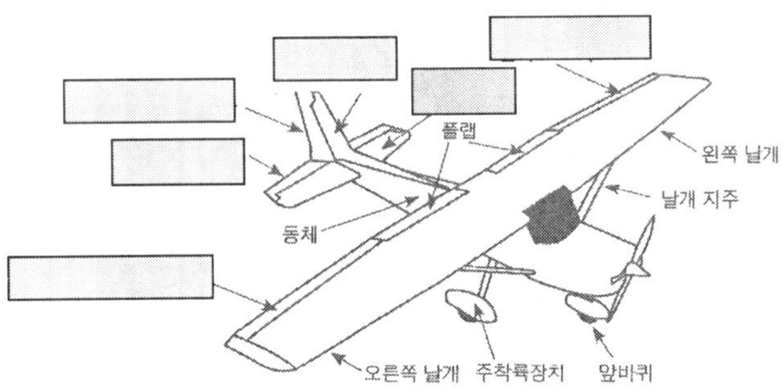

[2] 꼬리날개는 ( ), ( ), ( ) 및 ( ) 로 구성되는 어셈블리이다.

[3] (   )는 비행기의 키놀이(pitch)를 조정 혹은 제어하는데 사용된다. 이는 비행기의 조종간(휠 또는 스틱)에 연결되어 전후 조종운동으로 움직인다.

[4] (   )는 수직 안정판의 뒷전에 있는 가동 제어면을 나타내며 작은 방향 변화와 선회하는데 사용된다. 바닥에 있는 두 페달들이 이것을 조종하며 방향조종을 제공한다. 즉 수직축에 대한 빗놀이(yaw)를 제어한다.

[5] 날개의 바깥쪽 뒷전에 있는 가동면을 (   )라고 하며 옆놀이(roll) 제어에 사용된다. 이들은 조종간(휠)의 회전에 의해 작동하거나 조종간(스틱)의 좌우운동에 의해 작동된다. 이것은 하나가 위로 진동하고 다른 하나가 아래로 진동할 수 있도록 결합되어 있다.

[6] 날개뒷전의 선회부에 있는 hinge 부를 (   )이라 한다. 이것은 저속에서 더 많은 양력을 발생시키는데 사용되고 착륙하는데 증가된 항력을 제공한다. 이렇게 증가된 항력이 항공기의 속도를 감소시키는데 도움을 주며 착륙 진입각을 깊게 하는데 도움을 준다.

복습문제 3

An aircraft in flight is free to rotate in three dimensions: pitch, nose up or down about an axis running from wing to wing, yaw, nose left or right about an axis running up and down; and roll, rotation about an axis running from nose to tail. The axes are alternatively designated as lateral, vertical, and longitudinal. These axes move with the vehicle, and rotate relative to the Earth along with the craft. These definitions were analogously applied to spacecraft when the first manned spacecraft were designed in the late 1950s.

These rotations are produced by torques (or moments) about the principal axes. On an aircraft, these are produced by means of moving control surfaces, which vary the distribution of the net aerodynamic force about the vehicle's center of gravity. Elevators (moving flaps on the horizontal tail) produce pitch, a rudder on the vertical tail produces yaw, and ailerons (moving flaps on the wings) produce roll. On a spacecraft, the moments are usually produced by a reaction control system consisting of small rocket thrusters used to apply asymmetrical thrust on the vehicle.

The yaw axis is defined to be perpendicular to the body of the wings with its origin at the center of gravity and directed towards the bottom of the aircraft. A yaw motion is a movement of the nose of the aircraft from side to side. The pitch axis is perpendicular to the yaw axis and is parallel to the body of the wings with its origin at the center of gravity and directed towards the right wing tip. A pitch motion is an up or down movement of the nose of the aircraft. The roll axis is perpendicular to the other two axes with its origin at the center of gravity, and is directed towards the nose of the aircraft. A rolling motion is an up and down movement of the wing tips of the aircraft. The rudder is the primary control of yaw.

메모

1-6 자기 계기(Magnetic Compass)

항법(navigation)이란 지표의 한 곳에서 다른 곳으로 가기 위해 항로를 찾는 방법이라 할 수 있다. 항공기가 정확하게 목적지를 향하여 비행하려면 지리학적인 위치에서 항공기의 기수 방위를 알아야 하는데 자기계기도 이런 목적을 위해 사용되었다.

자기계기는 지자기를 감지하여 자기 자오선을 탐지하여 이것을 기준으로 항공기의 기수 방위를 나타내는 것으로서 자기 컴퍼스(magnetic compass)라고 부른다.

1-6-1 지자기의 3요소 및 방위

지자기 3요소

지자기란 지구에서 나오는 고유한 자기력이며 지자기의 N극은 지리학적의 북극인 진북과 2,100*km* 떨어진 곳에 위치하며, 지자기의 S극은 진남과 1,800*km* 떨어진 곳에 위치한다. 이 위치는 고정된 것이 아니라 매년 주기적으로 약간씩 이동한다.

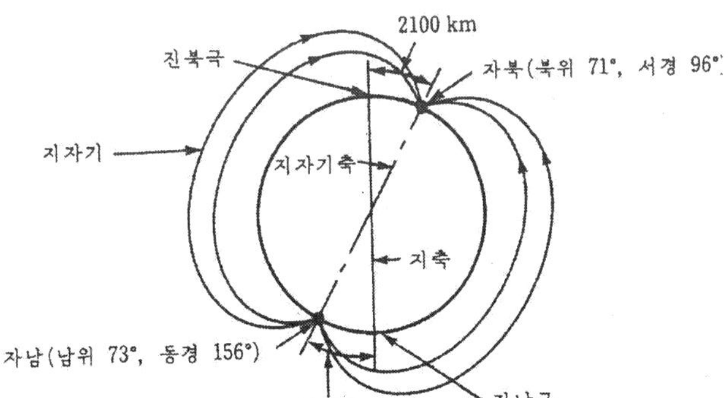

그림 1-61 지자기

1〉 편각 또는 편차(variation or declination)

지구의 자전축인 지축과 지자기 축들 간에 이루는 각이며, 지축에 대한 자오선인 진 자오선과 지자기 축을 기준으로한 지자기 자오선이 이루는 사이각(δ)을 나타낸다.

이 편각(편차)는 지표면상의 지점마다 각각 다르며 이 편차를 교정하기 위해 항공 차트에는 편각선(variation line)을 표시하는데 이 선들을 등편각선(isogonic line)이라 하며 편각이 0이 되는 지점을 연결한 선을 0 편각선(agonic line)이라 한다.

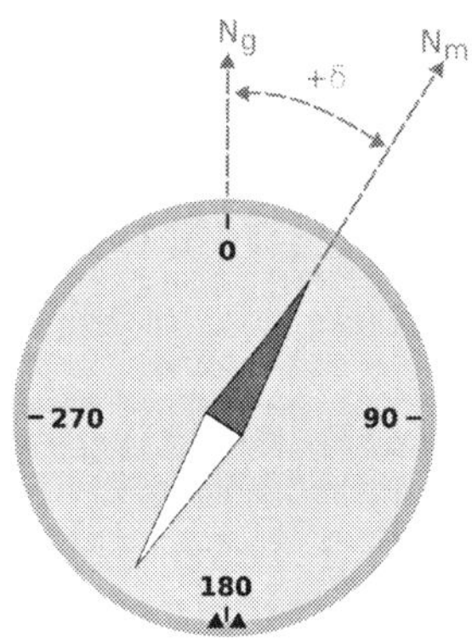

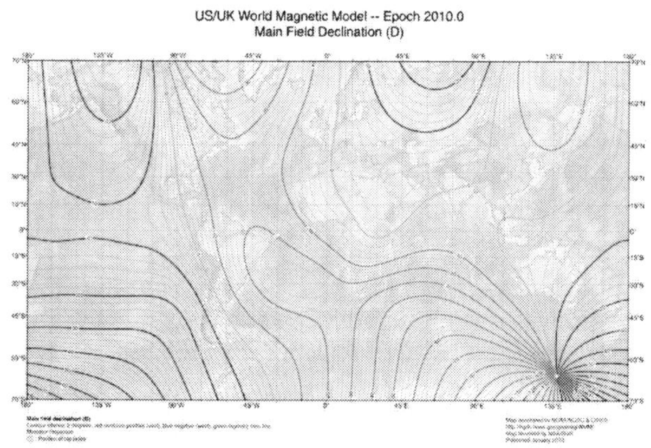

그림 1-62 편각(δ) 및 등편각선

2〉 복각(dip or inclination)

지자기 자력선의 방향과 지구 수평선이 이루는 각, 영구자석을 자유롭게 움직일 수 있도록 만들고 지자기를 탐지하면 지자기 방향과 영구자석 축이 일치하게 된다. 따라서 복각은 영구자석 축과 지구 수평면이 이루는 각이라 할 수 있다. 따라서 지구 적도부근에서는 거의 0이고 양 극지방으로 갈수록 직각에 가까워진다.

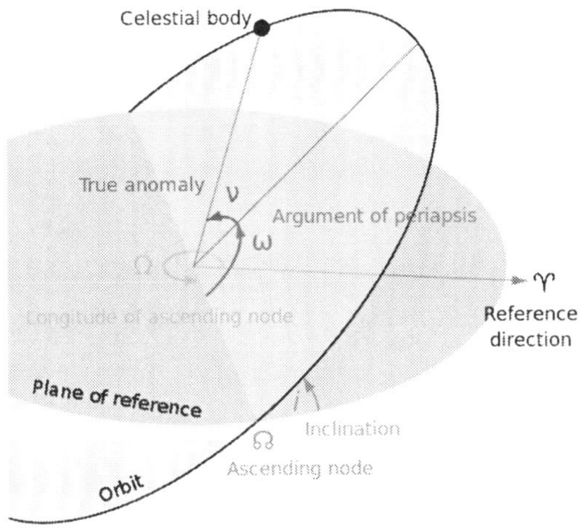

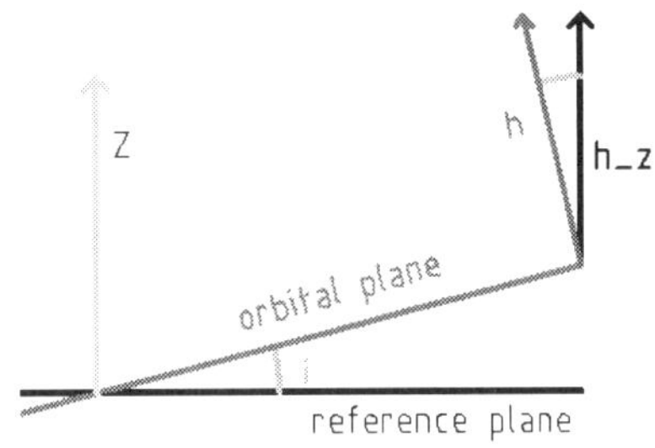

그림 1-63 복각

복각이 생기기 때문에 자기 컴퍼스의 동적오차가 일어나게 된다.

3〉 수평분력(horizontal component)

지자력을 지구 수평면 방향과 수직방향의 두 방향의 분력으로 나누었을 때 지구 수평면 방향 쪽의 분력을 말한다. 수평분력 = 지자력 × $\cos i$(복각)이며 복각이 작은 적도에서 최대가 되며 극지방에서는 최소이다. 이 수평분력은 자기 컴퍼스가 감지할 수 있는 힘이 된다.

방위(heading)

방위란 북쪽을 기준으로 하여 시계방향으로 잰 각으로서 나방위, 자방위, 진방위가 있다.

1〉 나방위(CH: compass heading)

나침반상의 나북을 기준으로 하여 항공기의 진로를 시계방향으로 잰 각이다.

2〉 자방위(MH: magnetic heading)

지자기축의 북쪽인 자북을 기준으로 하여 시계방향으로 잰 각이다.

3〉 진방위(TH: true heading)

지축의 북쪽인 진북을 기준으로 항공기의 진로를 시계방향으로(clockwise) 잰 각이다.

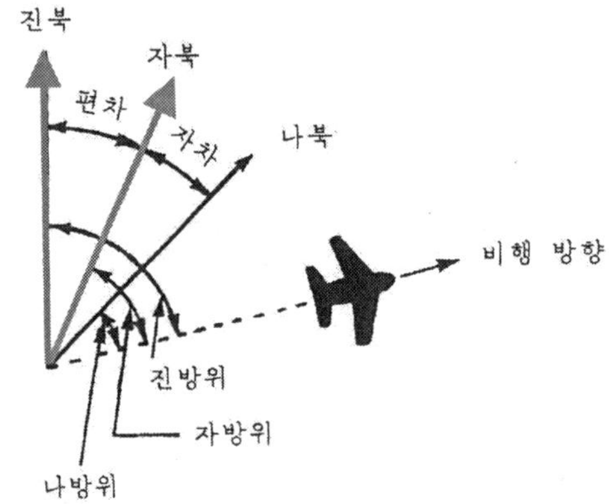

그림 1-64 방위구분 및 관계

나방위, 자방위, 진방위의 관계를 편각, 자차로 표시하면

자방위 = 나방위 +자차,

진방위 = 자방위 +편차이므로

진방위 = 나방위 +자차 +편차이다.

복습문제

[1] 다음 그림에서 편각, 복각 및 수평분력을 표기하시오.

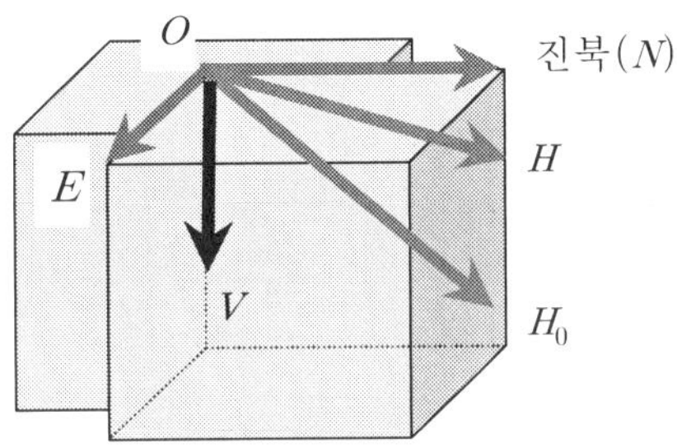

[2] 지자기의 3요소 중에서 복각에 대한 설명으로 옳은 것은?

㉮ 지자력의 지구 수평에 대한 분력을 의미한다.

㉯ 지자기 자력선의 방향과 수평선 간의 각을 말하며, 양극으로 갈수록 90°에 가까워진다.

㉰ 지축과 지자기축이 서로 일치하지 않음으로써 발생되는 진방위와 자방위의 차이를 말한다.

㉱ 지자력의 지구 수평에 대한 분력을 말하며 적도 부근에서는 최대이고 남북극에서는 0°에 가깝다.

[3] 지자기의 3요소 중 편각에 대한 설명으로 옳은 것은?

㉮ flux valve가 편각을 감지한다.

㉯ 지자력의 지구수평에 대한 분력을 의미한다.

㉰ 지자기 자력선의 방향과 수평선 간의 각을 말하며, 양 극으로 갈수록 90°에 가까워진다.

㉱ 지축과 지자기축이 서로 일치하지 않음으로서 발생되는 진방위와 자방위의 차이를 말한다.

1-6-2 자차(deviation)

항공기의 자기 컴퍼스는 지자기를 탐지해야 하지만 자기계기 주위에 설치되어 있는 기체 구조재 중의 자성체, 전기기구 및 전선 등에 의한 영향과 자기 계기를 제작하거나 계기판에 설치할 때의 잘못으로 인해 지시오차가 발생하게 되는데, 이것을 자차(deviation)라 한다. 이것은 조종석 내에 설치되어 있는 자기 컴퍼스에서 비교적 크게 나타나며, 자기 보상 장치로 어느 정도 수정이 가능하다.

자차의 종류

1) 불이차(constant deviation)

컴퍼스에 설치된 영구자석 축과 컴퍼스 카드의 남북을 이은 축이 서로 일치하지 않을 때로서 제작상의 오차 즉 컴퍼스의 중심선과 항공기 기체축이 서로 평행하지 않는 설치상의 오차이다.

2) 반원차(semicircular deviation)

항공기 내의 전기기구 및 전선에 의한 불이자기 및 기체 구조재 중에서 수직 철재구조개에 의한 오차이며 자차 중 가장 크다.

3) 사분원차(quadrant deviation)

기체구조재중 수평철재 구조재에 의한 오차를 나타낸다.

컴퍼스 로즈(compass rose)

컴퍼스 로즈는 윈드 로즈(wind rose)라고도 불려지며 나침판, 지도, 항법차트 또는 각종 기념비에 그려진 그림을 의미하는 것으로서 기본적인 방향(동, 서 남 및 북)을 표시하기위해 사용된다. 또한 그 용어는 전통적인 자기 컴퍼스에 나타내진 눈금화된 표시기를 칭한다. 통상적인 컴퍼스 로즈는 진북과 자북을 나타내는 항법차트에서 발견할 수 있다. 그림 1-65는 컴퍼스 로즈와 32지점(내부원) 로즈와 현대의 360° 눈금(외부원)과 일치함을 알 수 있다.

오늘날의 이 컴퍼스 로즈에 대한 개념은 항법에서 배울 무지향 표지시설(NDB), 초단파 전방향 표지시설(VOR), 위성항법장치(GPS)와 같은 거의 모든 항법시스템에서 발견된다.

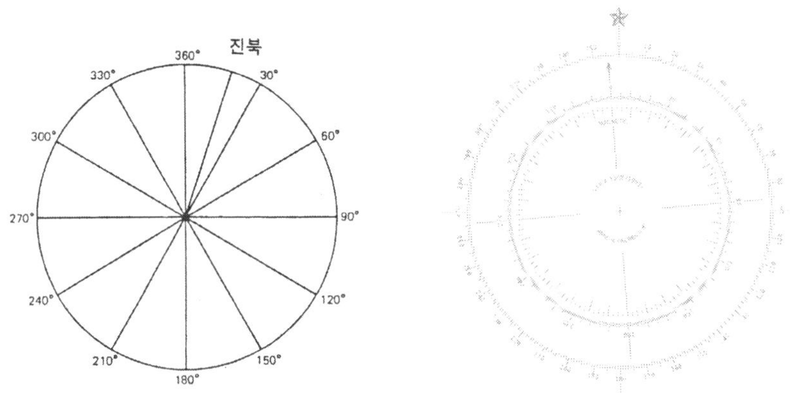

그림 1-65 compass rose

자차 수정(Compass Swing)

자차를 줄이기 위해 두 개 이상의 자차 보정용 영구자석(magnetic compensator)이 컴퍼스에 설치되는데 이 자기 보상장치를 적절히 사용하면 자차를 수정할 수 있다.

1〉 수정시기

① 100시간 주기검사 때

② 엔진, 항공기 내의 전기장치, 통신장비 등의 교환 후

③ 기체 구조재의 철재구조재의 대수리 및 개조작업 후

④ 그 외 컴퍼스 지시에 의심이 갈 때

2〉 수정 전 준비사항

① 건물에서 50m이상 다른 항공기에서 10m 이상 떨어진 평평한 곳에 정밀한 나침반을 이용하여 30°, 45° 간격으로 컴퍼스 로즈(compass rose)를 그린다.

② 컴퍼스 수정시 사용하는 장비나 공구는 비자성체를 원칙으로 한다.
③ 항공기에서 사용하는 장비는 가급적 비행상태로 유지한다.
④ 엔진은 가동시켜야 하며, throttle은 순항 위치로 둔다.
⑤ Door 등은 Close 상태로 두며, 항공기 자세는 수평비행 자세로 하기위해 조종면은 중립위치로 둔다.
⑥ 자기 보상장치는 0효과(zero effect)로 할 것. 이것은 자기 보상장치에서 외부로 자기적 효과를 미치지 않는 위치를 말한다.
⑦ 컴퍼스 액은 주로 케로신을 사용하며 점검하여 부족하면 보충한다.
⑧ radio는 보통 ON상태에서 수정을 행한다.

3〉 자차 수정법(직접 수정법)

자차는 최대 ±60°까지 수정 가능하며, ±10° 이상의 자차가 발생했을 때 수정을 하고 수정 후 자차는 ±3° 미만이 되게 한다.

반원차 수정

① 항공기의 기수를 compass rose 상의 북향(0°, 360°)에 위치시키고 N-S조절 나사를 돌려 컴퍼스의 자차가 없도록 한다.
② 항공기 기수를 compass rose 상의 동향(90°)에 위치시키고 E-W조절 나사를 돌려 자차를 수정한다.
③ 항공기의 기수를 compass rose 상의 남향(180°)에 위치시키고 N-S조절 나사를 돌려 자차값의 1/2만을 수정한다. 즉 컴퍼스가 184°를 지시했다면 2°만큼만 수정하여 182°를 가리키도록 한다. 이렇게 하면 기수가 북향에 있을 때는 지시값이 2°가 된다.
④ 항공기의 기수를 compass rose 상의 서향(270°)에 위치시키고 기수가 남향에 위치했을 때와 마찬가지로 E-W조절 나사를 돌려 자차값의 1/2만을 수정한다.
⑤ 위의 수정을 마치면 0°에서 30° 또는 45° 간격으로 기수를 돌리면서 자차 기록카드(correction card)에 자차를 기록하여 컴퍼스 옆에 붙인다.

불이차 수정

직접 수정법에서는 불이차 수정이 불가능하며 수식을 이용하는 수정법에서 A에 해당하는 계수의 값이 불이차에 해당하므로 A값을 구하여 이 값만큼의 각도를 컴퍼스와 기체축을 기울이면 된다. 계수 A값이 2° 이상일 때 행하며 +값이면 시계방향으로 −값이면 반시계방향으로 컴퍼스를 돌려 장착한다. 각 값은 다음 식으로 구할 수 있다.

자차$\delta = A + Bsin\phi + Ccos\phi + Dsin2\phi + Ecos2\phi$ 이며,

불이차$A = \dfrac{\delta_N + \delta_E + \delta_S + \delta_W}{4}$

1-6-3 자기 컴퍼스의 구조와 기능

360° 모든 방위에 대해 5°간격의 눈금이 매겨진 컴퍼스 카드가 플로우트(float)에 둘러싸여 있으며 플로트에는 2~12개의 작은 영구 자석봉이 달려있다. 이것이 지지대에 올려져 있고, 지지점과 마찰되는 부분에는 보석 베어링이 있어 마찰을 최소로 할 수 있도록 설계되었으며 컴퍼스 케이스 안에는 컴퍼스 액을 채워 플로우트가 부력을 갖도록 하고 있다. 또한 컴퍼스 액이 온도 변화로 인해 열팽창 및 수축하지 않도록 다이어프램이 들어있는 확장실(expansion chamber)가 계기 후방에 위치하여 다이어프램 내부로 공기가 유입 또는 유출되므로써 열팽창으로 인한 내부 압력 증가를 방지한다.

또한, 컴퍼스에는 자차를 보정하기 위해 두 개의 스크루(N-S, E-W compensating screw)에 연결된 4개의 작은 자석봉이 내장되어 있어 전기기구에 의한 불이자기나 자성체에 의한 자기적인 영향을 상쇄시킬 수 있는 자기장을 만든다.

계기 케이스 앞부분에는 유리창이 있으며 그 중앙에 고정된 기준선(lubber line)으로 나방위를 읽는다. 컴퍼스 카드는 ±18°까지 경사가 있더라도 자유로이 움직일 수 있으나, 일반적으로 65° 이상의 고위도에서는 이 한계가 초과되어 사용

하지 못한다.

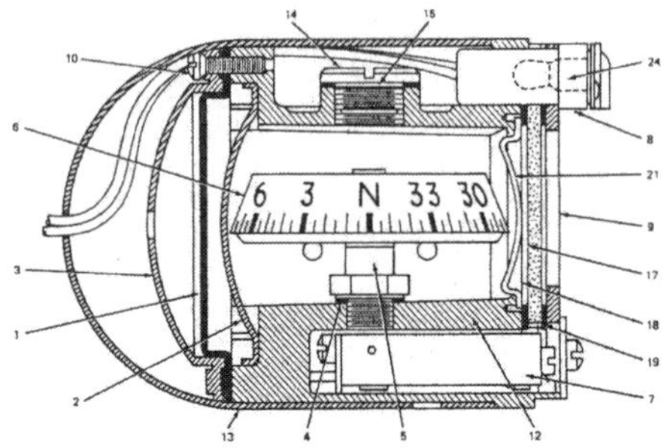

그림 1-66 자기 컴퍼스의 구조

1-6-4 동적 오차

북선 오차(northern turning error)

자기컴퍼스의 컴퍼스 카드는 복각의 영향으로 자기 적도 이외의 위도에서는 기울어지려는 성질이 있다. 이 때문에 컴퍼스 카드가 기울어지지 않도록 가동부의 무게 중심이 지지점보다 아래에 오도록 제작하여 가동부의 수평안정을 주고 있다.

그러나 항공기가 북진 중 선회할 때 선회각을 주게 되면 컴퍼스 가동부의 중심에 선회 반대 방향으로 원심력이 작용하여 가동부는 항공기가 선회하는 방향으로 기울어질 것이다. 이렇게 되면 가동부는 힘의 균형을 잃어 복각 현상에 의한 컴퍼스 카드가 선회 방향으로 회전하게 된다. 따라서 올바른 자방위를 지시하지 못하고 선회 중에는 적게 지시하고 선회가 끝나면 원하는 선회량보다 많이 선회한 것을 알 수 있다. 또 남진하다가 동서로 선회하거나 동·서진하다가 남향으로 선회할 때에는 가동부는 선회 반대방향으로 회전하므로 선회 후 적게 선회한 것을 알 수 있을 것이다. 이 오차는 북진하다가 동서로 선회할 때에 가장 크므로 북선 오차라 하며, 선회할 때에 나타난다고 하여 선회 오차라고도 한다.

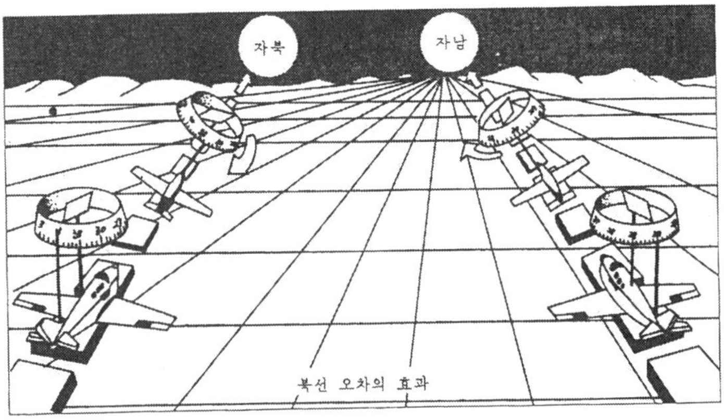

그림 1-67 북선 오차

가속도 오차(acceleration error)

가속도 오차의 원인은 북선 오차와 같이 복각 때문에 발생하며 원심력 대신 가감속 운동 시에 발생하는 관성력이 가동부의 중심을 이동시켜 균형이 깨지기 때문에 발생한다. 그림 1-68과 같이, 항공기가 동진 시에 가속운동을 하면 컴퍼스 카드면은 앞으로 기울고 복각의 영향으로 북극은 아래로 기울어지려 하기 때문에 컴퍼스 카드는 위에서 보았을 때 시계방향으로 회전한다. 감속 할 때에는 반시계방향으로 회전하는 현상이 나타난다. 이런 오차를 가속도 오차라 한다. 이 오차는 항공기가 동서로 향하고 있는 경우에 가장 크게 나타나고, 남북으로 향하고 있는 경우에는 거의 나타나지 않으므로 동서 오차라고도 한다.

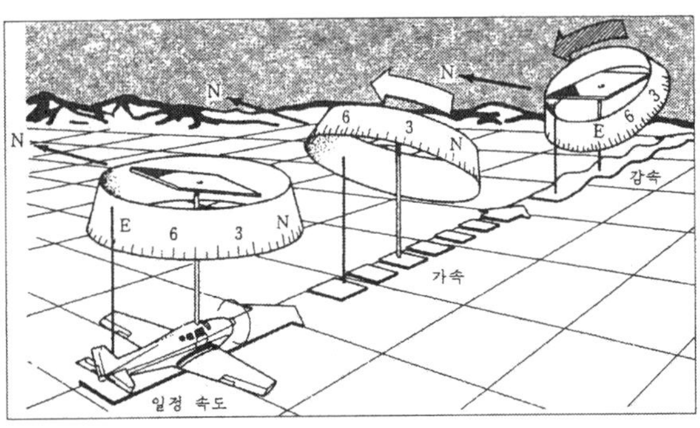

그림 1-68 가속도 오차

와동 오차(turbulence error or swirl error)

항행 중 생기는 난기류나 이상진동 등에 의해 불규칙한 진동이 컴퍼스 가동부의 중심을 이동시켜 카드가 흔들리거나 진동이 발생하여 카드가 돌아가는 현상으로 인한 오차이다.

1-6-5 원격지시 컴퍼스(remote indication compass)

직독식 자기 컴퍼스 지자기의 감지부가 철재와 전기기기 등이 있는 조종실 내에 설치되어 있으므로 자차가 많이 발생하게 된다. 이 오차를 줄이기 위하여 원격지시 컴퍼스는 감지부를 자기의 영향이 작은 날개 끝이나 꼬리 부분에 장착하고, 지시부만을 조종석에 둔다.

마그네신 컴퍼스(magnesyn compass)

마그네신 컴퍼스는 지자기의 감지부를 항공기 내부에서 자기 영향이 작은 날개 끝이나 꼬리 부분에 설치하고, 지시부를 계기판에 설치한다. 지자기 감지부에서 발생된 방위는 지시부로 마그네신 방식의 원격지시 방식으로 전달하며 지시계는 단순하게 지시한다.

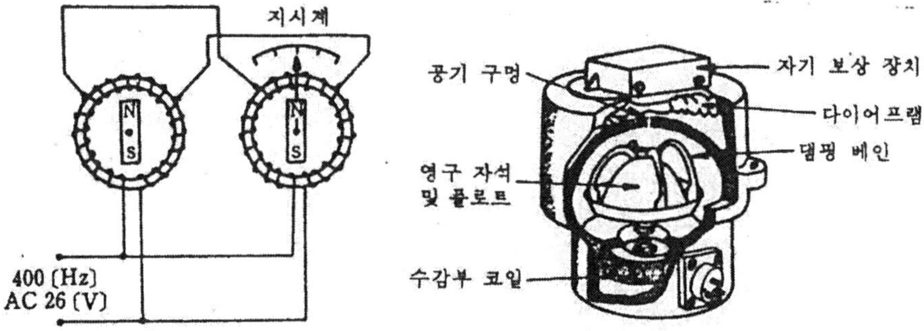

(a) 원리　(b) 수감부의 구조

그림 1-69 마그네신 컴퍼스

자이로신 컴퍼스(gyrosyn compass)

자이로신 컴퍼스는 대형 항공기에서 많이 사용하고 있는 방식으로서, 자기 컴퍼스의 자기 탐지능력과 방향자이로(DG)의 강직성을 전기적으로 조합시켜 자차가 거의 없고 북선오차와 같은 동적오차도 없다. 주 구성품은 Flux Valve, Flux Valve Synchro, Slaving Torque motor, Gyrosyn amplifier, Gyrosyn Compass Control Unit 등이 있다.

이 컴퍼스는 신호감지부인 **플럭스 밸브(flux valve)**에서 지자기를 감지하여 전기적 신호로 변환하고 조종 장치 내에 있는 Directional Gyro의 지구 자전에 의한 편위(drift)가 없어지도록 수시로 증폭기를 통해 Slaving Torque motor로 보내져서 토크 모터로 하여금 자이로가 섭동하도록 플럭스 밸브와 자이로가 동기화되면 편차에 대한 신호가 없어지게 한다. 자이로신 컴퍼스의 외부 전원은 115 V, 400 Hz, 3상 교류이다.

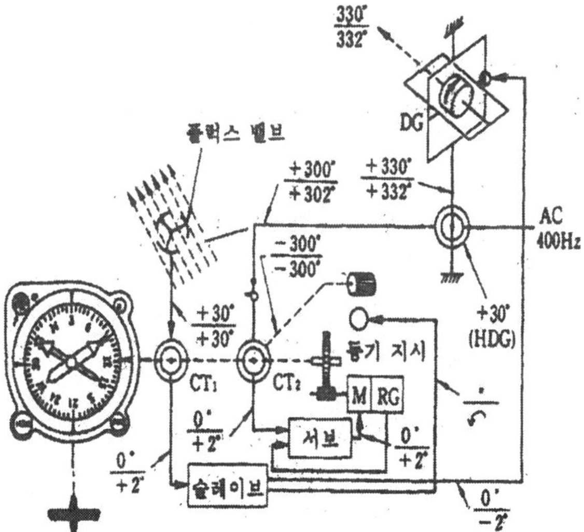

그림 1-70 자이로신 컴퍼스

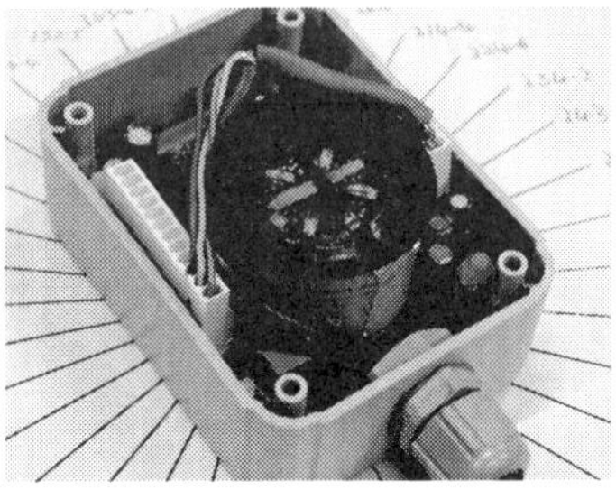
그림 1-71 플럭스게이트 컴퍼스

자이로 플럭스 게이트 컴퍼스(gyro flux gate compass)

자이로신 컴퍼스와 흡사하나 수평안정을 진자식으로 구현된 자이로신 컴퍼스의 플럭스 대신에, 지자기를 탐지하는 감지부인 **플럭스 게이트**는 자이로를 이용하여 수평안정을 줌으로서 플럭스 게이트 자신이 지자기를 감지할 뿐만 아니라 자이로의 특성인 강직성도 갖게 된다.

구성품은 플럭스 게이트, 송출기, 주방향 지시계, 증폭기, 컴퍼스 반복기(compass repeater) 등으로 구성되어 있다. 항공기 기수 방위가 조금이라도 변하면 변한 만큼의 오차 전기신호가 플럭스 게이트에서 발생하여, 이 신호가 원격으로 항공기의 기수 방위를 지시하게 된다.

메모

1-7 기타 계기

1-7-1 원격 지시계기(Self-Synchronous Indicator)

항공기가 대형화, 고성능화 되면서 계기의 감지부와 지시부 사이의 거리가 멀어지게 되었다. 감지부의 기계적인 각변위 또는 직선 변위를 전기적인 신호로 바꾸어, 멀리 위치한 지시부에 같은 크기의 변위를 나타낼 필요가 있게 되었다. 이때 사용되는 것이 원격 지시계기이다.

원격 지시계기의 구성은 전동기나 발전기와 같이 고정자(stator)와 회전자(rotor)로 구성되어 있으며, 각도나 회전력과 같은 정보의 전송을 목적으로 한다. 이와 같은 원격 지시계기는 항공기 각 계통의 여러 부분에 응용된다.

여기에 사용되는 동기기는 전원의 종류와 변위의 전달 방식에 따라 오토신(Autosyn), 서보(servo), 직류 셀신(DC Selsyn), 마그네신(Magnesyn) 등이 있는데, 제작사에 따라 독자적인 명칭으로 불리고 있다.

원격센서의 원리

어떻게 감지부의 기계적인 각변위 또는 직선 변위를 전기적인 신호로 바꾸는가? 그 원리를 익혀보자. 그림 1-72는 2개 코일들, 영구자석 및 가변저항기로 구성된 간단한 회로이다.

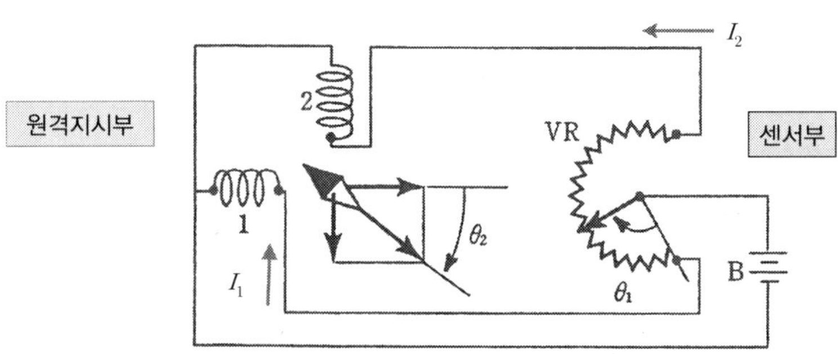

그림 1-72 각도변화에 따른 원격전송 원리

가변저항기(VR: variable resistor)의 각도 θ_1에 따라 전류는 변하며, 이 전류

값의 변화에 따라 원격으로 멀리 떨어진 코일 1, 2에 자기장이 변한다. 이로 인해 영구자석의 각도가 변하여 지시기 지침의 각도 θ_2가 변하게 된다. 즉 각도 θ_1이 커지면 이에 비례하여 각도 θ_2가 커진다.

원격지시계

1> 직류 셀신(DC Selsyn or Desyn)

직류 셀신의 구조는 센서 변환기(transmitter)로서 120° 간격(A, B 및 C)으로 나누어져 감겨진 정밀 저항과 지시부(indicator)로서 3상 결선된 코일로 감겨진 원형 연철로 된 코어 안에 영구자석의 회전자(rotor)가 있다.

이 직류 셀신은 착륙장치나 플랩 등의 위치 지시계로, 또는 연료의 용량을 측정하는 액량 지시계로 흔히 사용된다. 회로 구성 방식에 따라 12[V]와 24[V]용이 있어, 비교적 폭넓은 입력 전압의 변화에도 오차가 발생하지 않는다. 영구자석에는 지시 바늘이 붙어 있고, 그 지시 바늘에 의해 먼 곳에서 생긴 변위의 변화를 읽을 수 있다.

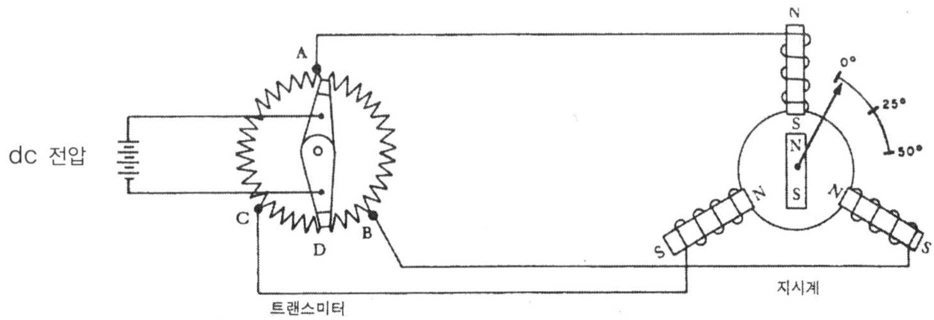

그림 1-73 DC Selsyn 혹은 Desyn

2> 오토신(Autosyn)

오토신은 벤딕스 비행회사(Bendix Aviation Corp.)에서 제작된 동기기 이름으로서, 교류로 작동하는 원격 지시계기의 한 종류이다. 26[V], 400[Hz]의 단상 교류 전원이 회전자에 연결되고, 고정자는 3상으로서 △ 또는 Y 결선이 서로의 단자 사이를 도선으로 연결한다.

이 때, 도선의 길이에 의한 전기 저항값은 계기의 측정값 지시에 영향을 주지 않으며, 회전자는 각각 같은 모양과 같은 치수의 교류 전자석으로 되어 있다.

변환기의 회전자는 플랩의 위치, 착륙 기어 위치, 윤활유나 연료의 유량 위치 등 계통 장치의 움직임에 따라 기계적으로 회전한다. 이 때, 회전자의 움직임에 따른 교류 자기력은 변환기 고정자의 3개의 권선에 전압을 유도하고, 이것을 병렬로 연결되어 있는 지시계의 자기력도 변환기와 같게 된다.

지시계의 회전자는 변환기 회전자의 교류로 여자되어(excited) 회전자의 자기력과 같아지므로, 회전자의 움직임은 바로 지시계의 회전자를 움직이고, 여기에 부착된 지시바늘도 따라 움직이게 된다.

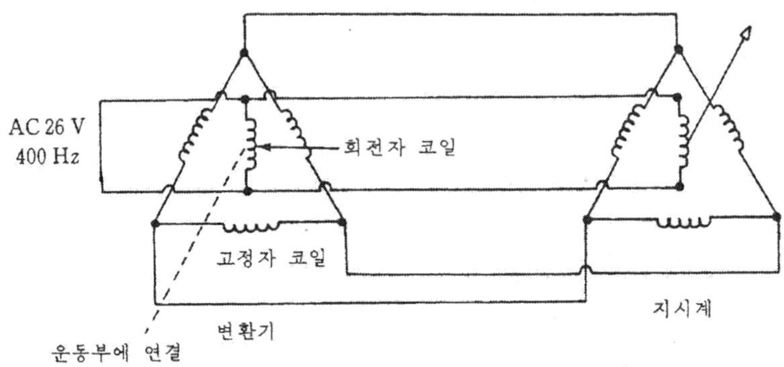

그림 1-74 오토신(Autosyn)

3〉 마그네신(Magnesyn)

마그네신이 오토신과 다른 가장 큰 차이점은, 오토신이 회전자로 전자석을 사용하는 대신 마그네신은 회전자로 강력한 영구자석(permanent magnet)을 사용한다는 것이다.

마그네신의 고정자는 환상 코일이다. 이 코일은 링 형태의 철심 주위에 코일을 감은 것으로 120°로 세 부분 나누어져 있고, 26[V], 400[Hz]의 교류 전원이 공급된다. 변환기(transmitter)나 지시계(indicator)는 크기가 같은 필요는 없지만 전기적인 구성은 같아야 하며, 고정자 코일은 서로 병렬로 연결하여야 한다.

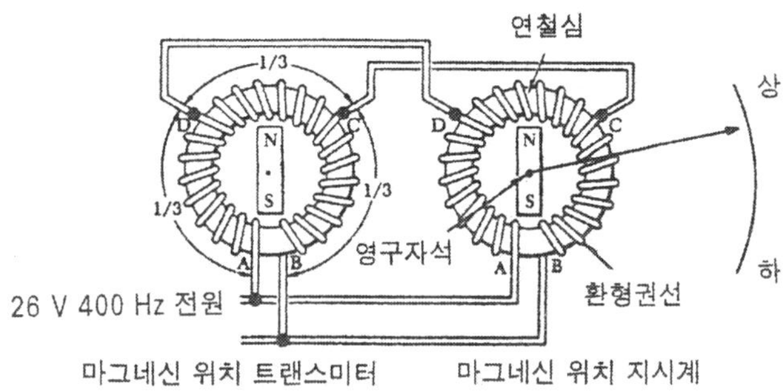

그림 1-75 마그네신(Magnesyn)

오토신에서는 교류 전압이 회전자(rotor)에 가해지지만, 마그네신은 고정자(stator)에 가해진다. 이것에 의하여 발생한 철심 내의 자속에 영구자석 회전자에 의한 자속이 가감된다. 이 때문에 회전자의 위치에 해당하는 유도전압이 변환기에 발생하고, 이 전압은 지시계 고정자의 자기장에 영향을 주어 지시계의 회전자를 회전시켜 변환기의 회전자와 동기시킨다.

일반적으로, 마그네신은 오토신보다 작고 가볍기는 하지만, 토크가 약하고 정밀도가 다소 떨어진다.

복습문제 1

항공기의 대형화와 더불어 지시부와 센서부 간의 거리가 멀어짐에 따라, 원격 지시계기의 일종으로 발전하게 된 것으로서 센서의 기계적인 직선 또는 각 변위를 수감하여 전기적인 양으로 변환한 후에 조종석에서 기계적인 변위로 재현시키는 계기는?

㉮ 자기계기 ㉯ 싱크로계기 ㉰ 회전계기 ㉱ 자이로계기

복습문제 2

[1] 싱크로 계기에 속하지 않는 것은?

㉮ 직류셀신(DC selsyn) ㉯ 오토신(Autosyn)

㉰ 동기계(synchroscope) ㉱ 마그네신(Magnesyn)

[2] 원격 지시계기의 오토신(Autosyn)과 마그네신(Magnesyn)에 대한 설명으로 틀린 것은?

㉮ 오토신과 마그네신 모두 교류전원(ac)을 필요로 한다.

㉯ 마그네신은 오토신보다 대형이며, 토크가 크고 정밀도가 좋다.

㉰ 오토신의 전압은 회전자에 가해지고, 마그네신은 고정자에 가해진다.

㉱ 오토신은 회전자로 전자석을 사용하는 대신에 마그네신은 회전자로 강력한 영구자석을 사용한다.

[3] transmitter와 indicator 양쪽 모두 △ 또는 Y 결선의 stator와 교류 전자석의 rotor 사이에서 발생되는 전류와 자장발생에 의해 동조되는 방식의 계기는?

㉮ 데신(Desyn) ㉯ 마그네신(Magnesyn)

㉰ 오토신(Autosyn) ㉱ 일렉트로신(Electrosyn)

1-7-2 회전계기(Tachometer)

회전계기는 항공기 기관축의 회전수를 측정하는데 사용된다. 이와 같이 회전축의 회전수를 지시하는 계기를 회전계(tachometer)라 한다.

기관에 따른 출력표시 방법

왕복 기관에서는 크랭크축의 회전수를 분당 회전수인 **rpm**(revolutions per minute)으로 지시하고, 가스터빈 기관에서는 압축기의 회전수를 최대 출력 회전수의 백분율(%)로 나타낸다.

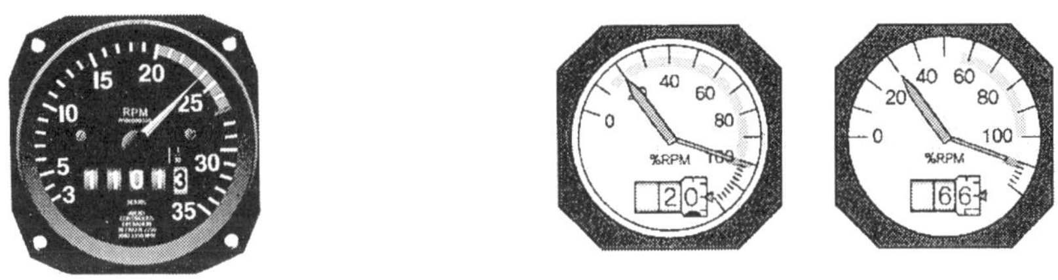

(a) 왕복기관 (b) 가스터빈기관

그림 1-76 회전계(tachometer)

회전계의 종류

1) 원심력식(centrifugal type) 회전계

기관과 계기판의 거리가 가까운 소형 항공기의 경우 기관 회전을 직접 구부릴 수 있는 구동축(flexible shaft)으로 계기판까지 기계적으로 연결시켜 회전계에 결합하여 회전수를 표시하는 것으로서, 기계식 회전계는 기관축에 연결된 구동축이 회전함에 따라 회전축에 연결된 기어가 회전한다.

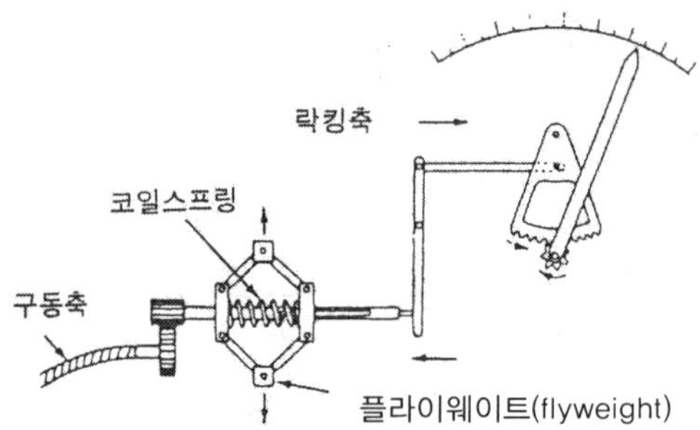

그림 1-77 원심력식 회전계

이것과 함께 회전하는 플라이웨이트는 원심력을 받아 바깥쪽에서 벌어지면서 코일 스프링이 수축된다. 플라이웨이트가 벌어짐에 따라 코일 스프링의 장력을 이겨 칼라가 미끄러져서 로킹축을 통하여 섹터에 운동이 전달되어 피니언 기어를 거쳐 바늘을 움직이게 한다.

2) 와전류식 회전계(eddy current type tachometer)

맴돌이 전류를 이용한 계기로서 회전 자기장 내에 있는 알루미늄 또는 황동의 비자성 양도체로 되어 있는 원판은, 그 판에 유기되는 맴돌이전류 효과에 의하여 회전 자기장과 같은 방향으로 회전하려는 토크(torque)를 받는다. 이 구조를 맴돌이전류 커플러(eddy current coupler)라 한다. 이 때, 토크의 크기는 자기장의 세기와 회전 속도에 비례하며, 자기장의 세기는 영구자석에 의한 것이므로 설계상 주어진 것이어서, 토크(torque)는 다만 자기장의 회전속도에만 비례한다.

자력선은 영구 자석의 N극으로부터 드래그 컵(drag cup)을 통하여 S극으로 돌아온다. 기관의 회전축에 연결된 구동축은 계기에 연결하여 기관의 회전축과 같은 속도로 영구자석을 회전시킴으로써 회전 자기장이 형성된다. 이로 인하여 드래그 컵에는 맴돌이 전류가 유기되며, 이 때 유기된 맴돌이 전류는 드래그 컵이 영구자석을 따라 돌게 하는 회전력을 생기게 한다. 따라서 회전력이 나선형 스프링의 힘과 평형이 된다. 이 때, 드래그 컵에 달려 있는 바늘은 구동축 회전력, 즉 기관의 회전수를 지시하게 된다.

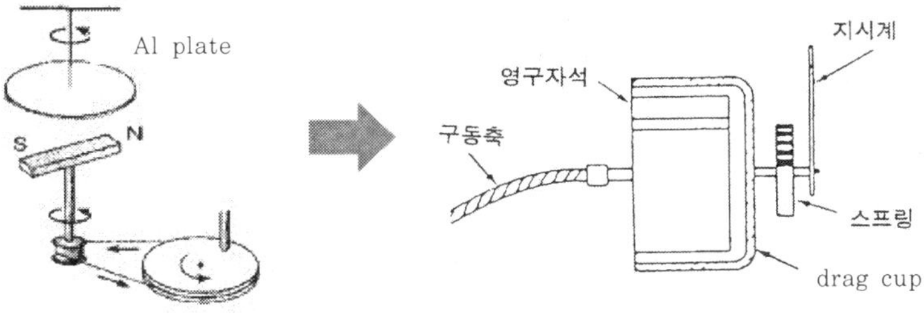

그림 1-78 와전류식 회전계

3> 전기식 회전계(electrical tachometer)

대표적으로 동기 회전자식 회전계(synchronous rotor type)가 많이 쓰이며, 기관 근처에서 기관의 회전속도를 전기신호로 바꾸는 회전계 발전기(tacho-generator)와 전기신호를 지시바늘의 기계적 움직임으로 재생시키는 회전계 지시계(tacho-indicator)로 구성된다. 지시기 내에서 전기신호에 의하여 회전속도를 표시하는 방식이 이용되고 있다.

전기식 회전계의 지시계는 동기 전동기(synchronous motor)가 쓰이며 기관에 의해 구동되는 회전계 발전기는 3상 교류 발전기를 이용한다.

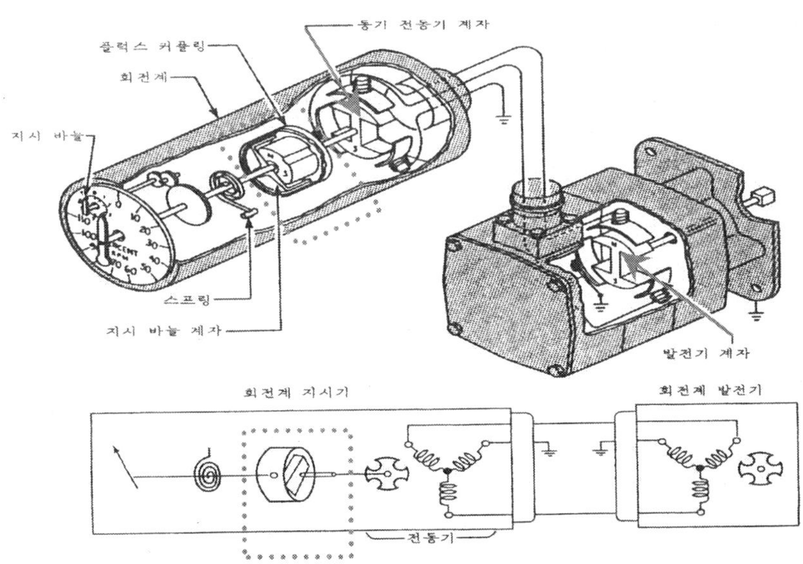

그림 1-79 전기식(동기 전동기식) 회전계

영구자석과 3상 권선으로 구성된 3상 교류 발전기(회전계 발전기)는 기관에 장착되어 기관의 회전속도에 비례하도록 전압이 발생한다. 이 전압은 전선을 통해 회전계 지시기로 전달되는데 지시기 내부에는 역시 3상 권선과 영구자석으로 구성되어 있는 3상 동기전동기가 있고, 그 축은 앞서 설명한 맴돌이 전류식 회전계와 연결되어 있다. 지시기 내의 3상 동기 전동기는 기관에 장착된 3상 교류 발전기의 회전속도에 비례하여 회전하므로, 결국 기관의 회전 속도는 전기적으로 계기까지 전달되어 회전수를 지시하게 되는 것이다.

4) 동기계(synchroscope) 또는 회전 동조계

쌍발 이상의 항공기에서 master engine과 타 엔진의 회전속도를 비교하여 나타내는 계기가 동기계이다. 여러 개의 기관을 장착한 항공기는 기관의 회전속도가 같아지도록 조절할 필요가 있다. 특히, 다발 왕복기관 항공기나 프로펠러를 장착한 항공기의 경우에 각 기관의 회전속도에 차이가 나는 경우에는 기관이나 프로펠러 소음이 발생하여 불쾌감이나 불안감을 줄 수도 있다.

만일, 회전속도의 차이가 큰 경우에는 회전계의 지시 차이에 의하여 조절할 수 있지만, 회전속도의 차이가 불과 몇 rpm 차이만 난다면 회전계 지시의 확인에 의한 조절 작업이 불가능하다. 이와 같은 경우에 동기계(synchroscope)는 미세한 회전수 차이까지 정확히 지시한다.

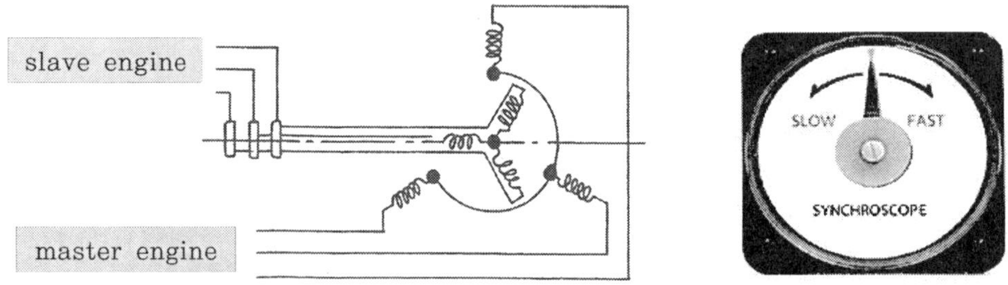

그림 1-80 쌍발 항공기의 동기계

동기계는 일종의 유도 전동기(induction motor)의 회전축에 지시 바늘을 부착시킨 것이다. master engine에서는 3상을 동기계 stator coil에 인가하고 slave engine에서는 단상을 field coil에 부가하여 stator와 rotor에 각각의 교류에 의한 회전자계와 단독자계를 형성하도록 한다. 기관의 회전속도가 같을 때에는 고정자와 회전자의 회전 자기장은 원래 같은 속도로 이동해가므로 회전력이 발생하지 않고 따라서 지시바늘은 정지한다.

그러나 만일 회전속도에 차이가 생기면 회전 자기장이 달라져 rotor의 회전방향이 결정되며 지시 바늘이 회전한다. slave 기관이 master 기관에 비해 회전속도가 작으면, 고정자의 회전 자기장이 회전자의 회전 자기장을 지연시키므로 지시바늘은 'SLOW'쪽으로 회전한다.

지시 바늘의 회전속도는 좌우 기관의 회전속도의 차이에 비례하며, 만일 지시바늘의 회전이 멈춰진 상태는 두 기관이 서로 동기되었거나, 두 기관 중에서 어느 한 기관이 정지되어 있는 상태이다.

복습문제 1

[1] 와전류(eddy current: 맴돌이 전류)란 무엇인가?

그림(a)와 같이 구리원판을 실에 매달고 바로 밑에서 막대자석을 회전시키면 구리 원판이 같은 방향으로 회전한다. 이 현상은 자속 변화에 의한 유도전류가 원판에 생겨서 상대운동을 방해하려는 반발력 때문에 회전하게 된다. 이와 같이 크기가 있는 도체가 움직이면서 자기력선속을 끊을 때, 즉 도체를 지나는 자속이 변할 때 도체내부에 유도기전력이 생겨 소용돌이 모양의 유도전류가 흐르는 것을 맴돌이 전류라 한다.

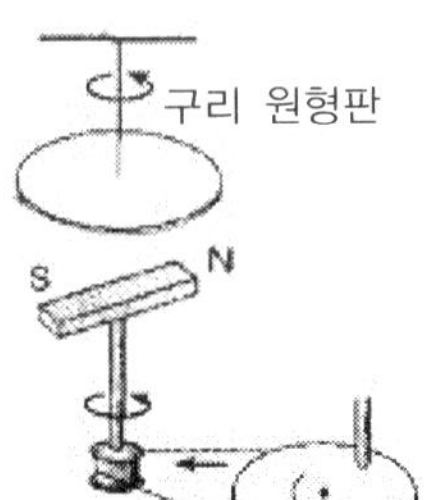

그림 (a)

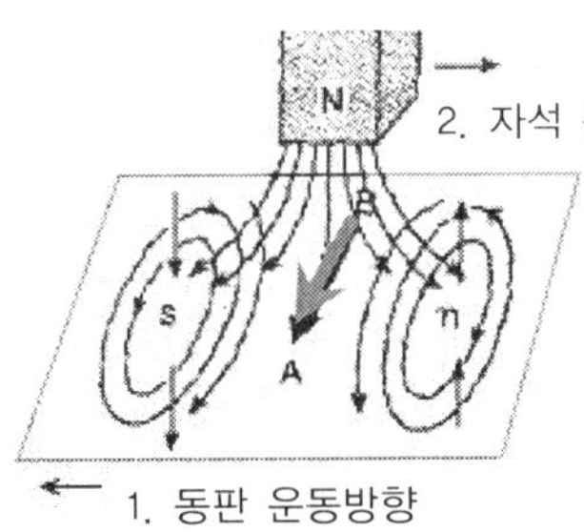

그림 (b)

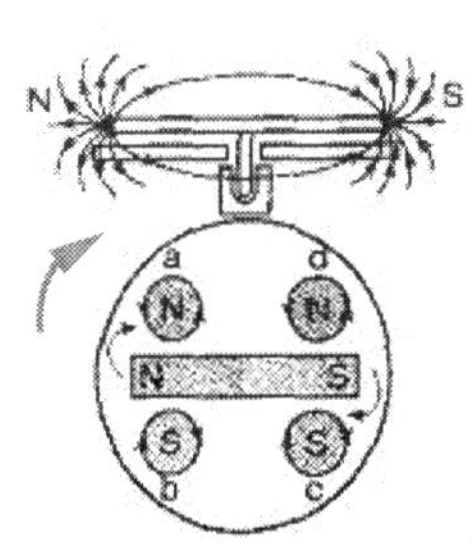

그림 (c)

▶ 맴돌이 전류는 왜 생기는가?

그림(b)와 같이 도체판 위에서 막대자석의 N극을 오른쪽으로 운동시키면 이것은 자석대신 동판을 왼쪽으로 움직인 것과 같다. 이 도체판의 일부분인 AB선상을 도선이라고 생각하면 도선이 자기장 속을 움직이는 경우에 해당하므로 플레밍의 오른손 법칙에 의해 B→A방향으로 유도전류가 흐르게 된다. 이 전류는 N극의 바로 아래 AB에서 가장 강하고 AB에서 멀어지면 약해지므로 양쪽으로 소용돌이 모양의 전류가 흐르게 된다.

AB의 오른쪽 부분에서는 자석의 N극이 가까이 오므로 아래로 향하는 자속이 증가하고, 왼쪽 부분에서는 감소한다. 오른쪽 부분의 동판에서는 증가하는 자속을 방해하는 방향인 위쪽으로 향하는 자속이 생기도록 전류가 유도된다. 같은 방법으로 왼쪽에서는 반대방향의 전류가 유도된다.

▶ 원판은 자석과 같은 방향으로 회전한다.

그림(c)와 같이 회전원판 위에서 막대자석을 회전시킬 때 막대자석의 N극의 앞쪽 a 부분에서는 N극의 접근을 방해하듯이 N극이 생기도록 유도전류가 흐르고, b 부분에서는 N극이 멀어지는 것을 방해하도록 S극이 생기는 맴돌이 전류가 흐른다. c, d 부분에서도 같은 방식으로 전류가 유도되고 이들 원형전류는 같은 모양, 같은 크기의 자석에 해당된다. a 부분의 N극은 자석의 N극에서 척력을, b 부분의 S극은 자석의 N극에서 인력을 받고, c 부분은 자석의 S극에 의하여 밀리고 d 부분은 자석의 S극에 의하여 끌리게 되어 자석의 회전방향으로 원판이 회전하게 된다.

복습문제 2

[1] 왕복기관에서는 크랭크축의 회전수를 분당 회전수인 rpm으로 지시한다. 만약 그림과 같이 전기식 회전계(tachometer)를 사용해서 회전수(revolutions)를 측정한다.

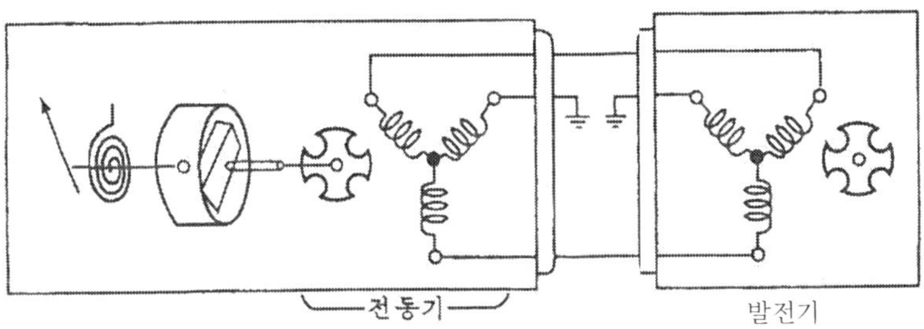

$\overrightarrow{V_a} = 200\angle 0°$

$\overrightarrow{Z_a} = 30 + j40$

1> 발전기(generator)와 전동기(motor)의 차이점은?

2> 3상 발전기의 장점을 쓰시오.

① 높은 전력 ② 더 작은 구리도선으로 경량화 ③ 균일한 자계로 회전일정

3> 항공기의 출력주파수는 400Hz이다. 만약 극수가 8극인 교류발전기로 400Hz를 얻으려면, 발전기 계자의 회전속도(rpm)는?

4> 교류발전기에서 전압(V_{ac}) 및 주파수(f)를 일정하게 유지하기 위해 정속구동장치(CSD: constant speed drive)를 설치하는데 어디에 설치하는가?

5> 그림의 Y-Y결선에서 부하로 동작하는 모터는 동기 전동기(synchronous motor)이다. 이 전동기에 공급되는 총 전력은?

6> 전동기의 출력이 3HP이라면, 이 전동기의 효율은 얼마인가?
($1[HP] = 746[W]$)

7> 왕복기관에서 캠(cam)과 크랭크축(crankshaft)의 관계를 비교할 때, 캠이 3,000*rpm*이면 기관의 회전속도는 각각 얼마인가?

[2] 회전계에 사용하는 발전기는 동기 전동기이다. 동기계(synchroscope: 회전동조계)에서 사용하는 전동기는? 왜 이 전동기를 사용하는가?

1-7-3 액량 및 유량 계기

액량계기는 항공기에 탑재되는 연료, 윤활유, 작동유 등의 양을 부피나 무게로 측정하여 지시하는 계기이며, 유량계는 기관에 연료가 제대로 유입되는 가를 표시하는 지시기이다.

액량계기(quantity gauge)

액량계기는 항공기에 탑재되는 연료, 윤활유, 작동유 등의 양을 부피나 무게로 측정하여 지시하는 계기로서, 액량을 부피로 나타낼 때에는 갤런(gallon)으로 표시하고, 무게로 나타낼 때에는 파운드(pound: *lbs*)로 표시한다.

부피는 항공기의 고도와 외부 온도에 따라 그 영향이 심하므로, 무게단위로 측정하여 표시하는 것이 높은 고도를 비행하는 항공기에서는 특히 유리하다.

소형 항공기에서 사용하는 액량계기는 직접 눈으로 확인할 수 있는 직독식을 사용하지만, 대형 항공기에서는 지시부와 감지부가 떨어져 있는 원격지시방법을 사용한다.

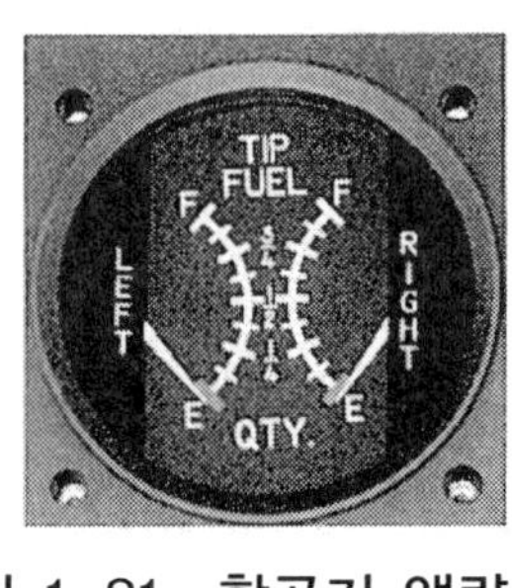

그림 1-81 항공기 액량계기

액량계의 종류는 다음과 같다.

(1) 직독식 액량계

① 사이트 글라스식(sight glass type) : 사이트 글라스(sight glass)를 통하여 액량을 읽는 것이다. 이것은 유리관의 안지름이 가늘기 때문에 액의 표면장력과 모세관 현상 등으로 오차가 생길 수 있다. 비여압 레저버 내의 작동유량을 나타낼 때 사용하는 방법이다.

② 플로우트식 액량계(float type) : 액면의 높이 변화에 따라 플로우트가 상하운동을 하면, 이에 따라 레버를 거쳐 직접 지시계기의 바늘이 움직이도록 하는 방법이다.

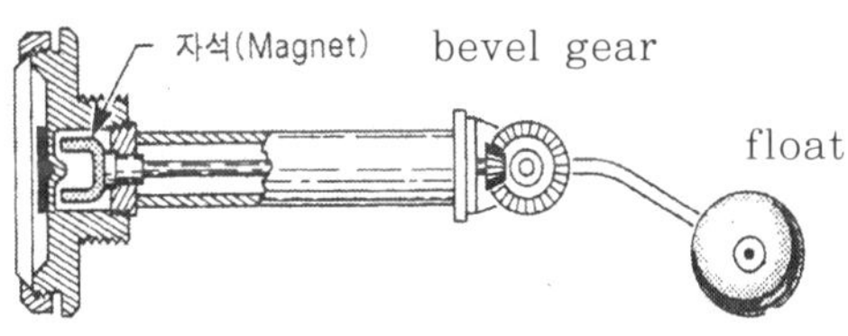

(a) 레버식

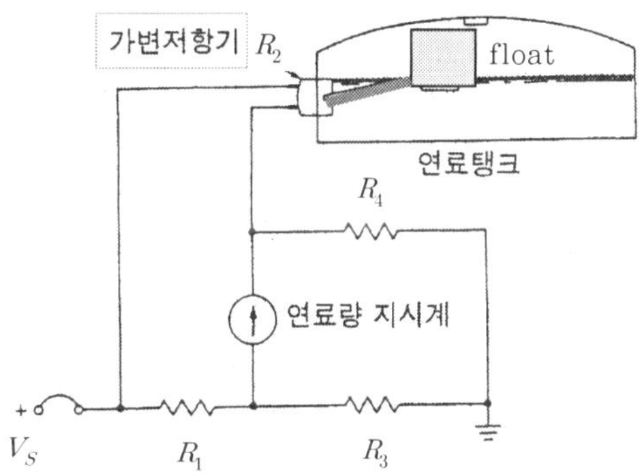

(b) 가변저항식

그림 1-82 플로우트식 액량계

플로우트의 운동을 Desyn 또는 전위차계 등을 이용하여 원격 지시하는 원격 지시식이 사용되기도 한다. 이 방식은 왕복기관 항공기에서 가장 많이 쓰이고 있으며, 액면의 높이를 부피로 나타낸다. 원격지시 방식의 경우 플로우트 높낮이에 따른 가변저항값(R_2)의 변화에 의한 전류량의 변화를 측정하여 액량을 나타내는 액량계로서, 가변저항값은 탱크가 가득 채워졌을 때에 저항값이 최소가 되는 방식과 최대가 되는 방식이 있다.

③ 딥 스틱식(dip-stick type) : 길고 얇은 강철 와이어를 탱크에 삽입하여 유체가 묻어나오는 높이를 읽으므로 액량을 알 수 있는 계기이다. 와이어

에 유면에 따른 지시눈금이 있으며 점도가 높은 유체의 액량을 알 수 있어, 소형항공기의 오일량 계기로 사용한다.

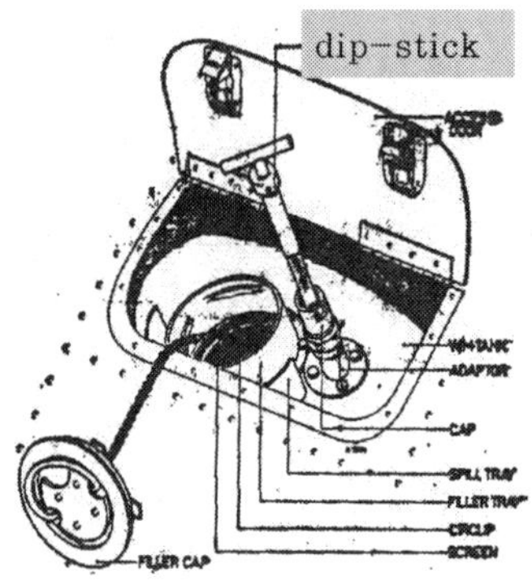

그림 1-83 Dip Stick 식

(2) **전기 용량식(electric capacitance type)**

원격 지시식 액량계 중에서 고공을 비행하는 항공기에 적합하도록 연료의 양을 부피가 아닌 무게(LBS)로 지시할 수 있어 대형 항공기의 액량계로 많이 사용한다.

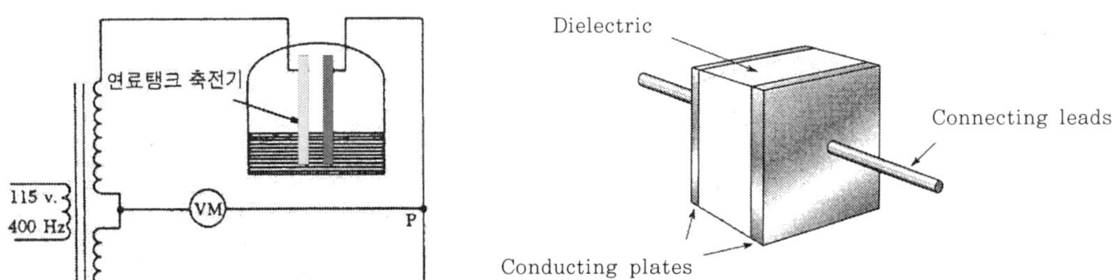

$C = \epsilon \dfrac{A}{d}$ ϵ: 유전율, A: 면적, d: 판간거리

그림 1-84 전기용량(C)식 연료량계

전기용량식 액량계는 액체의 유전율과 공기의 유전율이 서로 다른 것을 이용함으로써 연료탱크 내의 축전기의 극 판 사이의 연료의 높이에 따라 전기 용량으로 연료의 부피(volume)를 측정하고, 여기에 밀도(density)를 곱하여 무게로 지시하

는 것이다. 사용 전원은 115 V_{ac}, 400 Hz의 단상 교류이며, 탱크 유닛은 탱크 내의 연료량을 감지하고, 보상 축전기는 연료의 양과 온도변화에 의한 전기적인 양을 보상한다.

유량계기(flowmeter)

항공기에서 사용하는 유량계는 기관에 연료가 제대로 유입되는 가를 표시하는 지시기이다. 연료가 송유관을 통해 기관으로 유입되는 유량을 알면, 왕복기관의 연료혼합기를 조절하는데 기준을 삼아 기관의 경제적인 운전을 할 수 있다.

유량계기는 연료탱크에서 기관으로 흐르는 연료의 유량을 시간당 부피단위, 즉 GPH(gallon per hour: 3.79L/h), 또는 무게단위 PPH(pound per hour: 0.45 kg/h)로 지시하는 계기이다. 기관이 1시간 동안 소모하는 연료의 양, 즉 기관에 공급되는 연료 파이프 내를 흐르는 유량률(rate of flow)을 부피의 단위 또는 무게의 단위로 지시한다.

대형 항공기는 기관에 연료를 공급하는 유량을 전기신호로 변환하여 계기에 표시하는 방식이며, 소형 항공기는 연료분사 노즐에 보내진 연료의 압력과 흡기압력과의 차이를 연료유량으로 환산하여 표시한다.

이 계기는 Autosyn 또는 Magnesyn의 원리를 이용하여 원격으로 지시하는데, 그 종류에는 차압식과 베인, 동기 전동기식 유량계가 있다.

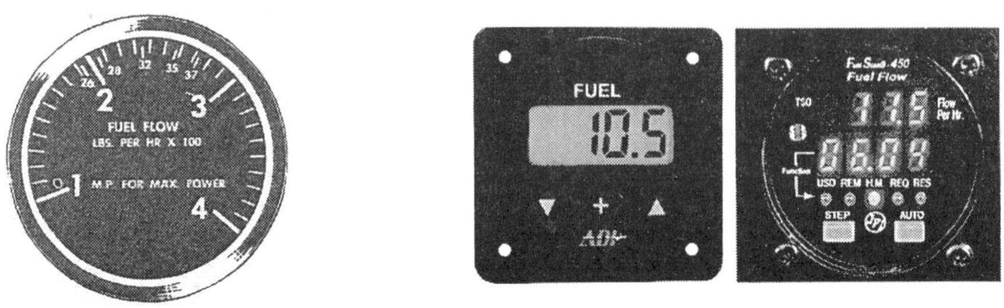

그림 1-85 연료 유량계

(1) 차압식 유량계(differential pressure type flowmeter)

액체가 통과하는 튜브의 중간에 오리피스(orifice)를 설치하여, 액체의 흐름이 있을 때에는 오리피스의 앞부분과 뒷부분에 압력차가 발생한다. 이 때, 액체의 성질과 오리피스의 모양이 일정할 경우에 유량(Q)은 압력차의 제곱근에 비례하므로 ($\propto \sqrt{P_1 - P_2}$), 이 압력차를 측정함으로써 유량을 알 수 있다.

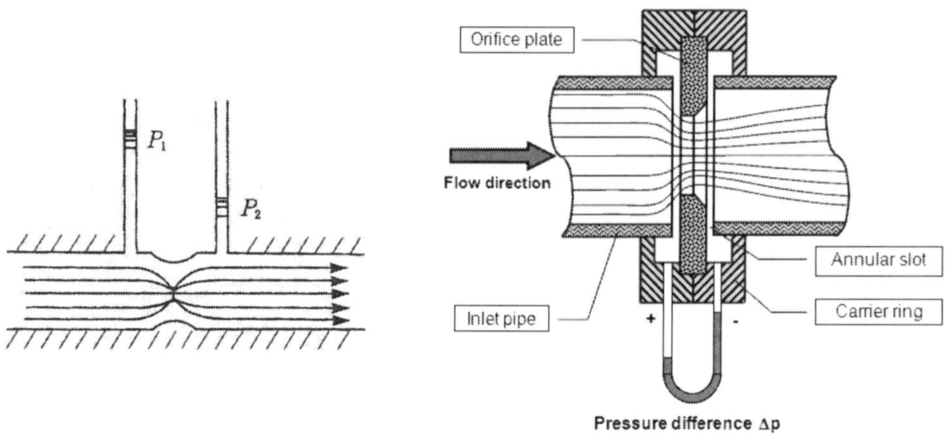

그림 1-86 차압식 유량계

차압식 유량계 작동 원리

모든 차압식 유량계는 조임 기구를 설치하여 유량의 전후에서 발생하는 차압을 측정하여 유량을 구하며. 유량은 차압의 제곱근에 비례하고, 계기는 조임기구와 차압변환기(차압검출기)로 구성되어 있다.

차압식 유량계 장점

모든 차압식 유량계의 구조는 매우 간단하며. 조임기구와 차압변환기의 구성을 쉽게 이해할 수 있습니다. 가동부가 없기 때문에 보수유지가 쉽고, 설치조건의 제약이 적다. 다른 유량계와는 달리, 차압식 유량계는 액체, 기체, 증기 어느 것에도 적용이 가능하다.

차압식 유량계 단점

차압식 유량계는 오리피스(orifice)에 불순물이나 마모에 의한 영향을 받으며 또한 적용 조건에 따라 레이놀드 수(Reynolds number)가 변한다. 일반적으로 차압식 유량계는 조임기구의 소요 직관부 길이를 확보해야 하고, 유량이 작은 경우 유량 측정이 불가능하다는 단점이 있다.

(2) 베인(vane)식 유량계

연료의 흐름이 있으면 베인은 연료의 질량과 속도에 비례하는 동압(dynamic pressure)을 받아 회전한다. 베인의 각도 변화를 Autosyn 변환기를 통해 전기신호로 바꾸어 지시계에 전달된다. 만약 베인이 고장나면 바이패스 밸브가 열려, 흐름량이 측정되지 않더라도 연료는 기관으로 보내진다.

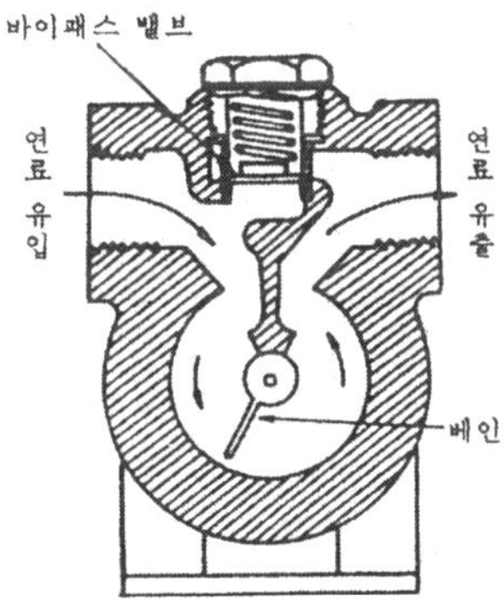

그림 1-87 베인식 연료유량계

(3) 동기 전동기식 유량계(synchronous motor flowmeter)

연료의 유량이 많은 제트기관에 사용되는 질량 유량계로서, 연료에 일정한 각속도를 준다. 이 때의 각 운동량을 측정하여 연료의 유량을 무게의 단위로 지시할 수 있다.

이것의 작동원리는 임펠러를 전기 전동기에 의하여 일정한 속도로 회전시키면 연료는 임펠러를 지나서 일정하게 각속도 운동을 하게 된다. 이 때, 임펠러를 떠나는 연료의 각운동량은 회전 속도가 일정하므로 유량에만 비례하며, 이 각운동량을 가진 연료가 터빈을 지나면서 터빈에 회전력을 가해 준다. 이 때의 회전력을 나선형 스프링의 힘과 평행시켜 터빈의 각 변위량을 Autosyn이나 Magnesyn을 이용하여 지시계에 원격으로 전달한다.

그러나 이 방법은 임펠러를 일정한 속도로 회전시켜야 하며, 전원의 주파수가 변동하면 유량의 지시 변화가 일어나기 때문에 전원이 정밀해야 한다.

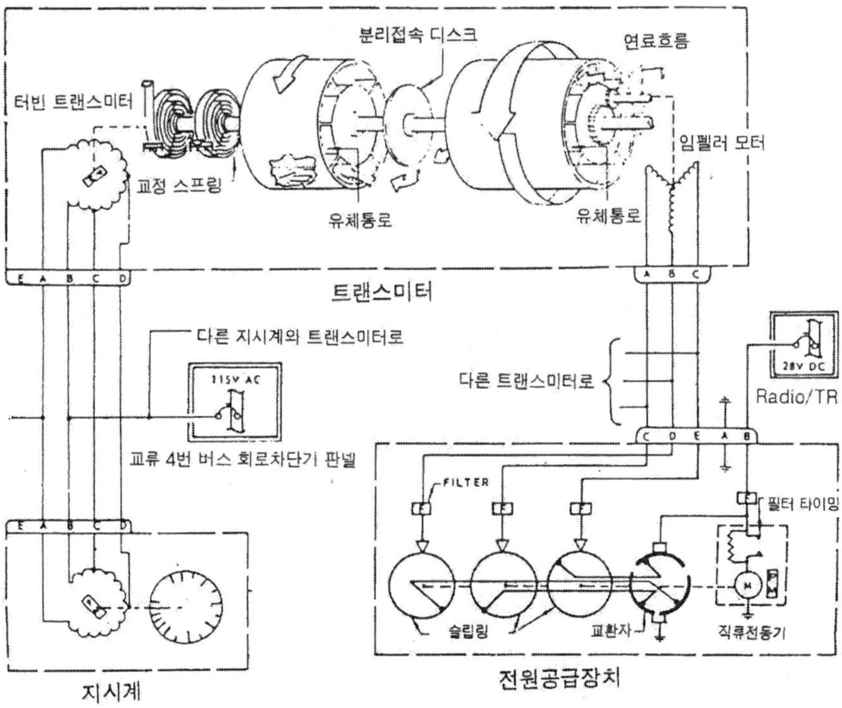

그림 1-88 동기 전동기식 연료 유량계의 구성

복습문제 1

액량계(quantity gauge)의 원격 지시식 액량계 중에서 고공을 비행하는 항공기에 적합하도록 연료의 양을 부피(gallon)가 아닌 무게(lbs: pounds)로 지시할 수 있어 대형 항공기의 액량계로 많이 사용한다.

[1] 이 액량계의 명칭은?

[2] 어떻게 무게(pounds) 단위로 나타낼 수 있나?

[3] 위 액량계의 동작원리를 설명하시오.

복습문제 2

유량계(flowmeter)에서 액체가 통과하는 튜브의 중간에 오리피스(orifice)를 설치하여, 액체의 흐름이 있을 때에는 오리피스의 앞부분과 뒷부분에 압력차가 발생한다. 이 때, 액체의 성질과 오리피스의 모양이 일정할 경우에 압력차를 측정함으로써 유량을 알 수 있다.

[1] 이 유량계의 명칭은?

[2] 유량계의 단위는 무엇인가?

[3] 아래 유량계에 대해 $P_1 = 50psi$, $P_2 = 20psi$ 라면, 유량을 구하시오. 두 지점의 단면적은 $A_1 = 10inch^2$, $A_2 = 3inch^2$ 이며, 액체밀도(ρ)는 $1.2lb/in^3$ 이다.

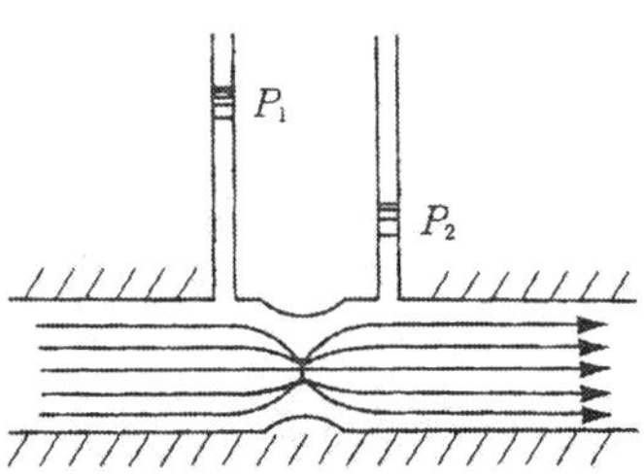

메모

1-8 전자 계기

항공기의 성능이 향상되어 비행 속도와 비행 고도가 증가함에 따라 대기 온도, 대기 압력, 대기 속도 등 대기에 대한 정확한 정보가 필요하게 되었다.

1-8-1 에어 데이터 컴퓨터(ADC: air data computer, CADC: central air data computer)

높은 고도, 빠른 속도로 비행하는 항공기에서는 대기에 대한 정보를 측정할 경우 몇 개의 양을 동시에 측정하여, 그것들을 근거로 한 일정과 계산 과정을 거쳐 필요로 하는 정보를 얻을 수 있다. 이러한 계산을 하는 것을 에어 데이터 컴퓨터(ADC: air data computer 또는 CADC: central air data computer)라 한다.

초기의 에어 데이터 컴퓨터는 캠, 링크, 전위차계(potentiometer), 서보 모터(servo motor) 등을 이용한 전기, 기계적인 형식이었지만, 요즘은 컴퓨터와 전자 기술의 발달로 성능이 많이 향상되었다.

에어 데이터 컴퓨터의 개요

에어 데이터 컴퓨터는 입력 정보와 출력 정보의 흐름 계통에 의해 운용되고 있다.

(1) 에어 데이터 컴퓨터의 입력 정보

① 정압

② 트랜스듀서(transducer)가 외부 영향으로 인하여 발생할 수 있는 오차를 보정하기 위한 자료인 온도, 자세, 가속도에 대한 정보

③ 정압공(static pressure)에서 발생하는 오차보정을 위한 장치에 입력시키는 보정 신호

④ 기압 규정 신호

⑤ 기종 특유의 최대 운용 한계 속도 그래프를 만들기 위한 정보

⑥ 피토압(Pitot pressure)

⑦ 온도 감지기에 의한 외기 온도에 대한 정보

(2) 에어 데이터 컴퓨터의 출력 정보

① 기압고도
② 지상으로 보내는 항공 교통 관제용(ATC) 고도 응답 신호
③ 기압 고도의 변화율(승강률)
④ 기종이나 고도에 따른 최대 운용한계 속도
⑤ 최대 운용 한계 속도를 초과한 것에 대한 정보
⑥ 마하수
⑦ 수정 대기 속도(CAS)
⑧ 진대기 속도(TAS)
⑨ 대기 온도(SAT: static air temperature)
⑩ 전체 온도(TAT: total air temperature)

에어 데이터 컴퓨터의 기능

에어 데이터 컴퓨터는 전원부, 변환부, 계산부와 이들을 감시하는 중앙 감시 장치 등으로 구성되어 있다. 컴퓨터에 입력된 여러 자료들은 전기적인 신호로 바뀐 다음, 해당 수식에 의해 자동적으로 계산이 되어 해당값으로 출력된다.

(1) 기압고도 계산

정압공(static hole)에서 측정된 정압은 압력 트랜스듀서에 의해 압력을 전기적 신호로 변환시켜 준다. 트랜스듀서는 온도, 자세, 가속도 등에 의해 오차가 발생할 수 있으므로, 오차를 수정하여 이 수정된 정압 신호를 컴퓨터에 입력하기 위한 디지털 신호로 바꾼다.

여기에다 기압 규정 및 대기속도의 변화에 따라 근본적으로 정압공에 발생할 수 있는 오차에 대한 정보가 보태어져 최종적으로 압력을 고도로 바꾸어 전기신호로 기압고도가 출력된다.

(2) 고도 응답 신호 발생

출력된 기압고도 신호는 고도응답 코드(ALT CODE)로 변환되어 항공교통 관제(ATC) 응답기(transponder)로 보내어진다.

(3) 승강율 계산

기압고도 신호는 승강률(ALT RATE) 계산부로 들어가 고도변화율이 계산되고, 이 자료가 승강계(VSI)로 보내어진다.

(4) 최대 운용 한계 속도 발생

항공기 최대 운용 한계 속도(VMO: maximum operating limit speed)는 그 항공기 기종과 고도에 따라 각각 정해진다. 에어 데이터 컴퓨터의 최대 운용 한계 속도 발생부에서는 VMO 점퍼에 의해 정해진 기종 및 고도 정보 입력에 의해서 고도-속도 곡선이 만들어지고, 비행 고도에 따라서 VMO가 출력되어 VMO 지시기에 보내어 진다.

(5) 마하수 계산

고속으로 비행하는 항공기에서 마하수는 중요한 요소가 된다. 특히, 높은 고도에서는 음속이 떨어지므로 해당 고도에서 마하수를 아는 것은 매우 중요하다. 마하수를 계산하는 공식의 내용 중에서 정압과 피토압이 포함되므로, 전기적 신호로 변환된 피토압과 기압 고도 계산부에서 계산된 정압이 이 식에 입력되어 마하수를 계산한 다음 이것을 마하계로 보낸다.

(6) 수정 대기 속도 계산

수정 대기 속도 계산식에는 입력 요소인 피토압, 정압, 표준 대기의 압력 및 밀도 등이 포함되므로, 컴퓨터에서 계산이 되어 대기속도 지시계로 보내어진다.

(7) 전체 온도 계산

외부 대기 온도를 측정하기 위한 외부 온도계의 감지부는, 공기가 충돌하여 압축되면서 온도가 상승하기 때문에 정확한 외부 온도를 측정하기가 곤란하다. 실제로, 0℃인 대기중을 대기 속도 마하 0.8로 비행하고 있는 경우에는 34.95℃가 상승한다. 이 경우, 0℃는 실제 대기 온도(SAT)이고, 94.95℃는 전체 대기 온도(TAT)이다.

항공기에 장착된 온도 감지부는 정확한 측정을 위해 많이 개선되기는 하였지만, 실제 대기 온도와 전체 대기 온도 사이의 온도를 감지하게 된다. 에어 데이터 컴퓨터의 전체 대기 온도 계산부에서는 이러한 마하수에 따른 온도 변화에 대한 수정을 하여 전체 대기 온도 지시기에 보낸다.

(8) 대기온도 계산

대기온도 계산은 전체 대기온도와 마하수로부터 계산을 하여(켈빈 온도), 이것을 섭씨나 화씨온도로 환산하여 대기 온도 지시기에 보낸다.

(9) 진대기 속도 계산

진대기 속도는 앞의 수정 대기 속도와 마하수와의 관계를 계산하여 진대기 속도 지시기에 보낸다.

1-8-2 무선 자기 지시계(RMI: radio magnetic indicator)

RMI는 자기 컴퍼스에서 받은 자방위에 자동 방향 탐지기(ADF: automatic direction finder)나 초단파 전 방향 무선항법장치(VOR: VHF omnidirectional range)에서 받은 무선 방위를 조합하여, 비행기의 방위에 관하여 종합적인 지시를 해주는 장치이다.

VOR은 초단파 전방향 표지시설로부터 발사되는 자북을 나타내는 전파와 자북으로부터 시계방향으로 회전하는 지향성이 있는 전파 2개를 수신하고, 자북을 지시하는 전파를 받는 순간부터 지향성의 전파를 수신하는 순간까지의 시간차를 측정하여 발신국의 위치를 알 수 있다. 실제 항공기상에서는 자기 방위 지시기(RMI)에 표지국의 방위와 그 국에 가까워지는지, 멀어지는지 또는 코스의 이탈을 총괄적으로 나타내게 되어 있다.

ADF는 190~1,750[kHz] 대의 전파를 사용하여 무선국으로부터의 전파방향을 알아 항공기의 방위를 알아내는 것이다. 방향 탐지기는 일반적으로 지상에는 무지향 표지시설이 있고, 항공기에는 안테나, 수신기, 방위 지시기 및 전원 장치로 구성되는 수신장치가 있다.

즉, RMI는 기수 방위와 지상 무선국과의 위치 관계를 지시함으로써, 비행기의 현재 위치를 조종사가 파악하게 하여 비행에 안전을 유지하게 한다.

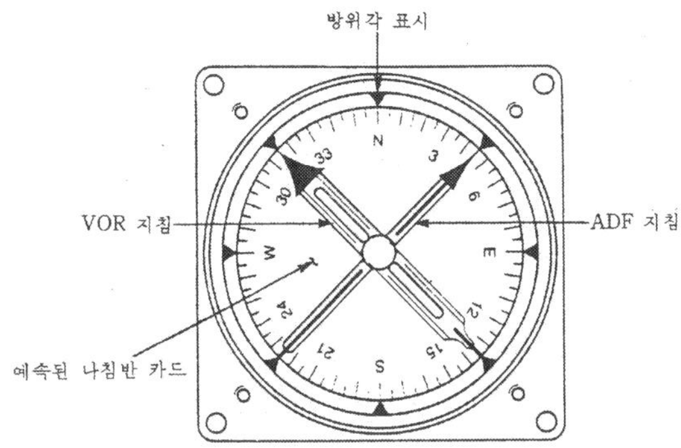

그림 1-89 RMI

기수의 방위를 나타낼 때, 자기 컴퍼스에서 받은 자방위 대신에 관성 항법장치(INS: inertial navigation system)에서 받은 진방위가 이용되기도 하며, 무선 방위 지시 계통으로 VOR과 ADF가 함께 사용되기도 한다.

RMI는 집합계기 중에서 가장 많이 이용되고 있는 것으로, 대형기는 물론 중·소형기에도 널리 이용되고 있다.

1-8-3 수평 상태 지시계(HSI: horizontal situation indicator)

HSI는 자기 컴퍼스에서 받은 자방위와 VOR나 INS에서 받은 비행 코스와의 관계를 나타내는 계기로서, 다음과 같은 상태를 지시한다.

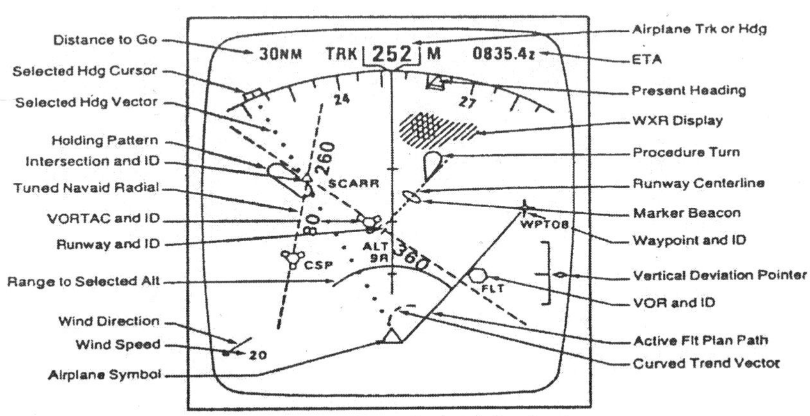

Horizontal Situation Indicator (HSI) Map Mode

그림 1-90 HSI

(1) 현재 비행 상태에서의 기수의 방위를 지시한다.

계시의 가운데에 고정되어 있는 비행기 그림은 현재의 비행방향을 나타내며, 기준이 되는 방위가 자방위일 때에는 HSI, 지시기의 상부에 MAG 표시가 나타나고, 진방위일 때에는 TRUE로 표시된다.

(2) 비행 코스와의 관계를 나타내 준다.

계기의 원판 내에 나타나 있는 화살표 모양의 지시 막대는 자동 조종장치 패널의 코스 선택에 의한 코스의 방향을 각도로 알려 준다. 또, 코스 편차를 알려주는 막대(course deviation bar)가 있어서 현재 비행기가 코스에서 좌우 어느 쪽으로 벗어났는지를 알 수 있다.

(3) 처음 설정한 기수 방위와 현재의 기수 방위와의 차이를 알 수 있다.

이 외에도 계기의 위쪽 좌우측에는 코스를 알려주는 지시부와 거리측정장치(DME : distance measuring equipment)의 지시부가 있어서, 현재 비행기와 DME 지상국과의 거리를 NM(nautical mile, 1 NM=1,852m)로 나타내 준다.

1-8-4 자세 방향 지시계(ADI : attitude directional indicator)

ADI는 현재의 비행 자세(attitude)를 알려 주며, 미리 설정된 모드(mode)로 비행하기 위한 명령을 지시한다. 설정 가능한 모드는 기종에 따라 다르지만, 다음과 같은 모드가 많이 사용된다.

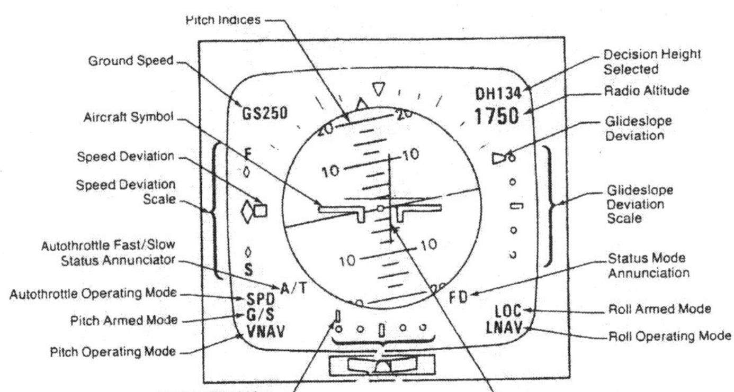

그림 1-91 ADI

(1) **옆놀이 조작 명령(roll command)**

① 기수 방위를 일정하게 유지하며 비행하는 모드
② 여러 항법 장치에 의해 설정된 코스를 따라서 비행하는 모드
③ 계기 착륙 계통(ILS: instrument landing system)에 의해 설정된 코스를 따라 기수의 중심이 활주로의 중심에 맞게 이·착륙 및 진입하는 모드
④ 키놀이 조작 명령(pitch command)
⑤ 기압고도를 일정하게 유지하며 비행하는 모드
⑥ 상승 또는 강하 속도를 일정하게 유지하며 비행하는 모드
⑦ ILS에 의해 설정된 코스와 하강 각도나 상승 각도를 따라 이·착륙 및 진입하는 모드

위의 여러 모드는 미리 설정한 값과 현재 상태의 값과의 차이가 발생하면 이 차이가 계기에 나타나 조종사가 즉시 조작을 행하여 편차의 차이를 없앨 수 있다.

위의 키놀이 조작 명령 중에서 기압고도 유지 모드의 예를 들면 다음과 같다. 미리 설정된 기압고도가 20,000ft인데, 외부의 어떤 원인에 의해 기압고도가 20,300ft가 되었다면, 계기의 피치 지시막대가 아래로 움직여서 기수 하강을 하도록 지시한다.

따라서, 조종사가 기수를 아래로 내려 하강 자세를 취하면 피치 지시막대는 다시 중앙에 위치하고, 계속 하강하여 20,000ft로 무리 없이 도달할 수 있는 상태가 되면, 피치 지시막대는 위로 움직여서 기수 상승을 알리게 된다. 이 때, 조종사가 기수를 상승자세로 취하면 20,000ft에 달할 수 있다.

1-8-5 중앙 정비컴퓨터 계통(Center Maintenance Computer System: CMCS)

중앙 정비컴퓨터 계통은 최근 개발된 첨단 항공기 정비용 컴퓨터로 보잉 747-400에 장착되어 항공기 계통의 결함 정보를 보고, 지시, 수집해 주며 또 항공기의 전 계통의 지상 작동상태를 시험하는데 사용한다. 중앙 정비컴퓨터는 정비요원에게 정비 데이터를 시험하고 수집할 수 있어 항공기의 정비를 용이하게 함으로써 운항 정시율을 높여주며 기존의 항공기에 비하여 높은 운항 신뢰성을 제공해 준다. 이 컴퓨터는 효율적인 정비 및 운항을 가능하게 해주어 차세대 운송용 항공기에 사용될 것으로 기대된다.

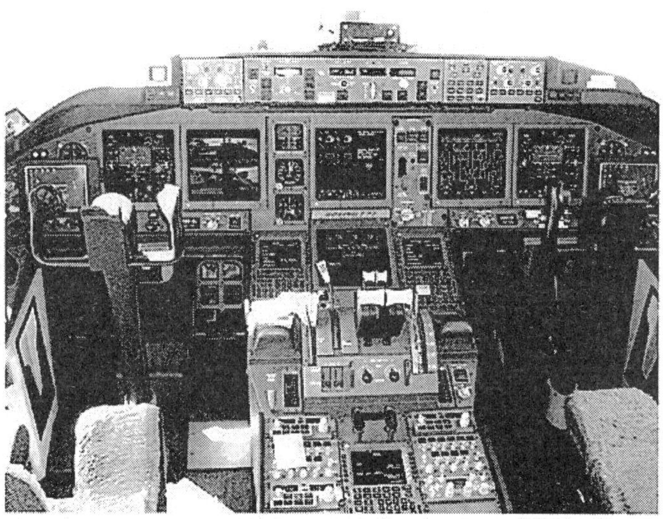

그림 1-92 중앙 정비 컴퓨터 계통

1. 개요

중앙 정비컴퓨터 계통(CMCS)은 B747-400의 복합적이고 집적화된 전자장비계통을 고장탐구하고 검사하는 목적으로 개발되었다. 이 컴퓨터는 또한 지상검사, 결함정보 저장, 실제시간 데이터 감지 등을 가능케 해준다. 전에 개발된 비행기들은 결함 고립은 계통 내에서 한정되어 있고 결함이 여러 계통에 연루되어 있어 한 계통의 결함이 다른 계통에 관련된다. 중앙정비 컴퓨터가 주 계통에 연결되어 있어서 계통에 연루되는 결함을 감지하도록 제공해주고 한 곳의 결함에 관련되어 다른 계통의 결함을 알려준다.

기존의 항공기의 또 다른 문제점은 보편적인 지상 시험절차가 거의 없어 지상시험으로 결함을 발견할 수 없는 현실이었다. 그러나 C747-400에서 중앙 정비컴퓨터(CMC)의 사용으로 모든 계통을 시험하여 결함여부를 인지할 수 있게 되었다.

2. 중앙정비 컴퓨터의 계통

약 70개의 전자, 전기 및 전자 기계계통의 상태와 결함은 집적된 화면 계통(IDS: Integrated Display System)과 중앙정비 컴퓨터(CMC)로 보내진다. 집적된 화면 계통(IDS)은 전자 비행계기 계통(EFIS : Electronic Flight Instrument System)과 엔진 조종사 경고계통(EICAS : Engine Indicating and Crew Alerting System)을 통합하여 지시하고 있다.

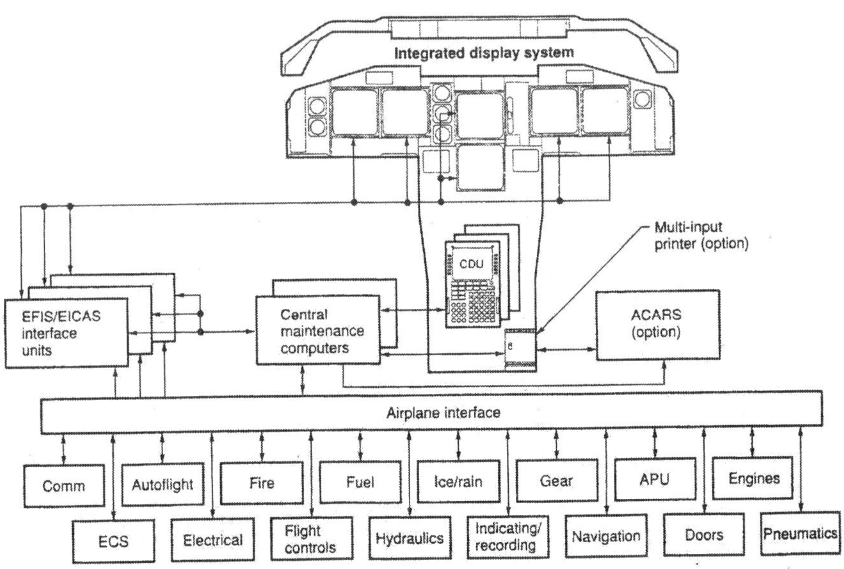

Central Maintenance Computer System

그림 1-93 중앙 정비컴퓨터 계통도

모든 계통은 거의 전자비행 계기/엔진지시 조종사경고 연관장치(EIU : EFIS/EICAS Interface Units)를 통하여 데이터를 중앙정비컴퓨터(CMC)로 보내지고 어떤 계통은 데이터를 직접 중앙정비컴퓨터(CMC) 화면장치(CDU)로 보내기도 한다.

원격(Remote) CDU는 따로 주 전자 장비실에 장치되어 조종실에 접근하지도 않고 쉽게 정비사가 지상에서 전자실로 들어가 데이터를 시험할 수 있다. 그림에서 CMC 프린터를 통하여 데이터를 프린트하고 아링통신 접속보고 장치(ACARS)가 장착된 항공기에서는 비행 중 지상으로 중앙컴퓨터의 데이터를 송신할 수 있다.

이는 비행기가 지상에 도착하기 전 결함수정을 준비하여 항공기의 운항 신뢰성을 높일 수 있다. 이에 부가하여 데이터 로더(Data Loader)를 통하여 데이터를 복제하여 정비기록 등을 분석할 수 있다.

중앙 정비컴퓨터(CMC)는 항공기에 두 개가 장착되어 병행하여 작동하며 각각의 정비데이터를 제공해 주고 좌측 컴퓨터가 결함이 발생하면 자동적으로 우측 컴퓨터가 작동되도록 설계되어 있다.

중앙 컴퓨터를 다루는 이유는 차세대 항공기에 이용될 장치로 이 컴퓨터의 개념을 이해하지 않고는 앞으로 항공기 정비를 이해할 수 없다는 점이다. 컴퓨터 지식 없이 기존의 기술만 가지고 있다면 이는 마치 두뇌가 없이 움직이는 로봇과 마찬가지일 것이다. 좌측 컴퓨터에 결함이 발생되면 자동적으로 우측 컴퓨터로 전환되게 설계되었다.

3. 결함

결함지시는 집적된 화면장치(IDS)에 의하여 전자 비행계기장치(EFIS) 플랙(Flag)이나 엔진지시 조종사 경고장치(ELCAS) 메시지(Messages)에 의하여 표시된다. 이 결함들을 총괄하여 조종실 효과(Flight Deck Effects : FDES)라 하며 EFIS나 EICAS 화면에 나타나는 결함을 뜻한다. CMC는 한가지 계통에서 나타난 결함과 관련되는 다른 계통의 결함을 인지할 수 있으며 이를 결함 상관관계(Fault Correlation)라 한다. 이는 정비사에게 무엇이 비행일지에 기록된 결함을 야기시키는 지를 관련시켜 쉽게 고장 탐구할 수 있다. CMC는 약 7,000개의 메시지를 가지고 있으며 여기서 1,000개가 조종실 효과(FDE) 메시지이다.

4. 결함메시지 처리 및 보고

중앙 정비컴퓨터는 사실상 일반인이 사용하는 개인용 컴퓨터와 거의 흡사하나 단지 항공기에 사용하기 때문에 무게절감의 이유와 신뢰성이 요구되므로 작게 설계된 특수한 목적의 컴퓨터이다. 일반 컴퓨터에 비하여 중앙 정비컴퓨터는 간단하고 특수한 키보드를 가지고 있고 화면(CRT)도 아주 적게 설계되어 있다.

CDU화면에는 FMC, ACARS, ACMS, CMCDML 갈매기표가 되어 있다. 여기에서 라 되어 있는 표식의 바로 좌측키(6L)을 누르면 CMC Menu라고 적힌 화면이 나온다. 이 페이지는 2페이지로 되어 있어 다음 페이지로 넘길 때는 'Next Page' 키를 선택하여 이동한다.

Present Leg Faults(PLF)란 최종비행경로 결함으로 비행중 결함이 자동적으로 이 결함 칸에 저장이 되어 결함 메시지 번호와 결함보고코드가 기록된다. 정비사는 결함이 자동적으로 이 결함 칸에 저장이 되어 결함 메시지 번호와 결함보고코드가 기록된다. 정비사는 결함고립 매뉴얼(Fault Solution Manual)에서 이 메시지 번호를 찾아 결함에 대한 조치사항을 찾아 작업을 수행할 수 있다.

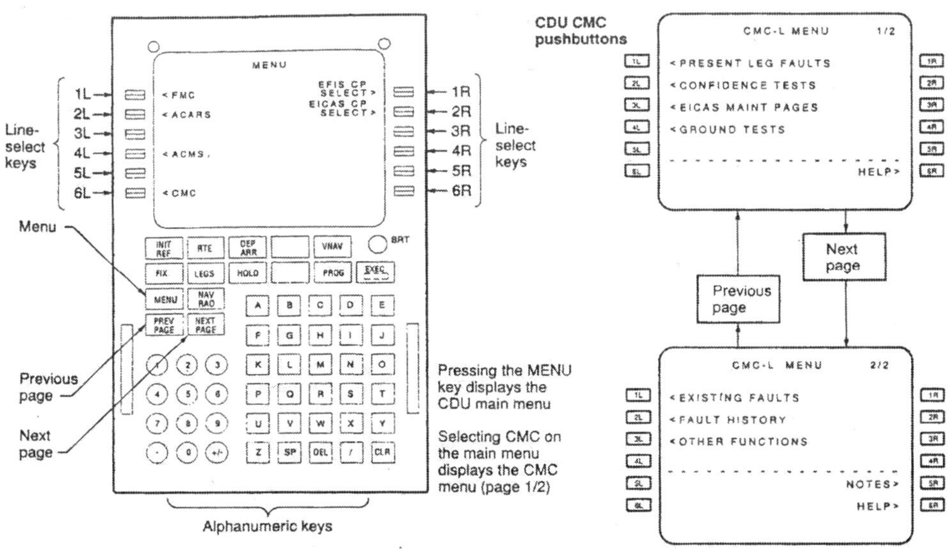

그림 1-94 CDU와 명령메뉴

Confidence tests는 조종사가 비행 전 성능시험을 행하는 시험으로 해당키를 선택하면 실속경고(stall warning), 화재시험(fire test), 스틱 쉐이커(stick shaker) 등 비행 전에 필요한 시험을 간단히 행할 수 있다.

Ground Test는 지상시험으로 정비사가 필요한 계통의 장치가 제대로 작동되는가를 알기 위해 쉽게 계통의 상태 결과 여부가 CDU에 나타난다.

페이지 2/2에는 Existing Fault가 있는데 이는 실제 존재하는 결함을 나타내어 결함관리를 적절히 행할 수 있다. Fault Historty는 각 계통장치의 결함을 저장하여 최종비행으로부터 100회의 과거비행까지 결함기록을 할 수 있어 계통의 상태를 분석할 수 있다. 결함기록은 보통 500개의 결함까지 기록이 가능하다. Other Function은 다른 기능으로 키를 선택하면 다시 Shop Fault, Input Monitoring, Configuration이 지시되는 페이지가 나타난다. Shop Fault는 지정된 부분품에 대한 결함을 기록하고 Input Monitoring을 통하여 항공기 각 구성품에 할당된 입력코드로 넣어주면 부품의 상태가 바이트 정보로 나타나 고장탐구를 할 수 있다. 마지막으로 Comfigurations은 특정 컴퓨터에 대한 하드웨어와 소프트웨어에 대한 기록이며 항공기의 타이어 압력의 정비사항이 기록되어 있다.

앞으로 차세대 항공기에서는 이 분야가 필수적으로 장착이 되므로 이를 이해함으로써 최첨단 기술에 쉽게 접근할 것이다.

종합전자계기 ----------------------------------

조종사가 화면선택에 따라 모든 정보가 그림과 문자로 표시된다.

그림 1-95 종합 전자계기 계통

PFD(Primary Flight Display)

PFD는 기계식 장치였던 ADI에 속도계, 기압 고도계, 승강계, 기수 방위 지시계, 자동 조종 작동 모드 표시 등을 한 곳에 집약하여 지시하는 계기로서, 조종사는 이것에 의해 비행 상태를 한 눈에 쉽게 알 수 있다.

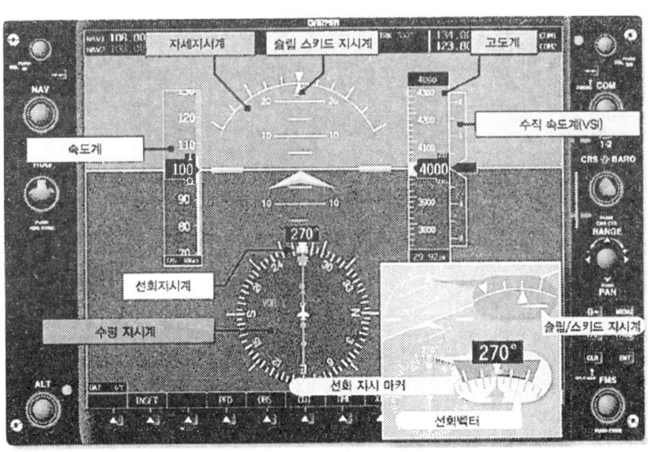

그림 1-96 PFD 장치

1〉 비행 자세 지시부

PFD의 가운데 부분에 위치하며, 비행자세나 계기 비행계통은 기존의 ADI와 같으나, 비행경로에 관해 좀 더 구체적인 기능들이 추가된 것이며, 긴급 상황 시에 경보와 탈출을 위해 취해야 할 최대 기수 상승각의 지시가 가능하도록 되어 있다.

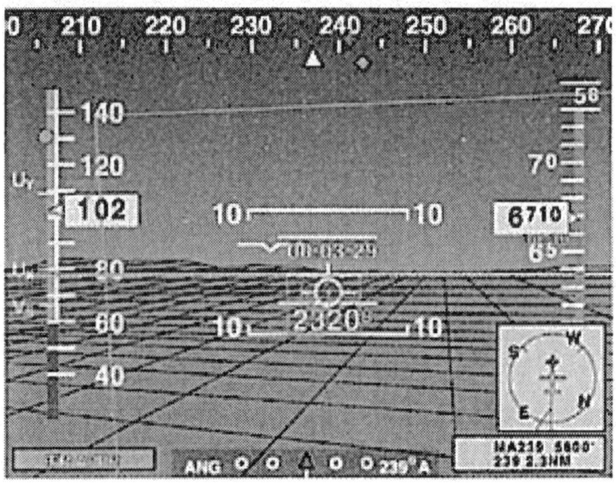

그림 1-97 비행자세 지시부

2〉 속도 관련 지시부

대기속도를 나타내는 부분은 PFD의 왼쪽 부분에 위치하며, 과거의 둥근 형태의 계기판에서 테이프 형태(tape type)의 지시로 바뀌었다. 대기속도 지시부는 에어 데이터 컴퓨터에 의한 자료를 받아서, 고정된 포인터를 기준으로 흰색 바탕에 10knot 간격으로 눈금이 매겨진 테이프가 움직여서 값을 지시하도록 되어 있다. 테이프의 숫자는 20knot 간격으로 표시되어 있으며, 40knot에서 420knot까지 지시하도록 되어 있다.

표시 박스(readout box)에 나타나는 최소의 숫자는 그림(a)와 같이 30knot로서, 입력된 정보다 30knot보다 작거나 계산된 자료가 없을 경우에 이처럼 나타난다.

만일, 에어 데이터 컴퓨터로부터의 대기속도 자료가 입력이 실패하게 되면, 대기속도 테이프는 창으로부터 사라지고, 그 자리에 그림 (b)와 같이 노란색 깃발 모양으로 SPD라고 표시된다.

마하수는 (b)와 같이, 대기속도 지시테이프 아래쪽에 흰색으로 소수점 아래 셋째 자리까지의 형식으로 표시된다. 만일, 마하수가 0.4보다 작거나 계산된 자료가 없을 때에는 그림 (a)와 빈 칸으로 나타나며, 에어 데이터 컴퓨터로부터 마하수 입력이 실패한 경우에는 그림(c)와 같이 그 자리에 노란색 깃발 모양으로 MACH라고 표시된다.

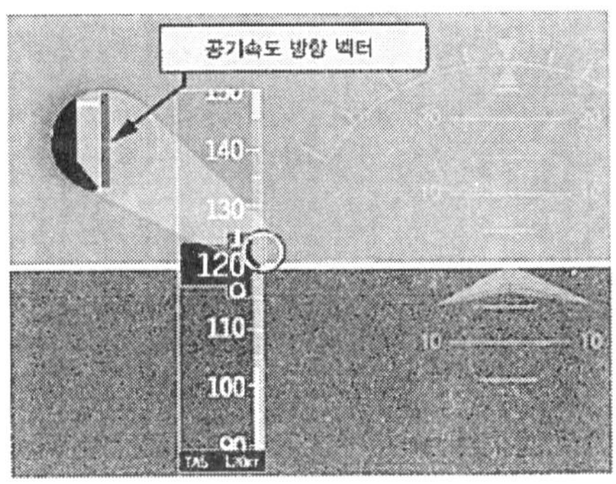

그림 1-98 대기속도 지시

만일, 에어 데이터 컴퓨터로부터의 대기속도 자료가 입력이 실패하게 되면, 대기속도 테이프는 창으로부터 사라지고, 그 자리에 그림 (b)와 같이 노란색 깃발 모양으로 SPD라고 표시된다.

마하수는 (b)와 같이, 대기속도 지시테이프 아래쪽에 흰색으로 소수점 아래 셋째 자리까지의 형식으로 표시된다. 만일, 마하수가 0.4보다 작거나 계산된 자료가 없을 때에는 그림 (a)와 빈 칸으로 나타나며, 에어 데이터 컴퓨터로부터 마하수 입력이 실패한 경우에는 그림 (c)와 같이 그 자리에 노란색 깃발 모양으로 MACH라고 표시된다.

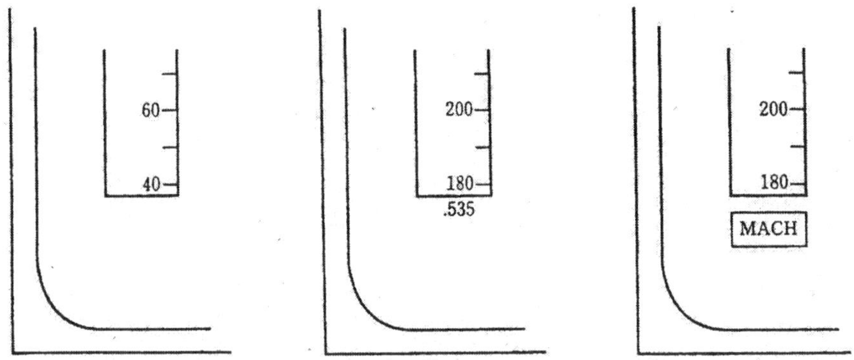

(a) $M<0.4$일 때 (b) $M>0.4$일 때 (c) 비정상 상태 지시

그림 1-99 마하수 지시

3〉 고도 관련 지시부

기압 고도를 나타내는 부분은 PFD의 오른쪽 부분에 위치하며, 대기속도 지시부와 마찬가지로 테이프 형태로 되어 있다.

기압 고도 지시부는 에어 데이터 컴퓨터에 의한 자료를 받아서, 그림 1-97과 같이 고정된 포인터를 기준으로 흰색 바탕에 100*ft* 간격으로 눈금이 매겨지고, 200*ft* 간격으로 숫자가 쓰여진 테이프가 위 아래로 움직여서 값을 지시하도록 되어 있다. 기압고도가 10,000*ft* 이하에서는 커서(cursor)의 가장 왼쪽 부분이 초록색 빗금이 그어져 있는 형태로 나타난다.

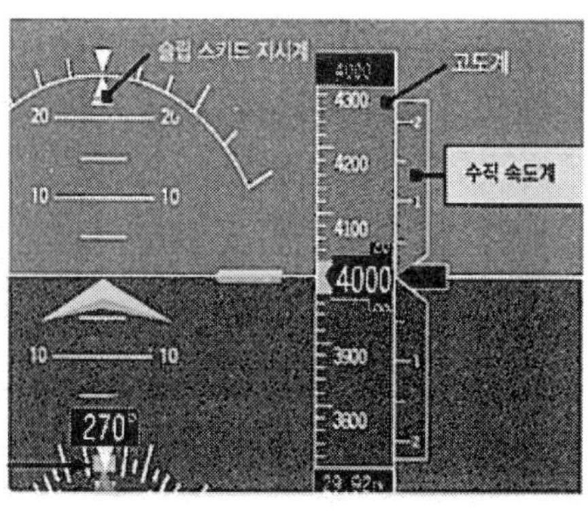

그림 1-100 고도의 지시

만일, 에어 데이터 컴퓨터로부터 기압고도에 관한 자료 입력이 실패한 경우에는 테이프가 표시되었던 그 자리에 노란색 깃발 모양으로 ALT라고 표시된다.

조종사가 기압고도를 미터 단위로 읽고 싶을 때에는, EFIS조절 패널에서 미터를 선택함으로써 피트 단위와 함께 표시박스의 위쪽에 미터 단위로 표시한다. 고도 지시 테이프 윗부분에는 모드 조정 패널(MCP: mode control panel)에서 미리 설정한 값이 표시되어 있는데, 만일 비행기가 이 설정 값보다 300ft 이상 고도가 올라가게 되면 경고 장치가 작동된다.

이 때에는, EICAS 표시창에 주황색으로 고도경고 메시지가 출력되고, 역시 주황색을 띤 주 경고등이 점등된다.

4) 기타 지시부

위에서 설명한 것 이외에도 PFD의 아래쪽에는 반원형의 컴퍼스 로즈(compass rose)가 있어서 현재의 기수방위나 AFDS에 의해 선택된 기수 방위 등이 창에 표시된다. 또, 기압고도를 나타내는 테이프 옆에는 승강속도를 알려주는 테이프가 창으로 표시된다.

ND(Navigation Display)

ND는 항법에 필요한 여러 자료를 나타내는 CRT로서, 기존의 HSI 기능을 모두 포함하고 있다. ND는 비행기의 현재 위치, 기수 방위, 비행 방향, 설정 코스에서 얼마나 벗어났는지의 여부뿐만 아니라 비행 예정 코스, 도중 통과 지점까지의 거리 및 방위, 소요 시간의 계산과 지시 등을 한다.

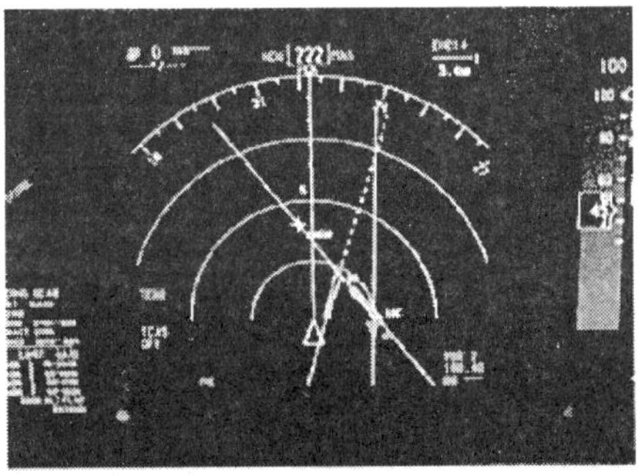

그림 1-101 ND 장치

이 밖에도 CRT상에는 풍향, 풍속, 대지 속도(ground speed), 구름 등이 표시되고, 해당 항공기의 코스와 악천후의 위치와의 관계를 쉽게 포착할 수 있도록 되어 있다.

ND에는 APP(approach), VOR, MAP 및 PLAN 모드 등이 있어 상황에 따라 조종사가 모드를 선택하면 해당 창으로 화면이 변환된다.

1) APP 모드

APP 모드는 항공기가 비행장에 진입할 때에 사용되는 모드로, 그림 1-102의 (a)와 같이 확장 APP 모드(expanded APP mode)와 그림 (b)와 같이 중앙 APP 모드(center APP mode)가 있다.

이 모드는 기수 방위, 비행 방향(track), 비행 코스 편위(deviation), ILS 지상국의 주파수, 선택한 활주로 방향, 지상 무선국과의 거리 등이 표시될 뿐만 아니라 수신 중이 VOR의 주파수, 대지속도, TAS, 풍속, 풍향 등이 따로 표시된다.

확장 APP 모드는 정보 지시 범위가 전방 80°, 중앙 APP 모드에서는 360°인 점이 다를 뿐 지시 내용은 거의 동일하다. 확장 APP 모드 상태에서는 EFIS조정 패널에서의 선택에 의해 구름 등 기상레이더 정보를 함께 지시할 수 있다.

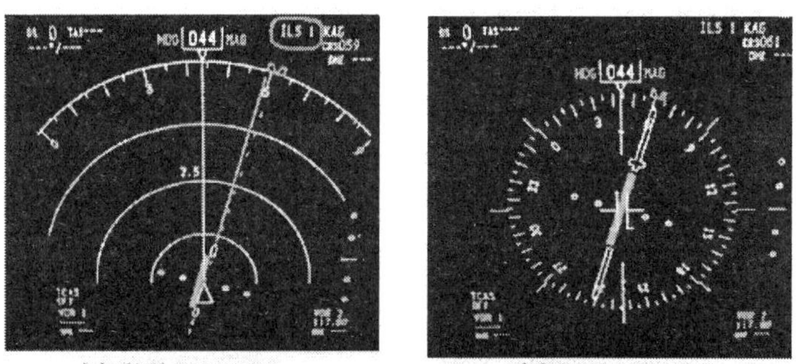

(a) 확장 APP 모드 (b) 중앙 APP모드

그림 1-102 APP mode

2) VOR 모드

VOR 모드도 APP 모드와 마찬가지로 확장모드와 중앙모드가 있다. 지시정보는

LOC(localizer)에서 VOR로 바뀐 것만이 다를 뿐 대부분 APP 모드와 비슷하다.

3) MAP 모드

MAP 모드는 ND 모드에 있어서 특히 중요한 모드로서, 비행모드, 무선 항법 시설의 위치 등의 지시가 영상으로 지시되며, 순항 비행 중에는 보통 이 모드를 지시하여 비행한다.

이 MAP 모드에도 그림 1-103의 (a)와 같은 확장 모드와 그림 (b)와 같은 중앙 모드가 있으며, 지시 내용은 서로가 거의 동일하다. MAP 모드는 비행경로, 기수 방위 표시, 다음 경로 지점의 명칭, 이에 도달하는 예정 시간 및 거리 등을 지시한다. 또, 30~90초 후의 비행기 예상 위치, 수직 방향의 편위, 각 무선 항법 시설이나 공항 등의 위치, 주파수에 대한 정보 등을 지시한다.

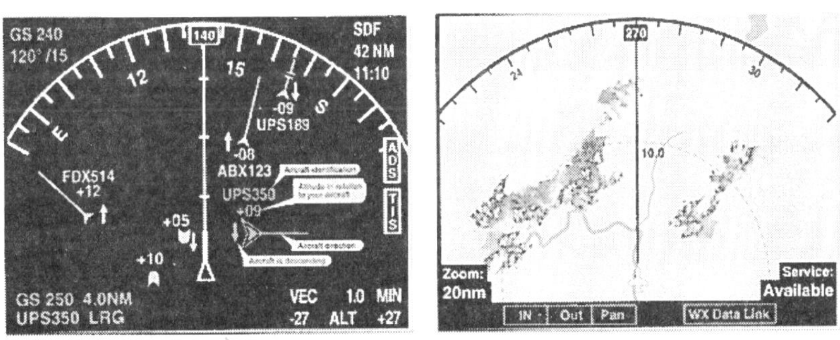

(a) 확장 모드 (b) 중앙 모드

그림 1-103 MAP mode

4) PLAN 모드

이 모드는 비행 계획을 작성할 때 사용되는 모드로, 확장 모드만 있다. 컴퍼스 로즈의 위쪽에 나타나 있는 정보 지시는 확장 MAP 모드와 비슷하며, 무선 항법 정보나 기상 레이더 정보는 지시할 수 없다.

EICAS(Engine Indication and Crew Alerting System)

기관의 각 성능, 상태지시 또는 항공기 각 계통을 감시하고 이상이 발생하였을 경우 승무원에게 경고를 전달하는 장치로서 조종사와 부조종사이의 throttle lever 윗부분에 장착한다. 주 지시장치(main EiCAS), 보조 지시장치(auxiliary EiCAS), 기본 정보표시, EPR, NI, EGT, 계통 이상 메시지, 연료량, 온도, 착륙장치와 플랩위치, 객실 여압 등을 지시한다.

제2장 유압 및 공압계통

항공기에서는 전기, 공기압 및 유압을 동력전달 매체로 사용하고 있으나 여러 가지 이유로 유압을 가장 많이 사용하고 있다. 그러나 항공기의 발달과 함께 소형에서 대형으로 저속에서 고속으로 발전함에 따라 유압 계통이 도입되어 이용되었다.

Blaise Pascal(1623~1662):

He was a French mathematician, philosopher and inventor. He was a child prodigy who was educated by his father, a tax collector. He created the very first calculator (the Pascaline), Pascal's triangle and the Roulette machine. He was influenced by Galileo Galilei and Torricelli.

He figured out that the air pressure is equal to the weight of air per unit area and demonstrated it by taking measurements at different heights. Pascal's principle states that the pressure is transmitted evenly through a liquid. In other word, when there is an increase in pressure at any point in a confined fluid, there is an equal increase at every other point in the container. That's why when you inflate a balloon with air, it expands evenly in all directions.

The scientific term Pascal (Pa) is named after him in honor of his great contributions to the study of fluids.

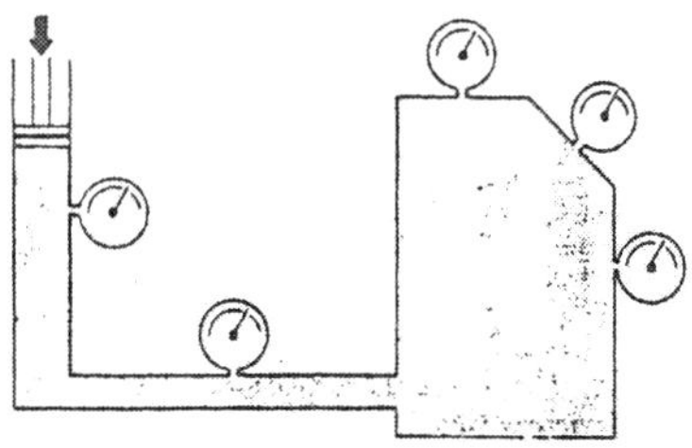

2-1 유압 및 공압계통이란?

유압 계통이란 항공기의 기관(engine) 또는 그 밖의 동력에서 얻어지는 기계적인 힘을 압력에너지로 바꾸어 가압시켜 유압 작동기(hydraulic actuator)를 작동시키는 것을 말한다. 유압 계통에 쓰이는 오일인 작동유를 사용하는 것을 유압장치라고 하며, 공기를 사용하는 경우를 공압(pneumatic)장치라고 부른다. 공기압은 소형기에서 사용되었으나 현재는 대형 항공기에 유압계통의 이상에 대비하여 비상시 보조 수단으로 사용되고 있다.

항공기에서 기관의 동력을 직접 이용하기가 곤란하거나 불가능한 작동 부분들 즉, 착륙장치를 올리고 내리는 동작, 활주 중에 있는 항공기의 브레이크를 작동시키는 힘, 조종 계통을 작동시키는 동작, 활주 중에 앞바퀴를 좌우로 움직이게 하는 앞 착륙장치 스티어링의 작동 그리고 여러 가지 문을 열고 닫는 동작 등에 전기, 공기압 또는 유압을 이용한다.

2-2 작동유의 특징 및 종류

작동유(hydraulic fluid)는 압력을 받더라도 부피가 변하지 않는 성질의 비압축성 유체이다. 작동유가 초고압에 놓인다면 작동유의 부피는 약간 줄어들지만, 그 줄어든 부피가 압력 전달에 영향을 끼칠 정도는 아니다. 예를 들면, 브레이크 페달을 밟으면 지체없이 브레이크가 작동한다. 또, 작동유는 온도의 변화에 따라 팽창하고 수축한다. 그러므로 작동유의 온도상승이 예상되는 유압 계통에서는 온도 릴리프 장치가 필수적으로 구비되어야 한다. 이런 보조 장치가 없으면 작동유의 팽창에 의하여 관이나 저장소의 장치가 파괴될 수도 있다.

작동유는 유압 계통에 사용되는 압력을 전달하는 매체이므로, 계통의 작동을 확실하게 하고, 유압계통의 구성품에 해롭지 않아야 한다. 따라서 그 계통에 적합한 작동유를 선택하여 사용하는데, 제작회사의 정비 매뉴얼에 따르거나 레저버(reservoir) 등과 같은 장치의 표면에 표시된 작동유를 선택해야 한다.

2-2-1 작동유의 기능

작동유의 주요 기능은 다음과 같다.

① 동력을 전달한다.

② 움직이는 기계요소를 윤활시킨다.

③ 필요한 요소 사이를 밀봉한다.

④ 열을 흡수하는 냉각작용을 한다.

2-2-2 작동유의 성질

위의 주요 기능을 만족시키면서 여러 가지 관점에서 작동유를 선택할 때 고려해야 할 사항은 다음과 같다.

① 윤활성이 우수할 것

② 점도가 낮을 것

③ 화학적 안정성이 높을 것

④ 장치와의 결합성이 좋을 것

⑤ 체적 계수가 클 것

⑥ 내연성이 클 것

⑦ 열전도율이 좋을 것

⑧ 밀도가 작을 것

⑨ 거품성 기포가 잘 발생하지 않을 것

⑩ 독성이 없을 것

⑪ 휘발성이 적을 것

⑫ 값이 쌀 것

⑬ 구하기 쉬울 것

실제로 위의 모든 조건을 만족시키는 작동유는 거의 없다. 따라서 유압 장치의 설계자는 요구되는 특성에 따라 가장 적합한 작동유를 선택해야 한다. 작동유의 성질은 작동 조건에 따라 변하므로 주의하여야 한다. 즉, 작동 온도, 사용된 시간, 오염 정도 등에 따라 점도, 밀도 등이 변화한다.

2-2-3 작동유의 종류

작동유에는 식물성유, 광물성유, 합성유가 있다. 이것들은 종류에 따라 색깔로 구분되어 있으며, 성질과 성분에 따라 규격이 정해져 있다. 이 작동유는 유압 계통에 사용되는 압력을 전달하는 매체이므로 계통의 작동을 확실하게 하고 기타 유압 계통에 해가 되지 않아야 한다.

작동유는 각각의 구성성분이 다르기 때문에 서로 섞여 사용할 수 없으며, 실(seal)도 다른 종류의 작동유에 사용할 수 없다. 계통에 부적합한 종류의 작동유가 주입되면 즉시 배출시키고 계통을 세척해야 한다. 그렇지 않으면 실이 녹거나 경화되어 시스템 전체에 손상을 줄 수 있다. 이 때, 실(seal)은 제작사의 정비 매뉴얼의 지시에 따라 교체하거나 계속 사용한다.

실(seal)이란 고정된 부품과 움직이는 부품사이의 틈을 밀폐시키는 데 사용되며 유체의 유출방지 및 공기나 먼지의 유입을 방지하는 역할을 한다. 두 가지로 구분하면 패킹(packing)은 움직이는 부품사이의 밀폐용으로 사용하고 개스킷(gasket)은 고정된 부품사이의 밀폐용으로 사용한다.

개스킷의 재질로는 배기계통 등의 고열에 견디는 데 쓰이는 석면, 점화 플러그에 쓰이는 구리, 팽창과 수축으로 인해 공간이 불균일해지거나 변하는 곳에 쓰이는 콜크(cork), 그리고 압축성 밀폐가 필요한 데 쓰이는 고무 등이 있다. 그러나 고무는 가솔린이나 오일이 접하는 면에는 쓰이지 않는다.

1. 식물성유(vegetable base)

식물성유는 피마자 기름과 알코올의 혼합물로 구성되어 있으므로 알코올 냄새가 나고, 색깔은 파란색이다. 구형 항공기에 사용되었던 것으로, 부식성과 산화성이 크므로 오늘날에는 잘 사용되지 않는다. 이 작동유에는 천연고무 실(seal)이 사용되므로 알코올 세척이 가능하며, 고온에서는 사용할 수 없다.

2. 광물성유(mineral base)

광물성유는 원유로 제조되며, 색깔은 붉은색이다. 광물성유의 사용 온도 범위는 -54℃~71℃이다. 현재 항공기의 유압계통에는 사용하지 않으나, 착륙장치의 완충기나 소형 항공기의 브레이크 계통에 상용되고 있으며, 합성고무 실을 사용한다.

3. 합성유(phosphate ester base)

여러 가지 종류가 있으나 그 중 하나로서 인산염과 에스텔의 혼합물로서, 색상은 자주색이다. 인화점이 높아 내화성이 크므로 대부분의 항공기에 사용된다. 사용온도의 범위는 -54℃~115℃이다. 합성유는 페인트나 고무 제품과 화학작용을 하여 그것을 손상시킬 수도 있다. 또, 독성이 있기 때문에 눈에 들어가거나 피부에 접촉되지 않도록 주의해야 한다.

2-2-4 운동 중의 작동유에 발생하는 압력 손실

유압장치에서는 계통의 압력을 발생시키는 장치와 이 압력을 받아 작동하는 장치와의 사이에 다양한 유로가 형성된다. 이 유로에 작동유가 흐르지 않으면 유로 내에서 압력의 손실이 생기지 않지만, 작동 실린더가 움직이려면 작동유가 흘러야 한다. 이로 인하여 유로 내에서는 압력의 손실이 발생하게 된다. 유로 내로 흐르는 작동유의 압력 손실에 영향을 주는 요소는 다음과 같다.

1. 점성(viscosity)

유체가 흐르고 있을 때, 유체 내부에는 서로 이웃하는 유체의 층 사이에 흐름을 방해하려는 저항, 즉 유체 내부저항과 유체와 고체의 벽 사이에서 흐름을 방해하려는 저항, 즉 유체의 외부 저항이 작용한다. 이와 같은 유체의 성질을 점성이라 하며, 점성이 큰 유체일수록 흐름이 느리다. 따라서 점성이 낮은 작동유일수록 압력 손실이 작아진다.

그러나 유압계통의 펌프, 피스톤, 밸브 등에서는 작동유가 밀폐, 냉각, 윤활작용을 하므로 각 유압계통의 작동유는 필요에 따라 적절한 수순의 점성을 유지해야 한다. 또, 온도가 증가하면 작동유의 점도는 낮아지고, 온도가 감소하면 작동유의 점도는 높아진다.

2. 관 지름과 길이

작동유가 관속을 흐를 때에는 관의 안쪽 표면과 작동유 사이에 마찰이 일어난다. 작동유는 지름이 큰 관보다 지름이 작은 관을 흐를 때 압력 손실이 크게 발생하며, 작동유가 흐르는 거리가 길수록 압력 손실이 증가하게 된다.

3. 흐름 속도

작동유의 흐르는 속도가 증가할수록 마찰 손실이 증가하고 압력 손실도 증가한다.

4. 층류와 난류

작동유의 흐름은 층류이거나 난류이다. 작동유가 정지 상태에서 움직이기 시작하면 흐름은 느리고 균일하게 흐른다. 이 흐름은 작동유의 입자들이 평행하게 흐르는 층류이다. 그러나 속도가 증가함에 따라 입자들이 평행하게 흐르지 않는 난류가 발생한다. 관 속을 흐름에서 발생하는 압력 손실은 층류보다 난류에서 크게 발생한다.

5. 오리피스(orifice)

오리피스는 관 속에서 단면적을 급격히 작게 한 곳을 말한다. 작동유가 오리피스와 같은 흐름 제한기를 통과하여 흐를 때에는, 속도의 증가로 인한 마찰 손실의 증가와 난류의 발생으로 오리피스를 전후하여 압력 손실이 발생한다.

2-2-5 작동유의 오염 점검

유압계통이 오염되었거나 의심이 가고, 계통이 규정 온도 이상에서 작동되었을 경우에는 작동유의 오염 여부를 점검해야 한다. 우선, 계통이 여과기를 장탈하여 작동유가 오염되었는지를 눈으로 검사하여 판단한다. 여과기에 비교적 큰 입자가 있을 때에는 마멸된 부품을 찾아내기 위하여 계통의 각 부분에서 견본을 채취한다.

견본의 채취는 정비 작업 매뉴얼에 따라 실시하며, 블리드 밸브(bleed valve)가 없는 계통은 관을 분리하여 실시한다. 이 견본에 대한 일반적인 검사는 오염시험 키트(contamination test kit)를 사용하여 실시하며 점성, 인화점 등의 화학적인 검사가 필요할 때에는 실험실로 보낸다.

2-3 기본적인 유압계통

2-2-1 Pascal의 법칙

프랑스의 수학자 Pascal은 제한된 용기 안에 있는 액체의 압력이 증가하면 용기 안에 힘이 골고루 전달되며 용기 벽에 90°의 각도로 힘이 작동한다는 사실을 발견하였다. 즉 "용기 안에 액체를 가득 채우고 압력을 올리기 위하여 용기에 연결된 피스톤에 힘을 가하면 용기 내에 어느 곳에 같은 압력을 갖게 된다."

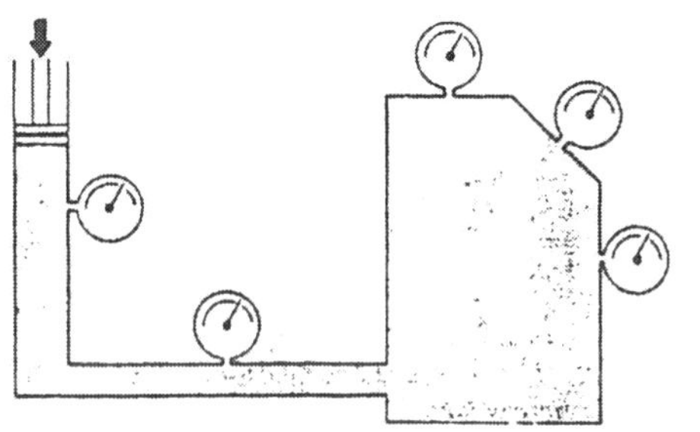

그림 2-1 어느 곳이나 같은 압력을 가진다.

용기의 크기나 형태와 관계없이 용기의 높이에 따라 압력이 결정된다. 그림 2-2에서 압력 P는 게이지에 지시되며 세 가지 서로 다른 형태의 관이 같은 높이를 가지고 있다면 모든 용기(container)의 압력은 같다.

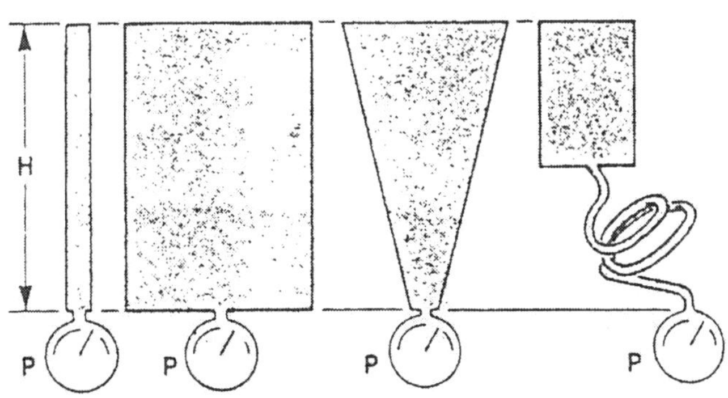

그림 2-2 높이가 같으면 같은 압력이 작용한다.

2-2-2 압력, 힘 및 면적의 관계

압력은 단위 면적당 작용하는 힘(force)의 양이다. 압력(pressure)은 단위 $inch^2$ 당 lbs(psi: pounds per square inches)로 측정되며 미터방식에서는 단위 센티미터당 킬로그램으로 측정된다. 압력, 힘과 면적(area)의 관계식은 아래의 수식으로 표현된다.

힘(F) = 압력(P)×면적(A)

압력에 관련된 여러 사항을 정리해 보자. 힘의 단위는 국제단위로 Newton[N]이 있다. 이는 $1kg$의 물체를 $1m/\sec^2$의 가속도로 움직일 때 발생하는 힘이다. 두 번째로 kgf가 있다. 이는 지구상에서의 힘 또는 무게의 단위로서 $9.8N$에 해당한다. 마지막으로 압력단위인 Pascal[Pa]은 단위면적당 작용하는 힘 즉 N/m^2을 나타낸다.

$$1kgf = 9.8N$$

$$1kgf/cm^2 = 9.8N/0.0001m^2 = 98,000N/m^2$$

$$1Pa = 1N/m^2$$

2-2-3 유체 정역학(hydraulics) 및 유압 계통의 기계적 잇점

지렛대, 잭(jack) 및 도르래 등은 작은 힘으로 큰 힘을 얻기 위한 장치들이다. 즉 작은 힘으로 면적이 작은 부분을 큰 행정거리로 움직이게 하여 작동기(actuator) 쪽에서는 짧은 행정거리를 움직이면서 큰 힘을 발생시키는 원리이다. 유압계통은 두 가지 중요한 기계적 이점을 가지고 있다. 하나는 쉽게 힘을 전달할 수 있는 것이며, 다른 하나는 피스톤의 크기를 다양하게 하여 기계적 이점을 얻을 수 있는 것이다.

같은 압력이 작용

액체를 채운 원통의 압력은 원통 관의 높이에 비례한다. 예를 들어 그림 2-3과 같이 $1inch^3$당 $0.036lb$의 무게를 가진 물을 $231inches$ 높이와 단면적이 $1inch^2$인 원통 관에 채운다면 1겔론(gal: gallon)의 물이 채워진다. 즉 $1gal$은 $231inch^3$이다. 원통 관을 바로 세우면 $1gal$의 물은 원통 관의 바닥에서 $8.34lbs/inch^2$의 압력을 갖게 된다. 다시 단면적이 100 $inch^3$이고 같은 높이의 원통 관에 물을 채우면 $100gal$의 물이 채워지지만 원통 관 바닥의 압력은 마찬가지로 $8.34lbs/inch^2$이다.

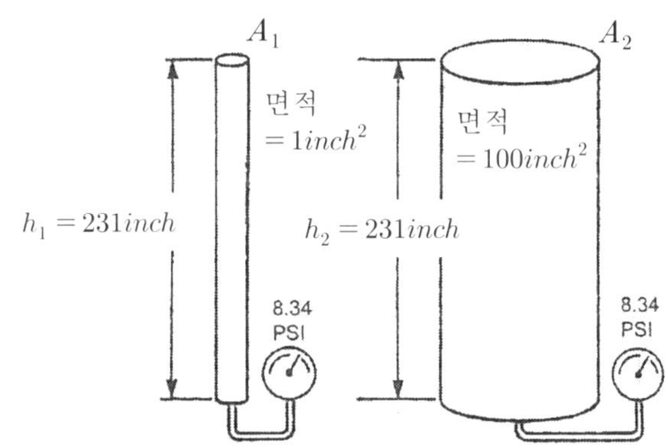

그림 2-3 원통의 압력은 관의 높이에 비례한다.

$$\frac{F_1}{F_2}=\frac{A_1}{A_2}$$

같은 부피가 작용

그림 2-3에서 보듯이 $1inch^2$의 단면적을 가진 피스톤에 $1lb$의 힘으로 가하면 $1inch$를 움직일 때마다 $1psi$의 압력이 발생하며 $1inch^2$의 유체를 밀어낸다. 이 피스톤을 가지는 실린더가 면적 $20inch^2$의 피스톤을 가진 실린더에 연결된다면 큰 실린더는 $20lbs$의 힘을 발생한다. 그러나 큰 실린더는 단지 $1/20inch$만 움직인다.

$$\frac{A_1}{A_2} = \frac{h_2}{h_1}$$

유압계통에서 또 하나의 관계는 주어진 면적(area)의 피스톤이 이동한 거리(distance)에 따라 유체의 체적(volume)이 결정되는 관계이다. 즉 체적(V)=면적(A)×높이(h) 수식을 활용하여 A_1(작은 실린더)×h_1(작은 실린더)=A_2(큰 실린더)×h_2(큰 실린더) 관계가 성립한다.

위의 두 관계를 합성하면 다음과 같다.

$$\frac{F_1}{F_2} = \frac{A_1}{A_2} = \frac{h_2}{h_1},$$ 여기서 A: 면적, h:높이

복습문제

그림과 같이 단면적이 $5cm^2$인 왼쪽 피스톤에 10N의 힘을 가하면, 이 압력은 단면적이 $50cm^2$인 오른쪽 피스톤에 똑같이 작용한다. 이는 Pascal원리로 알려져 있다.

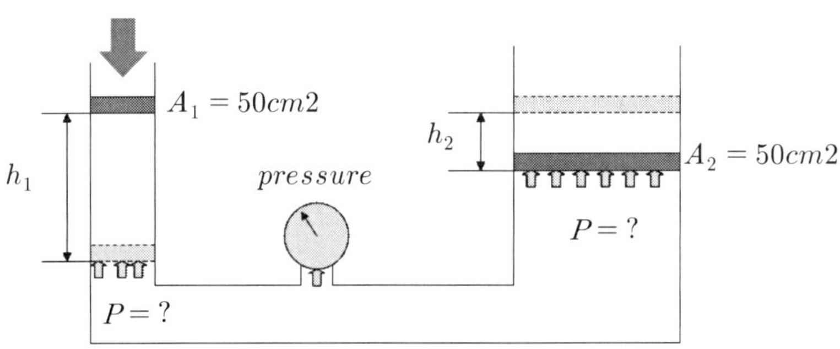

1. 유체에 작용하는 압력은? 답: $2N/cm^2$

2. 오른쪽 실린더에 발생되는 힘은? 답:

3. 만약 이동거리 $h_1 = 30cm$이면 h_2는 얼마인가? 답: 스

메모

2-4 유압계통 작동원리 및 구조

2-4-1 동력계통 및 장치

유압 동력계통은 작동유(hydraulic fluid)에 압력을 가하여 기계적인 에너지를 압력 에너지로 변환시키는 계통이다. 이 계통은 작동유를 저장하는 레저버, 압력을 가하는 펌프, 계통 내의 압력을 안정시키거나 비상시의 압력공급을 위한 축압기, 작동유의 청결 정도를 위한 여과기 등으로 구성되어 있다.

유압 계통은 기본적으로 여섯 가지의 기본 요소로 구성된다.

① 작동유를 저장하고, 일정량을 유지, 보충하기 위한 레저버
② 작동유를 장치 내로 가압하여 공급하는 펌프
③ 펌프를 구동시키는 전기 모터나 그 밖의 동력원
④ 유체의 방향, 압력 및 유량을 조절하는 각종 제어 밸브
⑤ 유체의 에너지를 필요한 작업을 위해 힘 또는 토크 등의 기계적인 일로 변화시키는 장치
⑥ 유체가 통과하고 이송되는 관으로서, 펌프로부터 작동 실린더까지 연결된 작동유가 공급되는 압력관(pressure line)과 레저버로 되돌아오는 귀환관(return line)

그림 2-4는 동력펌프를 갖춘 유압계통의 한 예이다. 수동펌프에 의하여 작동유를 가압하는 대신, 전기적 동력(power)에 의하여 구동되는 동력펌프를 이용한다.

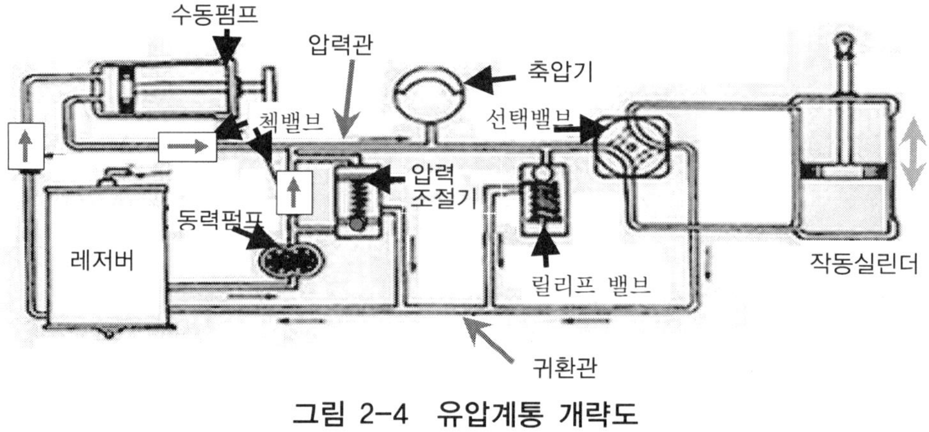

그림 2-4 유압계통 개략도

동력펌프에 의해 가압된 유압은 첵 밸브(check valve)를 통해 한 방향으로 흘려 작동 실린더로 흐른다. 동력펌프를 사용하는 유압계통의 경우에는 압력 조절기(pressure regulator)가 필요로 한다. 압력 조절기의 기능은 작동유의 압력을 일정하게 유지시키는 것으로서, 유압이 규정 압력 이상으로 높아지면 가압된 작동유를 계통으로 가지 못하게 하고 레저버로 귀환시킨다.

그 밖에도 계통 안에는 릴리프 밸브(relief valve)와 축압기(accumulator)를 설치하는데, 릴리프 밸브는 압력 조절기에 이상이 있을 때 계통을 높은 압력으로부터 보호하고, 축압기는 압력 조절기가 너무 번번하게 작동되는 것을 방지하며 갑작스럽게 계통 압력이 상승할 때 이 압력을 흡수한다. 또, 축압기는 비상시에 최소한의 작동 실린더를 제한된 횟수만큼 작동시킬 수 있는 작동유를 저장한다. 그리고 선택 밸브는 작동 실린더의 작동 방향을 선택하며 이 때 가압된 작동유가 작동 실린더를 동작시킨다.

그림 2-4에서 A방향의 흐름을 압력관(pressure line)이라 하며, B방향의 흐름을 귀환관(return line)이라 한다.

이러한 구성 요소로 이루어진 유압 계통에서 수동펌프는 동력펌프가 작동되지 않을 때 보조적인 기능을 한다. 유압장치는 실제 응용에 따라 복잡하게 되며, 또 각 구성 요소도 목적에 따라 여러 가지로 설계된다.

2-4-2 작동유 저장장치 및 여과기

1. 레저버(reservoir)

레저버는 작동유를 펌프에 공급하고, 계통으로부터 귀환하는 작동유를 저장하는 동시에, 공기 및 각종 불순물을 제거하는 저장소의 역할을 한다. 또, 계통 내에서 열팽창에 의한 작동유의 증가량을 축적시키는 역할도 하며, 레저버는 착륙장치, 플랩 및 그 밖의 모든 유압 작동 장치를 작동시키는 구성 부품에서부터 유압계통으로 되돌아오는 모든 작동유를 저장할 수 있는 충분한 용량이어야 한다. 레저버의 용량은 작동유의 온도가 38℃(100°F)에서 축압기가 없는 경우 150% 이상이거나, 축압기(accumulator)를 포함한 모든 계통이 필요로 하는 용량의 120% 이상이어야 한다.

레저버의 구조는 그림 2-5와 같다. 레저버 위쪽에 있는 여압구는 고공에서 생기는 거품의 발생을 방지하고, 작동유가 펌프까지 확실하게 공급되도록 레저버 안을 여압(pressurization)시키는 압축 공기의 연결구이다. 종종 레저버에 공기압 또는 유압을 가하는 이유는 유압펌프의 공동현상(cavitation)을 일으키는 것을 방지하기 위함이다. 공동현상이 일어나면 유체안의 공기기포로 인해 작동유가 쉽게 온도가 상승하여 오래 사용하지 못한다.

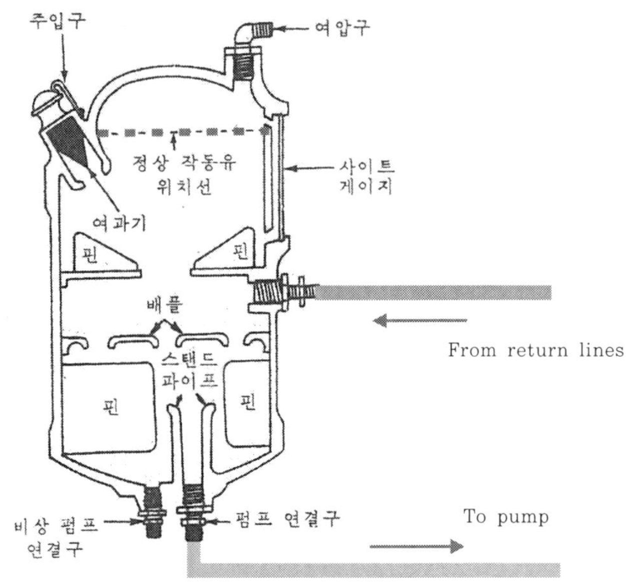

그림 2-5 레저버의 내부 구조 및 장치

주입구에는 작동유를 보급할 때 불순물을 거르는 여과기(filter)가 있다. 그리고 레저버 안의 작동유 양을 알 수 있도록 사이트 게이지(sight gauge)가 설치되어 있다.

귀환관 연결구는 레저버 안의 정상 유면보다 아래쪽에 있고, 작동유의 귀환은 레저버 옆에서 원둘레의 접선 방향으로 들어오게 하여 레저버 안에서 작동유의 거품을 방지하여 공기가 유입되는 것을 방지한다.

배플(baffle)과 핀(fin)은 레저버 내에 있는 작동유가 심하게 흔들리거나, 귀환되는 작동유에 의하여 소용돌이치는 불규칙한 동요로 작동유에 거품이 발생하거나 펌프 안에 공기가 유입되는 것을 방지한다.

정상적인 유압 계통은 펌프 연결구에 연결되어 스탠드 파이프의 위쪽 부분에 있는 작동유를 공급받는다. 정상 유압 계통이 파손되어 작동유가 누출되더라도 비상 유압 계통을 작동시킬 수 있는 유량은 스탠드 파이프 높이만큼의 작동유로 비상 펌프 연결구를 통해 공급받게 한다. 즉 동력펌프의 고장에 대비하여 수동펌프에 이용될 예비적 유량을 저장한다.

2. 축압기(accumulator)

축압기는 가압된 작동유를 저장하는 저장통으로서, 여러 개의 유압 기기가 동시에 사용될 때 동력펌프를 돕고, 동력 펌프가 고장이 났을 때에는 저장되었던 작동유를 유압 기기에 공급한다. 또, 유압 계통의 서지(surge)현상을 방지하고, 유압 계통의 충격적인 압력을 흡수하면 압력 조정기의 개폐 빈도를 줄여 펌프나 압력 조정기의 마모를 적게 한다.

펌프에서 작동 부분까지의 거리가 멀 경우에는, 작동 부분에 가깝게 축압기를 설치하면 일시적으로 나타날 수 있는 국부적인 압력 감소를 막고, 동작을 원활하게 할 수 있다. 축압기의 한쪽에는 압축성인 공기가 작용하고, 다른 한쪽에는 비압축성인 작동유가 작용한다. 이 축압기 공기는 압축공기 또는 질소로서 시스템 압력의 약 1/3 정도를 유지한다.

축압기의 종류에는 구조에 따라 다이어프램형 축압기, 블래더형 축압기, 피스톤형 축압기 등이 있다.

(1) 다이어프램형

그림 2-6과 같이, 2개의 오목한 금속 반구를 합성고무로 얇게 적층된 다이어프램(diaphragm) 사이에 넣고 작동유 실(hydraulic chamber)과 공기 실(pneumatic chamber)을 형성한다. 펌프로부터 작동유의 공급이 없거나 작동유의 압력이 부족할 때 공기의 압력으로 다이어프램이 밑으로 밀려 내려오므로 공기가 압축되고 작동유가 충전되며, 압력계통 압력과 공기 압력이 같아져서 평형이 된다.

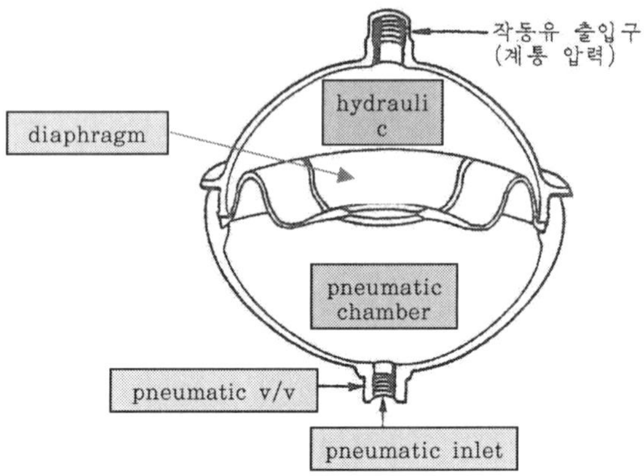

그림 2-6 다이어프램형 축압기

일부 항공기의 축압기에는 축압기 옆면에 압력계기를 장착하여 작동유의 압력과 축압기의 공기압을 동시에 읽을 수 있게 한다.

(2) 블래더형

블래더형 축압기는 다이어프램형 축압기와 원리는 같으나, 그림 2-7과 같이 한 개의 금속제의 둥근 통 및 합성 고무제의 블래더(bladder)로 구성되어 있다.

위쪽에는 작동유 출입구, 아래쪽에는 공기밸브가 있고, 블래더의 중앙에는 금속제 디스크가 설치되어 있어서 공기 압력이 블래더를 유압계통의 출구로 밀어 내는 것을 방지한다.

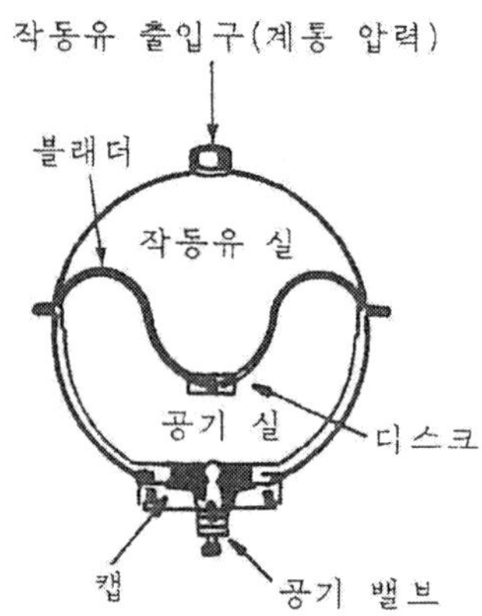

그림 2-7 블래더형 축압기

(3) 피스톤형

그림 2-8과 같이, 실린더 안에 피스톤(piston)이 있어 공기실(pneumatic chamber)과 작동유실(hydraulic chamber)을 서로 분리하고, 피스톤과 실린더 벽 사이에는 누설을 방지하기 위한 두 개의 실(seal)이 있다. 또, 두 개의 실(seal) 사이의 윤활을 위하여 작동유의 유로가 있으며, 공기 압력과 유압이 균형을 이루는 위치에서 피스톤은 평형이 된다.

이 형식은 공간을 작게 차지하고, 구조가 튼튼하기 때문에 오늘날의 항공기에 많이 사용되고 있다.

유압계통 구성품의 내압시험은 운용동작중의 각 부품이 받는 최대압력의 1.5배로 하는데 이는 동작시 변형이 일어나지 않고 하중에 파괴되지 않게 하기 위함이다.

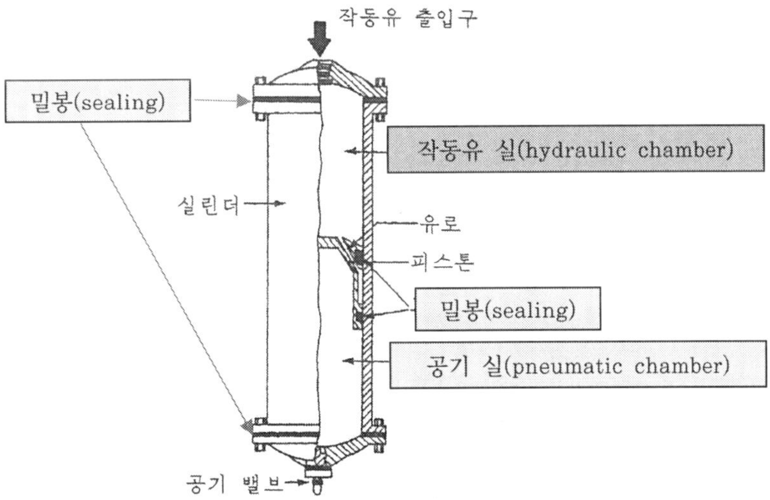

그림 2-8 피스톤형 축압기

복습문제

1. 유압계통에서 계기가 유압을 0*psi*로 지시하고 있다. 먼저 축압기에 공기압 1,000 *psi*를 주입했다. 그 후, 유압을 3,000*psi*로 했다면 축압기의 압력은 얼마인가?

[해]

2. 피스톤형 축압기의 밀봉장치에서 개스킷(gasket)과 팩킹(packing)을 구분하시오.

3. 위 축압기가 3,000*psi*로 동작하면 축압기의 내압시험시 견뎌야하는 압력은?

3. 여과기(filter)

유압 작동유에 있어서 가장 중요한 조건 중의 한 가지는 청결 정도이다. 작동유의 흐름에서는 선택 밸브나 펌프 등의 마모에 의하여 작은 금속가루가 생긴다. 이 같은 금속가루는 여과기로 여과하지 않으면 구성 부품을 손상시키거나 작동불량을 초래할 수 있다.

여과기는 레저버 내부, 압력관, 귀환관 및 그 밖의 계통을 보호하기 위하여 필요한 모든 장소에 설치한다. 여과의 능력은 마이크론으로 나타낸다.

여과기는 쿠노형 여과기(Cuno filter)와 마이크론형 여과기(micron filter)가 있다. 쿠노형 여과기는 그림 2-9와 같이 수십 장의 편심 원판으로 구성되어, 원판은 스페이서에 의하여 서로 일정한 간격으로 유지되고 회전 가능한 중심축 또는 스핀들(spindle)에 장치되어 있다.

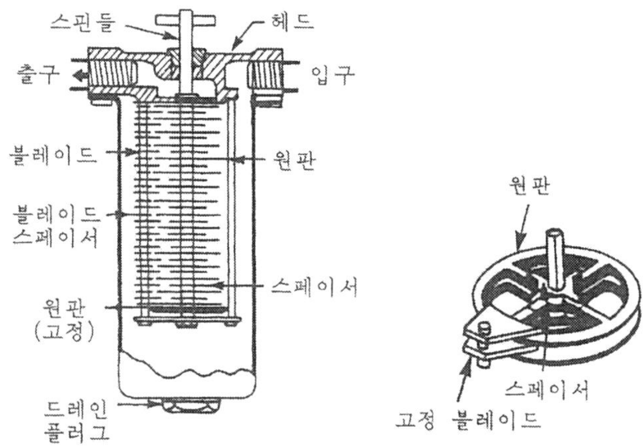

그림 2-9 Cuno 필터

그리고 여러 개의 고정 블레이드는 원판 사이에 장착되어 있다. 작동유는 입구에서 하우징으로 들어가고, 원판의 극간을 통해 내측으로 밀려들어가며, 원판 사이의 이물질은 고정 블레이드에 의하여 하우징 밑으로 쌓인다.

쿠노형 여과기는 하우징 밑에 쌓여 이물질이 분리될 수 있도록 하여 세척을 계통 작동 중에 할 수 있으며, 이 때 계통에서 떼어 낼 필요는 없다. 이것이 완전히 막히게 되는 경우를 대비하여, 대부분의 쿠노형 여과기는 스프링 부하의 볼형(ball type)의 밸브를 입구와 출구 사이에 설치한다. 이 밸브를 바이패스 릴리프 밸브(bypass relief valve)라 한다. 유압계통에서는 필터가 막히면 작동유의 흐름이 멈추어서 중대한 결함을 초래할 우려가 있으므로 작동유가 흐르지 않는 것 보다는 더러워진 작동유라도 흐르는 것이 좋으므로 필터가 막혔을 때, 압력상승에 의해 자동적으로 바이패스 밸브가 열려 필터를 바이패스하여 필요한 작동압력을 확보하도록 되어 있다. 그러나 이 상태에서 장시간 사용하는 것이 좋지 않으므로 바이패스 밸브가 열리면 기계적 혹은 전기적으로 경보를 울리는 장치가 설계되어 있다.

마이크론형 여과기는 최근에 유압 계통용으로 개발된 것으로서, 작동 부품간의 간격이 극히 적고, 압력 저하가 작은 레저버 입구의 귀환관에 장착하는 경우가 많다.

그림 2-10의 여과기 엘리먼트는 면적을 넓게 하기위하여 주름 형상의 특수 처리된 셀룰로이드지로 제작한 것이고, 크기가 10 마이크론 이상의 작은 이물질을 제거할 수 있다.

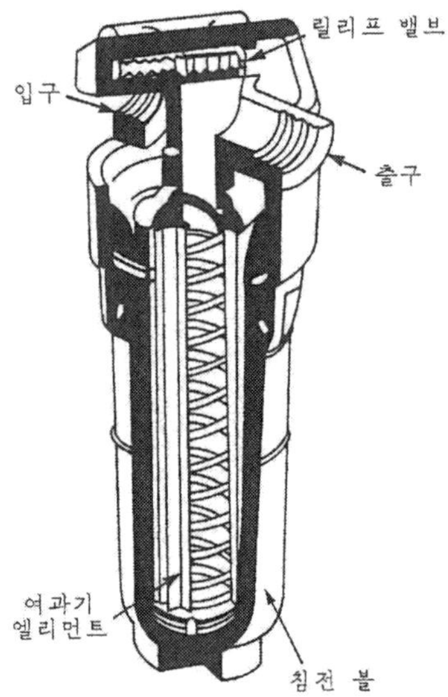

그림 2-10 마이크론형 필터

2-4-3 작동유 공급펌프

유압 펌프(hydraulic pump)는 기계적 에너지를 유압 에너지로 바꾸는 것으로서, 유체에 압력을 가하는 장치이다. 펌프에는 동력펌프와 수동펌프가 있는데, 동력펌프는 기관, 공기 터빈, 전동기 및 유압 모터에 의하여 구동된다.

유압펌프는 크게 강제식 펌프와 비강제식 펌프로 나눈다. 강제식 펌프는 동작이 한 주기(one cycle)가 되면 일정한 양의 유체가 유압장치로 밀려들어가게 하는 것이고, 비강제식 펌프는 원심식 펌프와 같이 회전하면서 일정한 유량을 일정한 압력 사이에서 흐르게 한다.

1. 동력 펌프

펌프의 종류에는 기어(gear)형, 지로터(gerotor)형, 베인(vane)형, 피스톤

(piston)형 등이 있다. 105kg/cm²(1500*psi*) 이내의 압력에서는 기어형이 이용되고, 210kg/cm²(3,000*psi*) 이내의 고압이 필요한 유압 계통에서는 피스톤 펌프가 이용된다.

[형식에 의한 분류]

(1) 기어(gear)형 펌프

기어형 펌프는 두 개의 기어가 맞물려 회전하는 것으로, 한 개의 기어는 기관의 구동부에 연결되어 회전하고, 다른 한 개의 기어는 구동기어와 맞물려 회전한다.

그림 2-11과 같이, 기어가 회전하면 흡입구 쪽에는 체적이 증가되어 압력이 낮아지므로 작동유가 빨려 들어오고, 반대쪽 배출구에서는 체적이 감소되므로 작동유가 밀려 나가게 된다.

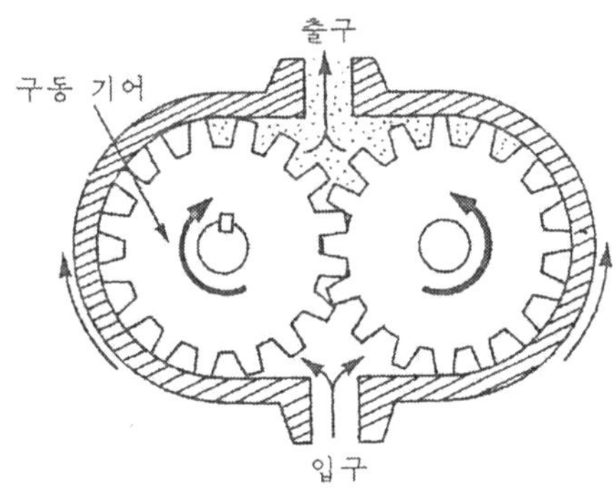

그림 2-11 기어형 펌프

(2) 지로터(gerotor)형 펌프

지로터형 펌프는 그림 2-12와 같이, 편심된 고정 라이너와 안쪽의 라이너, 밀착된 5개의 넓은 이를 가진 안쪽 구동 기어 및 출구와 입구에 연결된 반달 모양의 통로가 있는 커버로 구성되어 있다. 구동축에 의하여 안쪽 구동기어가 시계 방향으로 회전하면 바깥쪽 기어가 따라서 돌게 된다.

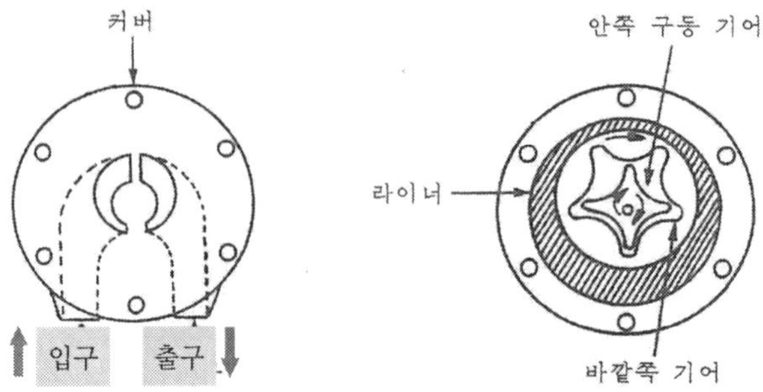

그림 2-12 gerotor형 펌프

이와 같이 두 개의 기어가 회전하면 왼쪽에서는 기어의 이빨들 사이가 넓어지므로 작동유를 흡입하게 되고, 오른쪽에서는 기어의 이빨 사이가 좁아지므로 작동유가 압축되어 배출한다.

(3) 베인(vane)형 펌프

베인형 펌프는 원통형 케이싱 안에 편심된 로터가 들어 있으며, 로터에는 홈이 있고, 홈 속에는 판 모양의 베인이 삽입되어 자유로이 출입하게 되어 있다.

작동 원리는 그림 2-13에 나타낸 바와 같이, 로터의 회전에 의한 원심작용으로 베인은 케이싱의 안벽과 밀착된 상태가 되므로 밀봉이 유지된다. 반지름 방향의 홈이 있는 로터가 캠 링 내에서 회전하게 되면 홈 내의 베인이 캠 링에 접촉하여 회전하게 된다.

처음 반회전하는 동안에는 로터와 캠 링 사이의 체적이 증가하므로 압력이 낮아져서 작동유가 흡입되고, 나머지 반회전하는 동안은 캡 링의 표면이 베인 슬롯안으로 들어가게 하여 체적이 감소되므로 작동유가 밀려 나가게 된다.

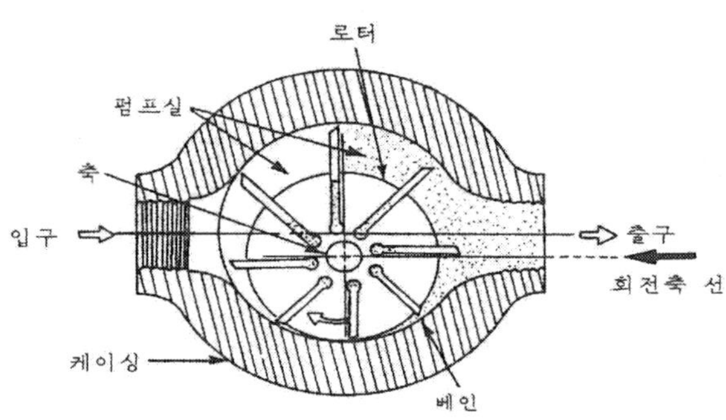

그림 2-13 vane형 펌프

(4) 피스톤(piston)형 펌프

피스톤형 펌프는 피스톤이 실린더 내에서 왕복운동으로 펌프작용을 하며, 고속, 고압의 유압장치에 적합하다. 그러나 다른 펌프에 비하여 복잡하고 값이 비싸다. 피스톤 펌프는 고정 체적형과 가변 체적형이 있고, 축 방향 피스톤 펌프와 반지름 방향 피스톤 펌프가 있다. 축 방향 피스톤 펌프는 피스톤이 펌프 축에 평행하게 설치되어 있고, 반지름 방향 피스톤 펌프는 피스톤이 펌프축에 직각으로, 즉 반지름 방향으로 배열되어 있다.

고압의 실(seal)에는 O링의 한 쪽 또는 양쪽에 테플론으로 만든 백업 링(backup ring)을 사용하여 O링이 밀려 나오는 것을 방지하고 O링의 수명을 연장한다. 압력이 O링의 한 쪽에만 걸리는 경우, 백업 링은 O링의 출구 쪽, 즉 저압측에 사용한다. O링은 1,500psi 이상의 압력에서는 찌그러지므로 이를 방지하기 위해 백업 링을 사용한다.

① 축 방향 피스톤 펌프

축 방향 피스톤 펌프에는 인라인형(inline type)과 경사축형(inclined shaft)의 두 가지가 있다. 피스톤은 그림 2-14와 같이 경사판에 연결되어 회전한다. 경사판은 전후 방향으로 경사 각도를 변화시킬 수 있게 되어 있다.

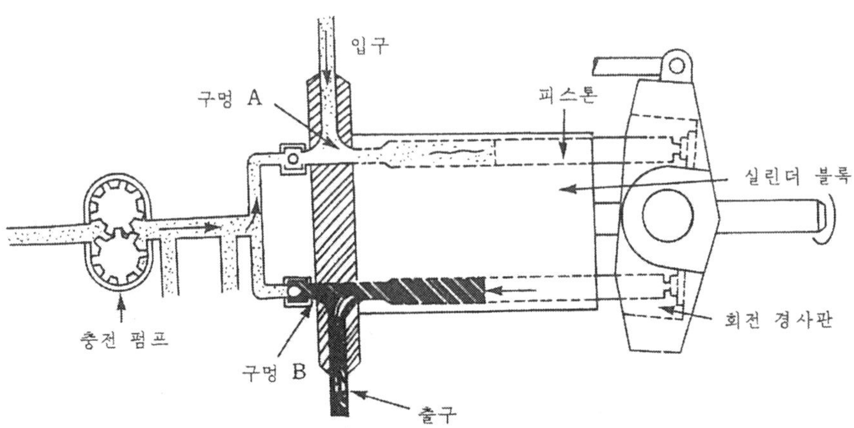

그림 2-14 축방향 piston형 펌프

또, 이것은 피벗을 통하여 설치되어 있으며, 서보 장치에 의해 자동적으로 제어

되기도 한다. 실린더 블록을 회전시키면 피스톤이 구멍 A의 위치에 있을 때 흡입하게 되고, 구멍 B의 위치에 있을 때 배출하게 된다.

그림 2-15의 (a)는 경사진 회전판을 가변으로 했을 때 위치를 고정시킨 경우로서, 용량이 일정한 경우를 나타낸 것이다. 그림 (b)는 실린더 블록이 고정되어 있고, 피스톤에 접촉되어 있는 경사판 블록을 회전시키는 펌프를 나타낸 것이다. 첵밸브는 피스톤이 작동유를 압축할 때까지 배출구로 흐르지 못하게 된다.

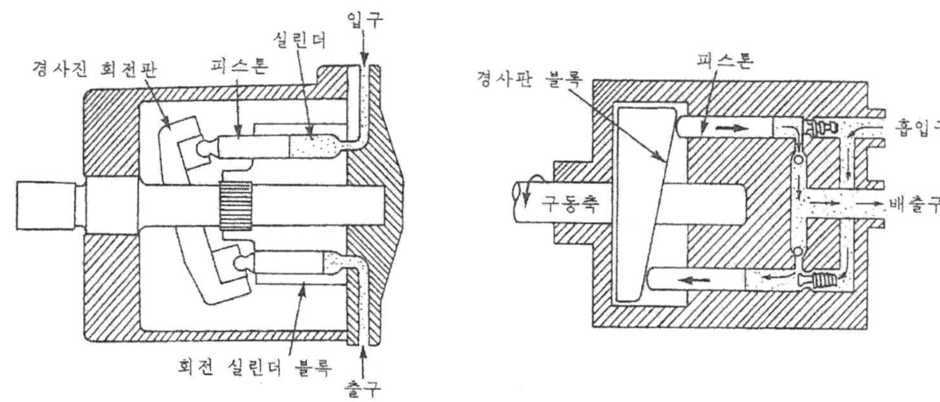

(a) (b)

그림 2-15 일정 용량식 축방향 피스톤 펌프

그림 2-16은 경사축 형 피스톤 펌프를 나타낸 것으로, 회전 구동장치와 실린더 블록이 펌프 하우징 내에서 동시에 회전하면서 피스톤이 왕복운동을 한다.

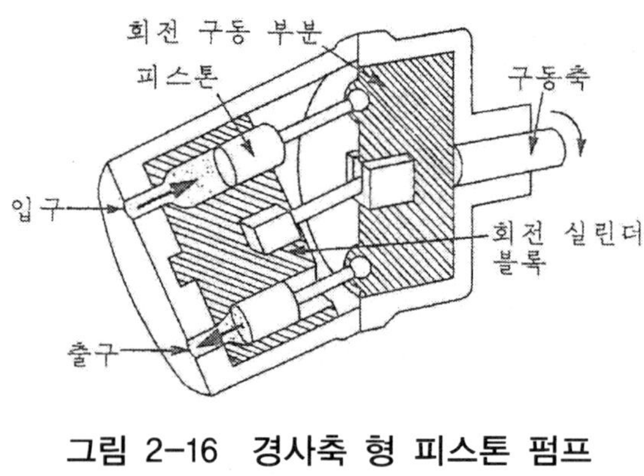

그림 2-16 경사축 형 피스톤 펌프

② 반지름 방향 피스톤 펌프

이 펌프는 구조가 가장 복잡한 펌프로서 정교하게 설계되어 있고, 높은 압력, 대용량, 고속 가변형에 적합하다. 기본 작동은 간단하지만, 밸브와 여러 가지 장치를 가지고 있으며, 다양한 유압 장치에 대한 적응성이 좋다. 반지름 방향 피스톤 펌프에는 회전 캠형과 회전 피스톤형이 있다. 회전 캠형은 피스톤이 고정된 몸체에 부착되어 있으며, 캠이 있는 중심축이 회전하여 이들 피스톤을 작동시킨다. 회전 피스톤은 피스톤이 회전 실린더에 설치되어 있고, 회전 실린더는 바깥 하우징에 오프셋으로 설치되어 있다. 따라서, 실린더가 회전하면 피스톤이 하우징에 따라 움직여서 펌프작용을 하게 된다.

그림 2-17의 (a)는 회전 캠형 피스톤 펌프의 구조를 나타낸 것이다. 보통 4~8개의 피스톤을 두고 있으며, 편심된 캠이 회전하면서 피스톤이 왕복운동을 하여 작동유를 흡입, 배출한다. 피스톤은 캠에 의하여 밖으로 움직일 때 작동유를 배출하고, 스프링의 힘에 의하여 안으로 움직일 때 작동유를 흡입한다.

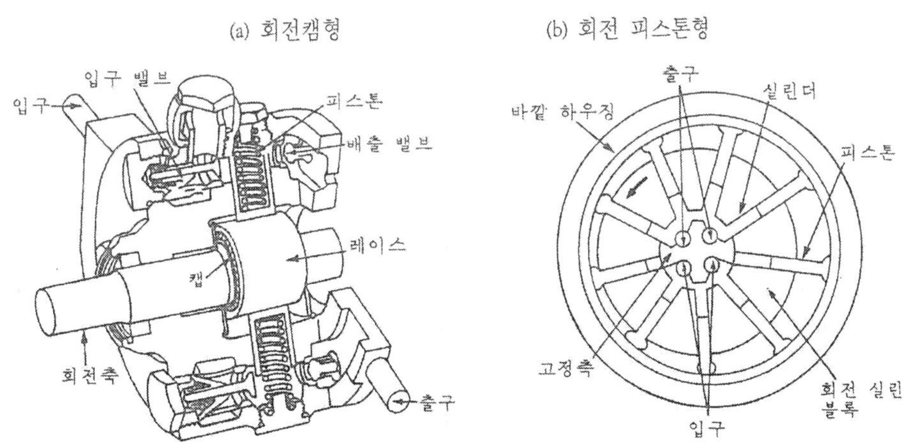

그림 2-17 반지름 방향 피스톤 펌프

그림 (b)는 회전 피스톤형 펌프의 구조를 나타낸 것이다. 피스톤의 모양이나 작동은 베인 펌프와 비슷하다. 편심된 실린더가 회전하면서 바깥 하우징 안쪽의 피스톤이 회전하면서 왕복운동을 하게 된다.

그림 2-18은 가변위 펌프의 작동을 설명한 것이다. 이 형식의 펌프는 고정식

피스톤 펌프와 비슷하지만 실린더 블록과 구동축으로 되어 있다. 피스톤은 고정된 요크(yoke)를 회전시키는 슈(shoe)에 연결되어 있고 요크와 실린더 블록의 각도는 계통의 요구에 따라 펌프의 행정을 증가시키거나 감소시킬 수 있다.

계통에 압력이 낮으면 제어 피스톤(control piston) 스프링의 부하로 인하여 요크가 최대 각으로 된다. 피스톤이 최대각도에서 운동할 때 최대행정을 가지므로 제어 피스톤이 요크를 최저행정 위치로 바꿀 때까지 최대의 압력을 제공해 준다. 요크가 회전행정 위치로 바뀌면 펌프로 소량의 작동유를 흐르게 하여 작동부를 윤활하고 내부 누설을 방지하여 주며 또한 과열을 방지하여 준다. 또한 어떤 펌프는 솔레노이드(solenoid) 작동밸브를 이용하여 계통의 공급을 제어시켜준다.

그림 2-18(a)는 가변위 펌프의 구조를 보여주고 있다.

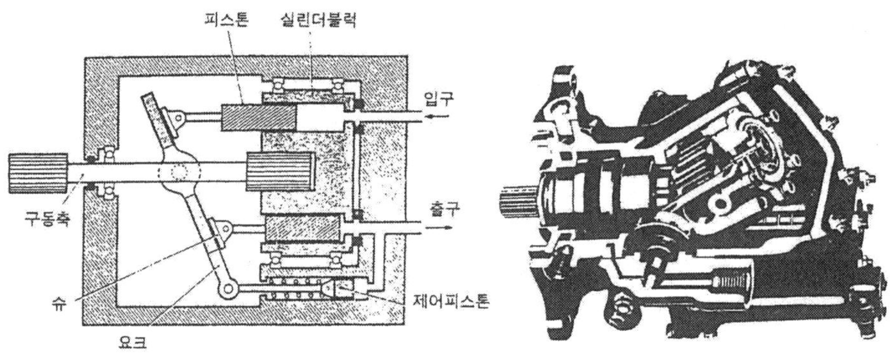

그림 2-18 가변위 펌프의 구조

[방출량에 의한 분류]

유압장치에서는 높은 압력이 요구되기 때문에 강제식 펌프가 주로 사용되며, 강제식 펌프를 체적형 펌프라고도 한다. 체적형 펌프에는 고정형 (일정 용량식)과 가변형(가변 용량식)의 두 가지가 있다. 일정 용량식은 내부에 유량조절 밸브가 있어서 펌프가 한 주기 작동시에 배출되는 유량이 일정하며, 유량을 변화시키려면 펌프의 회전속도를 바꾸어야 한다. 기어형 펌프, 지로터형 펌프, 베인형 펌프가 일정 용량펌프에 속한다.

이에 대하여, 가변 용량식은 계통의 필요에 따라 압력에 맞도록 작동유의 방출량을 변하게 할수 있는 펌프이다. 작동 중에 속도를 바꾸지 않더라도 행정을 조절하여 유량을 바꿀 수 있다. 피스톤형 펌프는 가변 용량펌프로서 현대 항공기에 일반적으로 사용되고 있다.

1. 수동 펌프

수동 펌프는 재래식 또는 현재 일부 항공기에서 동력펌프가 고장났을 때 비상용으로, 또는 유압계통을 지상에서 점검할 때 사용한다. 현재 일부 항공기에서는 작동유를 보급할 때 가압하여 공급해야 하므로 수동펌프가 사용되고 있다.

수동 펌프의 형식은 왕복 피스톤형으로, 1회 왕복에 두 번씩 배출하는 더블 엑팅(double acting)식이 있는데, 대부분 더블 엑팅식이 많이 쓰이고 있다.

(1) 싱글 엑팅식

싱글 엑팅식 수동 펌프는 그림 2-19와 같이, 핸들을 오른쪽으로 움직이면 실린더 안에는 저압이 되어 레저버로부터 작동유가 흡입 첵 밸브(check valve)를 통하여 흡입된다. 다시 핸들을 왼쪽으로 움직이면 실린더 내의 작동유는 압축되어 배출 첵 밸브를 통하여 계통으로 공급된다. 첵 밸브는 뒤에 설명하지만 한쪽 방향으로만 작동유의 흐름을 형성한다.

벤트는 공기가 자유롭게 드나들게 하는 구멍으로서, 피스톤 후방의 공기가 압축되거나 저압으로 되는 것을 방지한다.

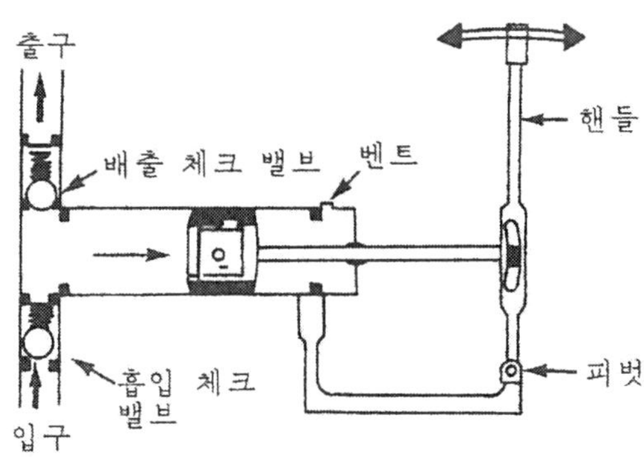

그림 2-19 싱글 엑팅식 수동 펌프

(2) 더블 엑팅식

더블 엑팅식 수동펌프는 그림 2-20에 나타낸 바와 같이, 피스톤이 오른쪽으로 움직이면 피스톤의 왼쪽 실린더에는 저압이 형성되어 1번 첵 밸브가 열려서 작동유가 흡입되고, 동시에 피스톤의 오른쪽 실린더 안의 작동유가 가압되어 4번 첵 밸브를 열고 계통으로 공급된다.

피스톤이 왼쪽으로 움직일 때에는 같은 방법으로 2번과 3번 첵 밸브를 통하여 작동유를 흡입, 배출시킨다. 따라서 피스톤의 두 행정 모두에 대하여 흡입과 배출이 동시에 일어난다.

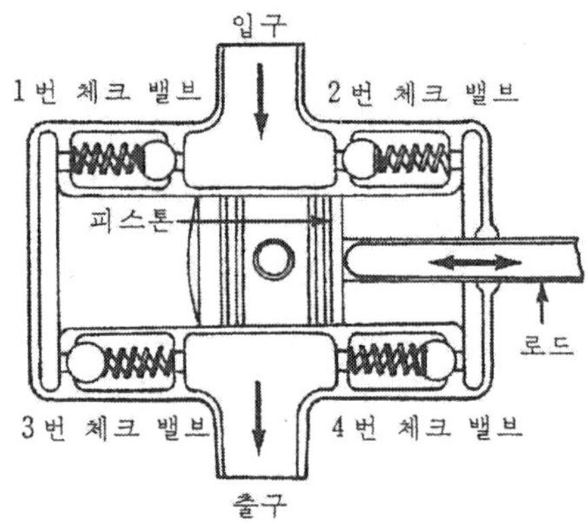

그림 2-20 더블 엑팅식 수동펌프

2-4-4 작동유 제어밸브

작동유 압력펌프에 의하여 가압된 작동유를 작동기에 공급하기 위해서는 작동유의 흐름방향과 작동유량의 제어뿐만 아니라 작동유의 압력을 제어하는 밸브가 사용된다. 이러한 목적에 사용되는 밸브는 방향제어 밸브, 유량제어 밸브 및 압력제어 밸브로 나눠진다.

[방향제어 밸브]

작동유를 유압 장치에 공급하기 위해서는 작동유의 흐름 방향을 제어해야 한다. 흐름 방향 제어 장치에는 유로를 선택하는 선택 밸브(selector valve), 유로의 흐름을 한 방향으로만 흐르도록 하는 첵 밸브(check valve), 유로의 흐름의 우선순위를 정하여 순서대로 흐르게 하는 시퀀스 밸브(sequence valve), 필요에 따라 유로를 연결시키는 바이패스(bypass) 밸브와 정상 유압 계통에 고장이 생겼을 때 비상 계통을 분리, 사용할 수 있도록 하는 셔틀(shuttle) 밸브 등이 있다.

1. 선택(selector) 밸브

선택 밸브는 작동 실린더의 운동 방향을 결정하는 밸브로서, 중앙 열림 계통은 선택 밸브 중립 위치에 있을 때 펌프에서 공급되는 작동유가 곧바로 레저버로 귀환되도록 함으로써 펌프가 무부하 상태에 놓이게 한다. 중앙 닫힘 계통은 선택 밸브가 중립 위치에 있을 때, 펌프 쪽의 통로와 귀환관 쪽의 통로가 모두 막혀 펌프에서 공급되는 작동유는 압력 조절기나 릴리프 밸브를 통해서만 레저버로 귀환되므로, 계통의 압력은 일정한 압력하에 있게 된다.

선택 밸브에는 기계적으로 작동되는 밸브와 전기적으로 작동되는 밸브가 있다. 기계적으로 작동되는 밸브에는 회전형, 포핏형, 스풀형(피스톤형 및 플런저형) 등이 있다. 그림 2-21은 회전형 선택 밸브로 서로 반대되는 두 가지의 위치를 나타낸 것이다.

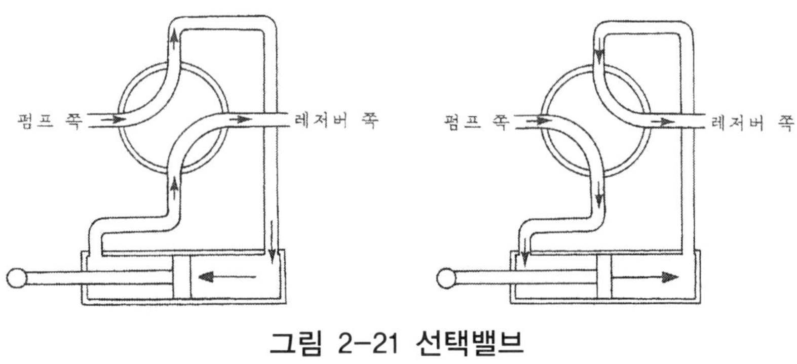

그림 2-21 선택밸브

피스톤형 선택 밸브는 피스톤의 위치에 의하여 유로의 방향이 바뀌게 된다. 그림 2-22의 (a)는 통로가 모두 차단되어 있는 중립 위치이고, 그림 (b)는 유로가 A에서 B로 움직이는 위치이며, 그림 (c)는 유로가 B에서 A로 움직이는 위치이다.

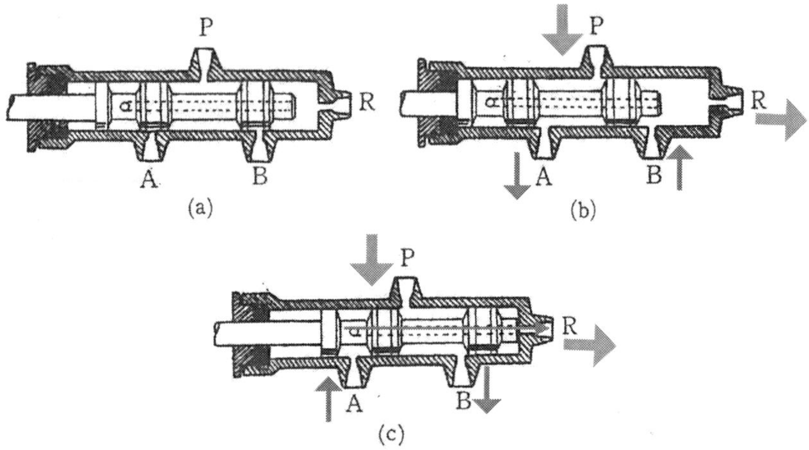

그림 2-22 피스톤형 선택 밸브

포핏형 선택 밸브는 포핏이 캠에 의하여 작동되어 유로의 방향을 바뀌게 한다. 그림 2-23의 (a)와 같이, 캠 2개가 작동되면 포핏 2가 열려서 작동유는 작동 실린더에 공급되어 착륙 장치 올림 방향으로 작동하며, 핸들을 중립 위치로 하면 모든 포핏은 닫히고 작동유는 흐르지 않는다. 그림 (b)와 같이, 캠 1에 작동하면 포핏 1이 열려서 작동유는 작동 실린더에 공급되어 착륙장치를 내려가게 한다.

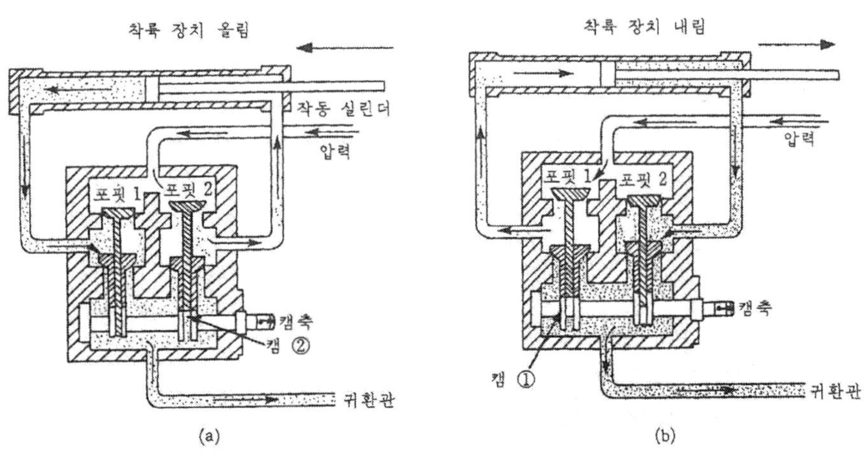

그림 2-23 포핏형 선택 밸브

2. 첵(check) 밸브

첵 밸브는 한쪽 방향으로만 작동유의 흐름을 허용하고, 반대 방향의 흐름은 차단하는 밸브이다.

그림 2-24는 첵 밸브의 구조를 나타낸 것이며, 포핏은 스프링의 장력에 의하여 시트에 눌려 있다. 스프링의 장력이 매우 작기 때문에 입구 쪽에서 출구 쪽으로는 유체가 자유롭게 흐르지만, 반대 방향으로는 흐르지 못한다.

첵 밸브에는 인라인형, 앵글형 및 수동 조작형이 있다.

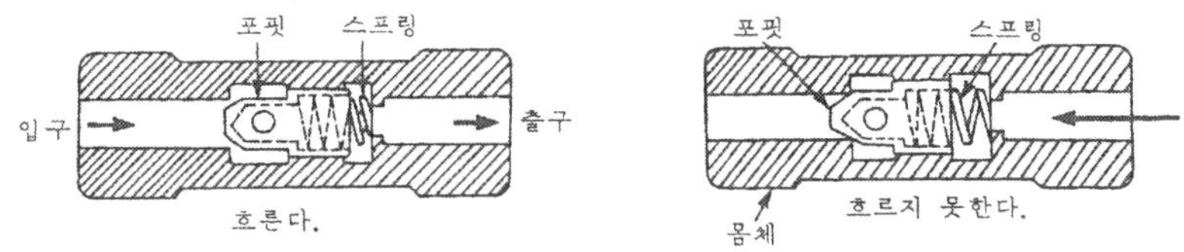

그림 2-24 첵(check) 밸브

3. 셔틀(shuttle) 밸브

셔틀 밸브는 정상 유압계통에 고장이 생겼을 때 비상계통을 사용할 수 있도록 하는 밸브이다. 그림 2-25의 (a)와 같이, 계통 내의 유압이 정상일 때에는 작동유가 정상 유압계통으로부터 입구 a로 들어와서 b를 통하여 작동기로 공급된다.

정상 유압계통에 고장이 발생하여 계통 내의 유압이 낮아지면, 그림 (b)와 같이 입구 c에 연결된 비상용 유압이나 공기압에 의하여 셔틀이 왼쪽으로 밀린다. 따라서 밸브는 정상 계통 입구 a를 막고, 비상계통의 유압이나 공기압이 출구 b를 통하여 계통에 공급된다.

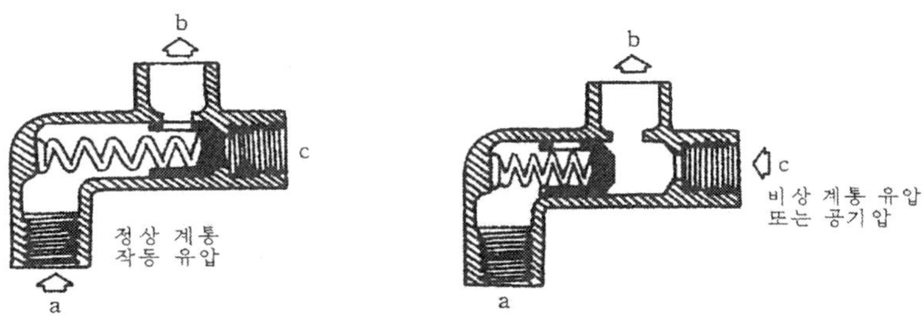

그림 2-25 셔틀(shuttle) 밸브

4. 시퀀스 밸브(sequence)

시퀀스 밸브는 착륙장치, 도어 등과 같이, 두 개 이상의 작동기를 정해진 순서에 따라 작동되도록 유압을 공급하기 위한 밸브로서, 타이밍 밸브라고도 한다. 한 작동기의 작동이 끝난 다음에 다른 작동기가 작동되도록 한다.

그림 2-26과 같이, 선택 밸브를 착륙 장치 올림 위치에 놓으면 유압은 시퀀스 밸브 A에 작용한다. 시퀀스 밸브 A는 닫힘 상태이고, 도어 작동 실린더에는 작동유가 흐르지 않는다. 오리피스 첵 밸브를 통해 착륙장치는 올림 위치가 되면서 플런저 1을 누르면 시퀀스 밸브 A가 열려 도어 작동 실린더로 작동유가 유입되어 도어가 닫힌다.

이 때, 착륙장치 작동실린더에서 밀려나온 작동유는 시퀀스 밸브 B를 통해 귀환관을 거쳐 레저버로 간다. 선택 밸브를 착륙장치 내림 위치에 놓으면 시퀀스 밸브 B는 작동되지 않지만, 도어 작동 실린더가 열림 위치로 이동한다. 도어 작동 실린더가 플런저 2를 누르게 되면 시퀀스 밸브 B가 열려 착륙장치 작동실린더가 내림 위치로 작동하게 되며, 작동유는 시퀀스 밸브 A와 오리피스 첵 밸브를 통해 귀환관으로 흐르게 된다.

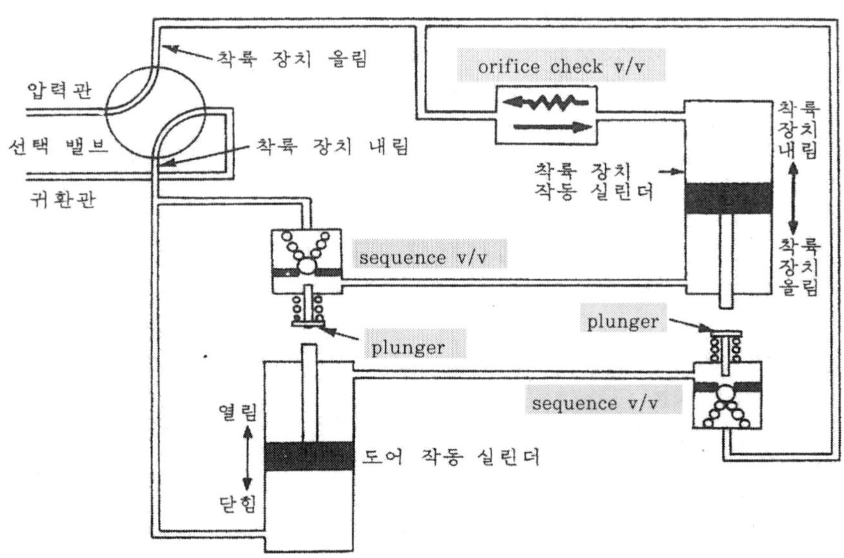

그림 2-26 시퀀스 밸브 및 활용

[유량제어 밸브]

유량 제어장치는 작동유의 과도한 흐름을 제한하여 흐름을 일정하게 하고, 기기를 손상시킬 염려가 있을 때에는 흐름을 차단하는 장치이다. 유량 제어장치에는 두 개의 실린더 작동을 일치시키기 위한 흐름 평형기(flow equalizer), 작동기의 운동 속도를 일정하게 하기 위한 흐름 조절기(flow regulator), 유압관이 터졌거나 기기의 실이 손상되어 작동유가 새어 나가는 것을 방지하기 위한 유압 퓨즈, 흐름을 제한하는 오리피스, 유압 기기를 장탈하고 장착할 때 작동유가 손실되는 것을 방지하기 위한 유압관 분리 밸브(hydraulic line disconnect valve) 등이 있다.

1. 오리피스(orifice)

오리피스는 흐름률을 제한하므로 흐름 제한기라고도 한다. 이것은 그림 2-27의 (a)와 같은 고정식과 그림 (b)와 같은 가변식이 있는데, 가변식은 니들 밸브로 조절하여 유로의 크기를 조절한다.

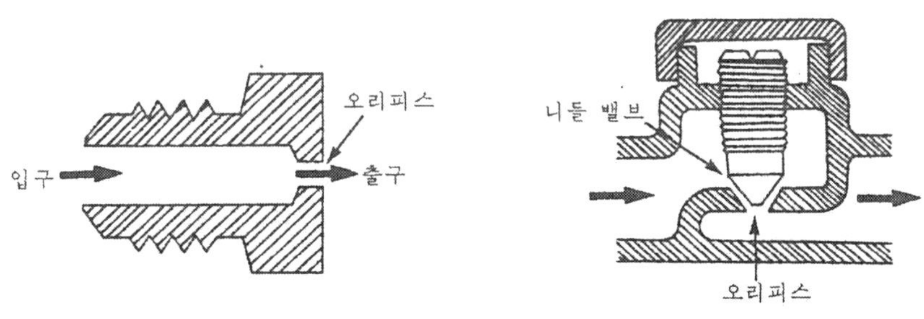

그림 2-27 오리피스(orifice)

2. 오리피스 첵 밸브

오리피스 첵 밸브는 오리피스와 첵 밸브의 기능을 합한 것인데, 한 방향으로는 정상적으로 작동유가 흐르도록 하고, 다른 방향으로는 흐름을 제한한다.

그림 2-28의 (a)와 같이, 작동유가 왼쪽에서 오른쪽으로 흐를 때에는 밸브가 열려 정상적으로 흐르고, 오른쪽에서 왼쪽으로 흐를 때에는 오리피스를 통하여 흐름

을 제한한다.

그림 (b)와 같이, 착륙장치 계통에 이 밸브가 장착되어 착륙장치를 올릴 때에는 작동유를 자유롭게 흐르도록 하여 빨리 올라가게 한다. 내릴 때에는 작동유가 오리피스를 통과하여 착륙 장치가 천천히 내려가게 함으로써 자유낙하에 의한 내림 속도를 제한하여 내림 스토퍼의 손상을 방지한다.

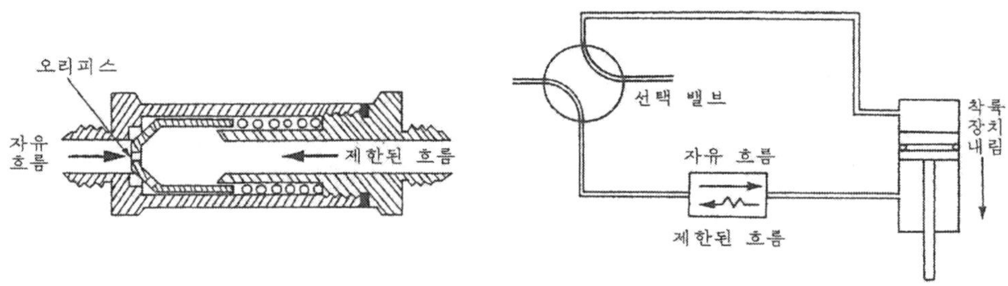

(a) 오리피스 체크 밸브

(b) 착륙 장치 조작 계통에 장착된 오리피스 체크 밸브

그림 2-28 오리피스 첵 밸브

3. 미터링 첵 밸브

미터링 첵 밸브의 기능과 목적은 오리피스 첵 밸브와 같으나, 오리피스 첵 밸브는 유량을 조절할 수 없지만, 이 밸브는 유량을 조절할 수 있다.

그림 2-29와 같이, 작동유가 B에서 A로 흐를 때에는 볼을 밀치고 자유롭게 흐르지만, 흐름이 반대 방향일 때에는 미터링 핀에 의하여 조금 열려진 통로를 통하여 제한된 양이 흐르게 된다. 조절 나사로 미터링 핀의 길이를 조절하면 유량이 조절된다.

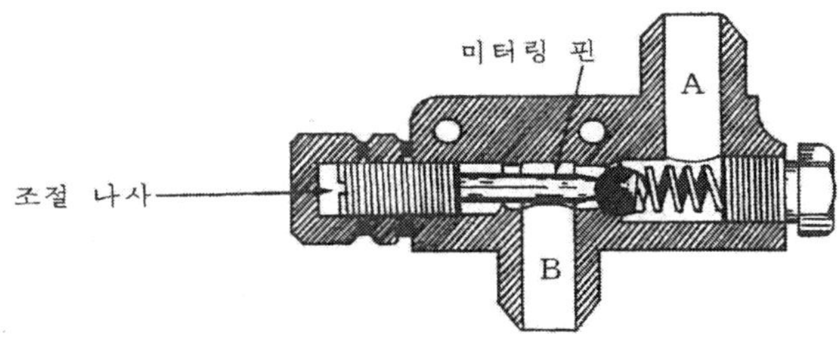

그림 2-29 미터링 첵 밸브

4. 수동 첵 밸브

수동 첵 밸브는 그림 2-30과 같이 정상 시에는 첵 밸브의 역할을 하지만, 필요할 때에는 수동으로 핸들을 조작하여 양쪽 방향으로 작동유가 흐르도록 하는 밸브이다. 정상 작동 중에는 양쪽 방향으로 자유롭게 흐르도록 하지만, 필요에 따라 첵 밸브 역할을 하기도 한다.

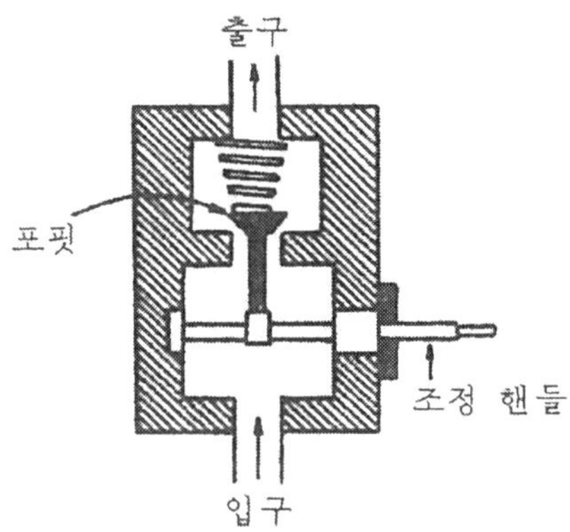

그림 2-30 수동 첵 밸브

5. 흐름 평형기(flow equalizer)

흐름 평형기는 2개의 작동기가 동일하게 움직이게 하기 위하여 작동기에 공급되거나, 작동기로부터 귀환되는 작동유의 유량을 같게 하는 장치이다.

그림 2-31과 같이, 작동유가 선택 밸브로부터 입구 c로 들어와서 플러그 d를 밀어내려 슬리브 b에 있는 두 개의 오리피스가 열린다. 그러면 작동유는 두 통로 a와 e로 나누어져 흐른다. 작동유는 두 개의 첵 밸브 g 및 o와 미터링 그루브(metering groove) n에 의하여 두 출구 i와 m을 통하여 작동기로 공급된다. 이 때, 출구 i에 연결된 작동기가 출구 m에 연결된 작동기보다 빠르게 움직인다면, 통로 e를 통하여 흐르는 유량은 통로 a를 통하여 흐르는 것보다 많아지게 되므로 압력의 낙차가 커진다. 따라서, 통로 a의 압력은 통로 e보다 높게 된다. 이와 같이 압력차 때문에 자유 부동 미터링 피스톤 k가 왼쪽으로 밀려서 피스톤 받침 h와 미터링 그루브 j 사이의 통로를 좁게 하여 출구 i를 흐르는 유량을 제한한다.

그리고 l과 n 사이의 통로는 넓게 하여 출구 m으로 흐르는 유량을 증가하게 함으로써 두 흐름의 유량이 같아지도록 한다.

이와 반대로, 2개의 작동기로부터 작동유를 귀환시킬 때에는 그림 2-31과 같이, 작동유가 작동기와 연결된 통로 i와 m을 통과하고, 내부 통로를 통하여 자유부동 미터링 피스톤 k안의 결합 첵 밸브 f와 p를 연다. 이들 첵 밸브가 열리면 작동유는 통로 a와 e를 지나 슬리브 b의 오리피스를 통하여 합쳐져서 선택 밸브를 지나 레저버로 귀환된다. 이 때, 통로 i에 연결된 작동기가 더 빨리 움직인다면 통로 e를 통하여 흐르는 작동유의 유량은 많아지게 된다. 따라서, 증가된 유량은 오리피스에서 제한되어 통로 e의 압력이 증가되므로, 자유 부동 미터링 피스톤 k는 오른쪽으로 밀려 미터링 그루브 j와 피스톤 받침 h 사이의 흐름이 제함됨으로써 양쪽의 유량이 같아지도록 한다.

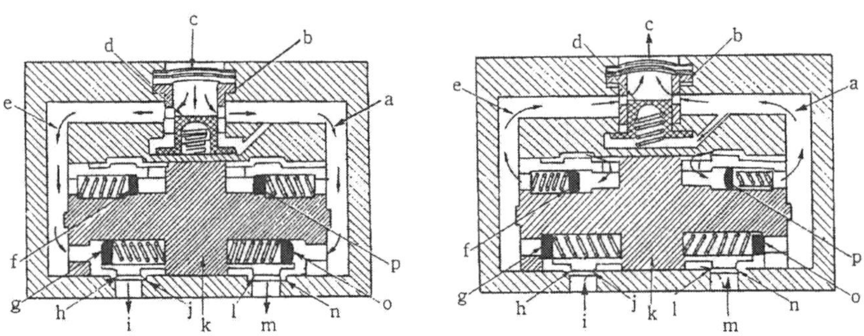

그림 2-31 흐름 평형기(flow equalizer)

6. 흐름 조절기(flow regulator)

흐름 조절기는 흐름 제어 밸브(flow control valve)라고도 하며, 계통의 압력 변화에 관계없이 작동유의 흐름을 일정하게 유지시키는 장치이다. 이 조절기는 유압 모터의 회전수를 일정하게 하거나, 앞 착륙 장치 스티어링, 카울 플랩, 윙 플랩 등을 일정한 속도록 작동하게 한다. 그리고 승강키, 방향키, 서보 실린더 등에 공급되는 작동유의 급격한 흐름의 변화를 방지하는데 사용된다.

그림 2-32와 같이, 선택 밸브를 작동시키면, 작동유는 입구로 들어와서 피스톤의 헤드에 있는 오리피스를 통과한 다음, 피스톤의 옆에 있는 슬롯을 통하여 출구

로 나간다. 만일, 작동유의 흐름이 규정값보다 증가한다면, 오리피스를 통과하는 작동유의 저항이 증가하여 오리피스 앞뒤의 압력차가 커지기 때문에, 피스톤은 스프링을 압축하면서 오른쪽으로 움직인다. 피스톤이 오른쪽으로 움직이면, 피스톤의 슬롯은 조절기 몸체에 있는 구멍과 일직선이 되지 못하고 좁아지기 때문에 흐름이 감소하여 일정한 흐름율을 유지하게 된다. 작동기의 운동에 대한 저항이 감소하게 되면 작동기의 운동 속도가 커지므로 흐름이 증가하게 되어 앞 설명과 같이 된다. 그러므로 흐름 조절기는 계통 압력이나 작동기의 운동에 대한 저항에 관계없이 언제나 일정한 흐름을 유지하여 작동기의 작동 속도를 일정하게 한다.

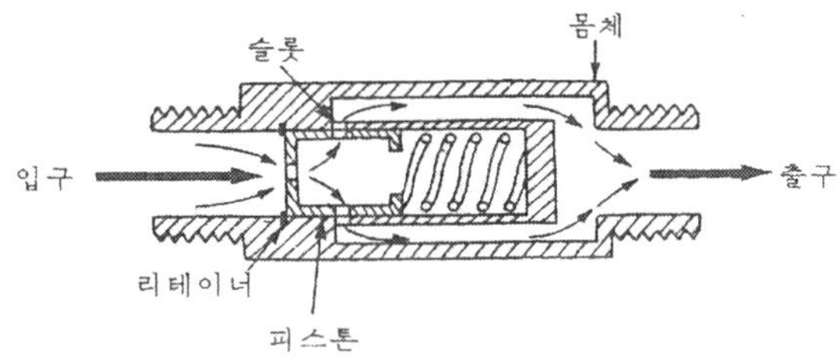

그림 2-32 흐름 조절기(flow regulator)

7. 유압 퓨즈(hydraulic fuse)

유압 퓨즈는 유압 계통의 관이나 호우즈가 파손되거나 기기 내의 실(seal)에 손상이 생겼을 때 과도한 누설을 방지하기 위한 장치이다. 계통이 정상적일 때에는 작동유를 흐르게 하지만, 누설로 인하여 규정보다 많은 작동유가 통과할 때에는 입구와 출구의 압력차가 발생하여 밸브가 흐름을 차단하기 때문에 작동유의 과도한 손실을 막는다.

유압 퓨즈의 정상 흐름 상태는 그림 2-33의 (a)와 같이, 작동유가 입구를 통하여 밸브의 중앙으로 들어가 슬리브를 밀고 출구로 나간다. 이 때, 블록은 작은 오리피스를 통하여 들어오는 작동유에 의하여 오른쪽으로 천천히 움직여 통로를 막는다. 따라서, 정상 흐름 상태에서는 피스톤이 통로를 막기 전에 작동기의 작동이 완료되어야 한다. 유압 퓨즈의 퓨즈 상태는 그림 (b)와 같이 계통의 누설로 인하여 정상보다 더 많은 작동유가 흐르게 되면, 피스톤은 계속 오른쪽으로 밀려서 통로를 막으므로 작동유의 흐름이 차단된다.

유압 퓨즈를 통과하는 허용 유량은 오리피스의 크기로 결정된다. 이 때, 오리피스는 퓨즈에서 장탈할 수 없으므로 여러 가지 크기의 오리피스를 가진 퓨즈를 선택하여 사용하며, 퓨즈의 허용 용량은 몸체에 표시되어 있다. 작동기가 반대 방향으로 작동할 때에는 첵 밸브에 의하여 역류가 허용됨으로써 유압 퓨즈의 피스톤은 본래의 위치로 되돌아오게 된다. 따라서, 유압 퓨즈는 선택 밸브의 바로 뒤쪽에 설치해야 한다.

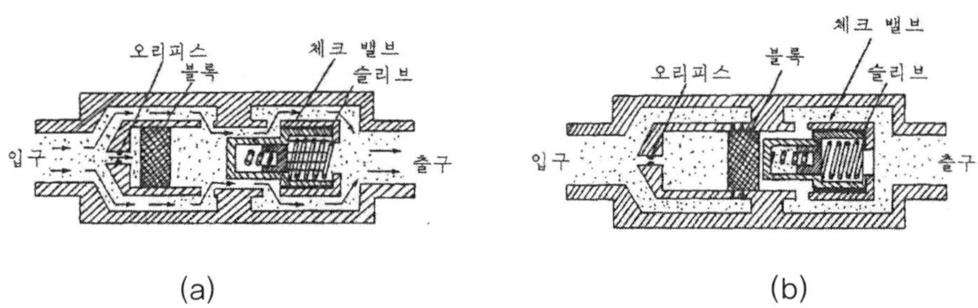

그림 2-33 유압 퓨즈

8. 유압관 분리 밸브(hydraulic disconnect valve)

유압관 분리 밸브는 유압 펌프 및 브레이크 등과 같은 유압 기기를 장탈할 때 작동유가 외부로 유출되는 것을 최소화하기 위하여 유압 기기에 연결된 유압관에 장착한다.

그림 2-34의 (a)와 같이, 유압관이 분리되면 두 스프링의 힘에 의하여 양쪽 포핏이 통로를 막아 작동유가 누설되지 않도록 한다. 그림 (b)와 같이, 유압관을 서로 연결하면 피스톤의 돌출부가 서로 다른 피스톤의 돌출부를 밀어서 압축하여, 양쪽 포핏이 열리게 되어 통로가 형성된다.

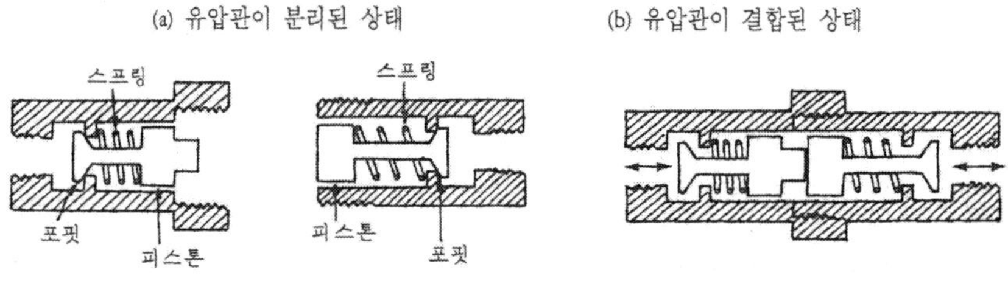

그림 2-34 유압관 분리 밸브

[압력제어 밸브]

일정 용량식 펌프에서 형성된 압력은 기관의 회전수와 계통의 상태에 따라 일정하기가 않다. 따라서 유압 계통은 항상 일정한 압력을 요구하기 때문에, 어느 한계 이상이나 이하가 되지 않도록 압력을 조절해야 한다. 그리고 조절된 유압은 필요한 계통에 직접 공급되기도 하고, 계통의 요구에 따라 감압되기도 한다.

또, 계통 내의 작동유의 온도 변화로 인한 과도한 압력 상승을 제한해야 하고, 계통 중에 포함된 기포를 제거해야 한다. 이와 같은 목적에 쓰이는 장치를 압력 조절기(pressure regulator), 압력 릴리프 밸브(pressure relief valve) 및 제어 장치라 한다.

1. 압력 조절기(pressure regulator)

압력 조절기는 일정 용량식 펌프를 사용하는 유압 계통에 필요한 장치로서, 불규칙한 배출 압력을 규정 범위로 조절하고, 계통에서 압력이 요구되지 않을 때에는 펌프에 부하가 걸리지 않도록 한다.

압력 조절기에는 첵(check) 밸브와 바이패스(bypass) 밸브의 작동에 따라 두 가지 상태인 킥인(kick-in)과 킥아웃(kick-out) 상태가 있다. 정상 압력에서는 바이패스 밸브는 닫혀 있고, 펌프에서 배출되는 유압은 압력관으로 직접 공급된다. 이 때가 킥인(kick-in) 상태로서, 그림 2-35 (a)와 같이 계통의 압력이 규정값보다 낮은 상태이며, 압력관으로 유압을 보내기 위하여 첵 밸브가 열려 있고 귀환관에 연결된 바이패스 밸브가 닫힌 상태이다.

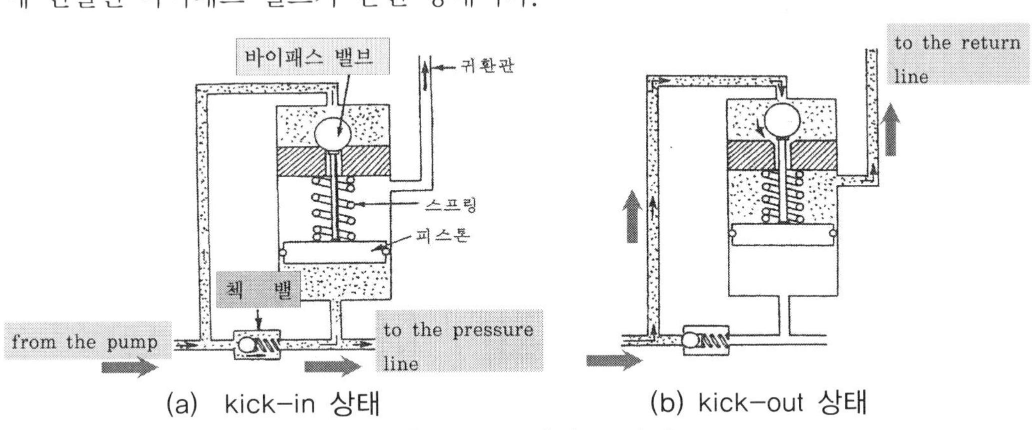

(a) kick-in 상태 (b) kick-out 상태

그림 2-35 압력 조절기

작동유가 유입되어 압력관의 압력이 상승하여 규정값에 도달되면, 그림 (b)와 같이 피스톤에 작용하는 유압이 스프링의 힘을 이겨 바이패스 밸브의 볼을 밀어 올리기 때문에 작동유는 레저버로 귀환된다. 압력 조절기가 이와 같은 상태에 있게 되면, 펌프에서 배출되는 작동유는 계통으로 들어가지 않고 모두 레저버로 귀환되어 펌프에는 부하가 걸리지 않게 된다. 이 때가 킥 아웃(kick-out) 상태로서, 압력계통의 압력으로 첵 밸브는 닫히고 바이패스 밸브가 열려서 작동유는 귀환관을 통하여 레저버로 귀환된다.

이와 같이, 압력 조절기는 경우에 따라 킥인 상태와 킥 아웃 상태가 반복되므로, 계통 내의 작동유압은 두 값들 사이에서 유지된다.

2. 압력 릴리프 밸브(pressure relief valve)

압력 릴리프 밸브는 작동유에 의한 계통 내의 압력을 규정된 값 이하로 제한하는데 사용되는 것으로서, 과도한 압력으로 인하여 계통 내의 관이나 부품이 파손될 수 있는 것을 방지하는 장치이다. 그 종류에는 계통 릴리프 밸브와 온도 릴리프 밸브가 있다.

(1) 계통 릴리프 밸브(system relief valve)

그림 2-36과 같이, 입구가 계통과 연결되어 계통내의 압력이 규정값 이상으로 되는 것을 방지하기 위한 밸브이며, 동력펌프를 가지고 있는 모든 유압 계통에서는 안전장치로서 필수적이다.

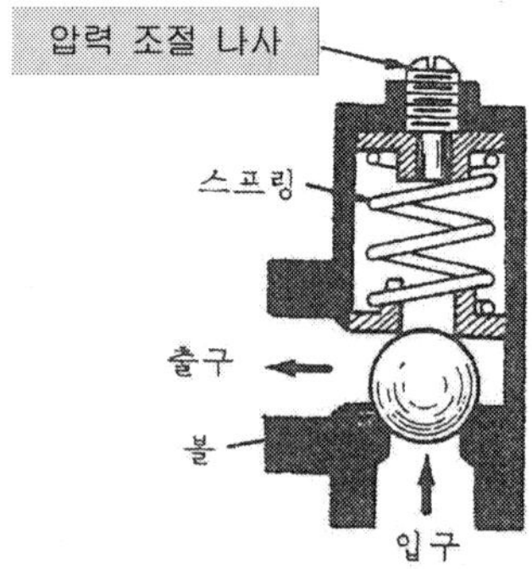

그림 2-36 계통 릴리프 밸브

릴리프 밸브는 입구가 계통과 연결되어 계통 내의 압력이 규정값 이상이 될 때에는 작동유의 압력이 스프링의 힘을 이기고 볼을 밀어 올려, 작동유를 출구를 거쳐 레저버로 귀환시켜 계통의 압력을 감소시킨다. 여기에서 압력 조절 나사는 스프링의 장력을 조절하여 설정 압력을 조절한다.

(2) 온도 릴리프 밸브(temperature relief valve)

온도 릴리프 밸브는 온도가 증가에 따른 유압 계통의 압력 증가를 막는 역할을 한다. 작동유의 온도가 주변 온도의 영향으로 높아지면 작동유는 팽창하여 압력이 상승하기 때문에 계통에 손상을 초래하게 된다. 이것을 방지하기 위하여 온도 릴리프 밸브가 열려서 증가된 압력을 낮추게 된다.

2. 감압 밸브(pressure-reducing valve)

감압 밸브는 계통의 압력보다 낮은 압력이 필요한 일부 계통을 위하여 설치하는 것이다. 일부 계통의 압력을 요구 수준까지 낮추고, 이 계통 내에 갇힌 작동유의 열팽창에 의한 압력 증가를 막는다.

그림 2-37과 같이 3개의 유압 통로로 구성되는데, 하나는 계통 압력관에 연결되고, 다른 하나는 감압관에 연결되며, 나머지는 귀환관에 연결된다. 감압관 쪽의 압력이 필요한 만큼 도달되면 밸브가 닫히고, 작동기의 작동에 의한 압력 변환에 따라 밸브가 작동유의 공급량을 조절하여 감소된 압력을 유지한다.

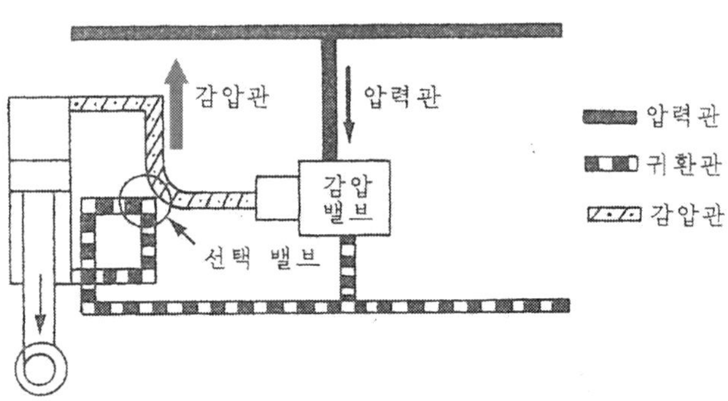

그림 2-37 감압 밸브

3. 펄즈(purge) 밸브

항공기 비행 자세의 흔들림과 온도의 상승으로 인하여 펌프의 공급관과 펌프 출구 쪽에 거품이 생기게 되는데, 이 경우에 펌프의 배출 압력이 낮아지게 된다. 그림 2-38 (a)에 나타낸 것과 같이, 펄즈 밸브는 스프링이 플린저를 밀어서 출구를 열게 되어, 공기가 섞인 작동유는 레저버로 배출된다. 공기가 빠지면 펌프의 출구 압력이 커져서 스프링을 밀어 플런저가 출구를 닫게 한다.

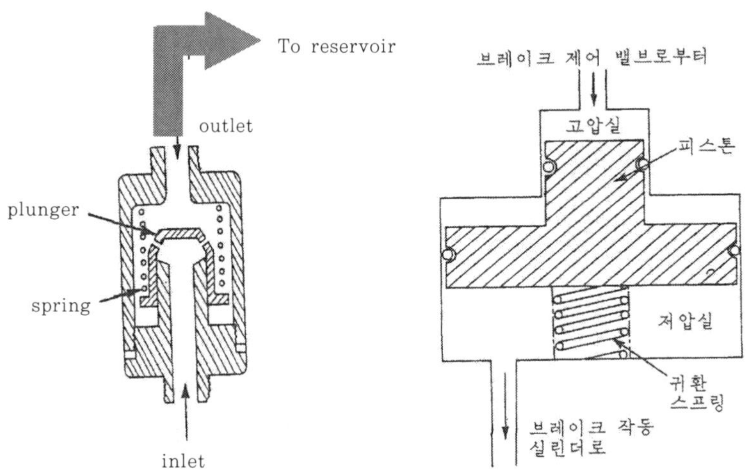

(a) 펄즈(purge) 밸브 (b) 디부스터(debooster) 밸브

그림 2-38 펄즈(purge) 밸브 및 디부스터(debooster) 밸브

4. 디부스터(debooster) 밸브

디부스터 밸브는 피스톤 형으로서, 브레이크의 작동으로 신속하게 하기 위한 밸브이다. 브레이크를 작동할 때 일시적으로 작동유의 공급량을 증가시켜 신속히 제동되도록 하며, 브레이크를 풀 때에도 작동유의 귀환이 신속하게 이루어지도록 한다.

그림 2-38 (b)와 같이 피스톤의 양쪽 단면적을 다르게 하여, 브레이크 계통의 작용압력은 감소되더라도 작동유의 공급량이 증가되도록 한다. 그리고 브레이크가 파열되었을 때 주 계통 내의 작동유가 새지 않게 하는 역할도 한다.

5. 프라이오러티(priority) 밸브

프라이오러티 밸브는 작동유의 압력이 일정 압력 이하로 떨어지면 유로를 막아 작동 기구의 중요도에 따라 우선 필요한 계통만을 작동시키는 기능을 가진 밸브이다.

그림 2-39와 같이, 평상시에는 플랩 작동기에 유압이 공급되지만, 계통의 압력이 일정 이하로 떨어지면 밸브의 스프링 장력에 의하여 볼이 닫혀 플랩 작동기로 가는 유로를 차단한다. 그 다음 브레이크 계통 작동기에만 압력이 공급되도록 하며, 계통 압력이 회복되면 다시 플랩 작동기로도 유압이 공급 된다.

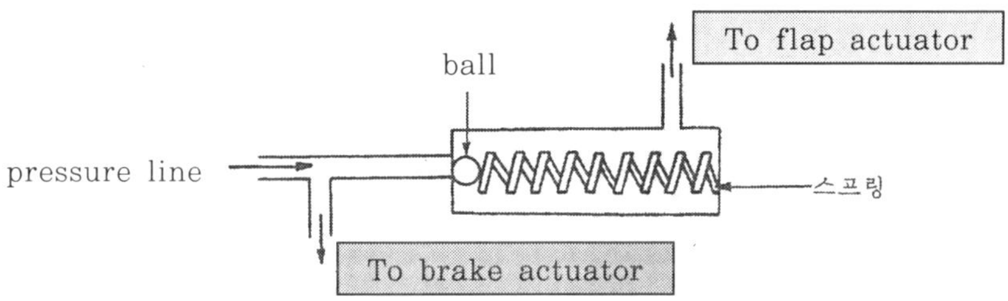

그림 2-39 프라이오러티(priority) 밸브

2-4-5 유압 작동기

동력계통에서 기계적인 에너지가 유체의 압력 에너지로 변환된 작동유는 여러 가지 제어 장치에 의하여 압력과 유량이 조절된다. 이 단원에서는 작동유의 압력 에너지를 기계적 에너지로 변환시키는 작동기와 작동유의 압력에너지를 이용하는 항공기의 각 계통에 대해서 알아보기로 한다.

유압 작동기는 가압된 작동유를 받아 기계적인 운동으로 변환시키는 장치로서, 운동 형태에 따라 직선운동 작동기(linear actuator)와 유압 모터를 사용한 회전운동 작동기(rotary actuator)로 분류한다.

직선운동 작동기

직선운동 작동기는 실린더와 피스톤으로 구성되며, 일반적으로 실린더는 항공기 구조부에 고정되고, 피스톤이 직선으로 운동하는 작동기를 말한다.

직선운동 작동기에는 작동 방식에 따라 싱글 엑팅 작동기와 더블 엑팅 작동기가 있다. 렉(rack)와 피니언(pinion)에 의해서 직선 운동을 제한된 회전 운동으로 바꾸는 렉-피니언 작동기도 있다.

1. 싱글 엑팅 작동기

싱글 엑팅 작동기는 그림 2-40의 (a)와 같이, 한쪽 방향으로 유압에 의하여 작동하고, 반대쪽 방향으로는 스프링에 의하여 귀환 운동을 하는 형식으로서, 브레이크 계통 등에 사용된다.

스프링이 있는 주위의 공간은 공기가 자유롭게 드나들 수 있도록 벤트 구멍이 있어 공기가 압축되거나 팽창되지 못하도록 한다. 귀환 운동은 스프링의 힘 이 외에도 공기부하(air load) 또는 무게부하(weight load)에 의하기도 한다. 작동유의 흐름 방향은 세 길(three-way) 선택 밸브에 의하여 조작된다.

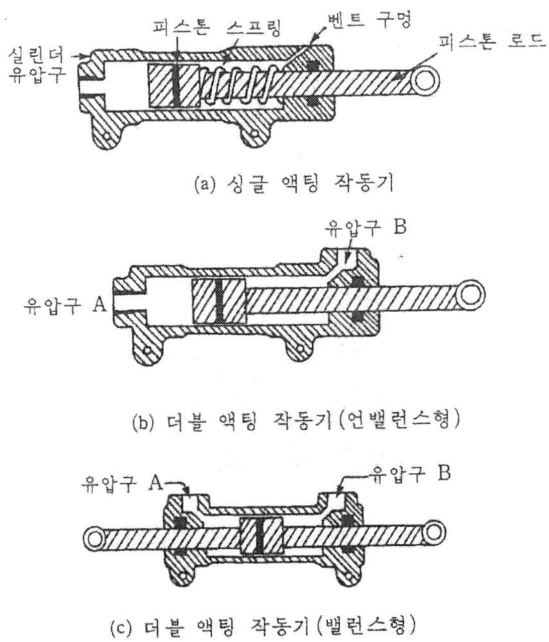

그림 2-40 싱글 엑팅 및 더블 엑팅 작동기

2. 더블 엑팅 작동기

더블 엑팅 작동기는 그림 2-40의 (b)와 같다. 피스톤의 양쪽에 모두 유압이 작동하여 네 길(4-way) 선택 밸브의 방향에 따라 피스톤이 운동하는 형식으로서, 작동기가 오른쪽으로 움직이는 힘이 왼쪽으로 움직이는 힘보다 피스톤 로드의 단면적에 작용하는 작동유 압력에 의한 힘만큼 크다. 따라서, 이 작동기는 착륙장치 작동 계통과 같이 양쪽 방향으로 움직이는 힘에 차이가 나는 장치에 사용된다.

그림 2-40의 (c)는 더블 엑팅 작동기의 밸런스형으로서, 피스톤 양쪽의 유체가 작용하는 면적이 같으므로, 양 방향으로 같은 힘을 발생한다. 이 작동기는 일반적으로 유압에 의한 자동 조종장치의 서보 작동기에 사용된다.

회전운동 작동기

1. 랙-피니언(rack and pinion) 작동기

랙-피니언 작동기는 피스톤의 직선운동을 랙과 피니언에 의하여 제한적인 회전운동으로 바꾸는 작동기로서, 윈드실드 와이퍼나 앞 착륙 장치 스티어링 계통에 사용된다.

그림 2-41 rack과 pinion

2. 유압모터

회전운동 작동기는 유압 모터를 말하는 것이며, 그림 2-42와 같이 선택 밸브의 위치에 따라 회전방향이 조절된다. 유압 모터의 구조는 피스톤형 펌프와 같지만, 그 기능은 펌프와 반대이다. 즉 펌프는 기계적 운동으로 작동유에 압력을 발생시키지만, 유압 모터는 작동유를 공급받아 회전축을 회전시킨다. 또한 같은 힘의 전동기에 비해 무게가 가벼운 잇점을 갖고 있다.

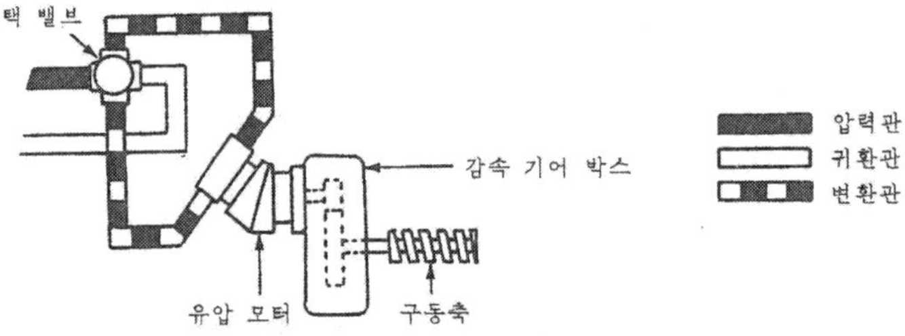

그림 2-42 유압모터

복습문제 1

1. 유압퓨즈(hydraulic fuse)에 대해 답하시오.

1) 역할 및 동작원리는?

2) 유압퓨즈의 설치 위치는? 그 이유를 설명하시오.

3) 작동유의 누설과 관련되어 유압관 분리밸브와 차이점은?

2. 유압모터(hydraulic motor)에 대해 답하시오.

1) 동작원리를 설명하시오.

2) 직선운동 작동기인가 회전운동 작동기인가?

3) 전동기(electric motor)와의 차이점은?

복습문제 2

다음 그림은 유압 계통에 사용되는 원통모양을 가진 작동기(actuator)의 단면도이다. 왼쪽에 2,000 psi인 압력이 걸려 있다. 오른쪽에 얼마의 압력이 걸려야 힘의 균형을 이루는가? 이 때 피스톤 지름은 $10inch$이고 왼쪽 피스톤 막대는 7 $inch$, 오른쪽 피스톤의 막대는 $5inch$이다.

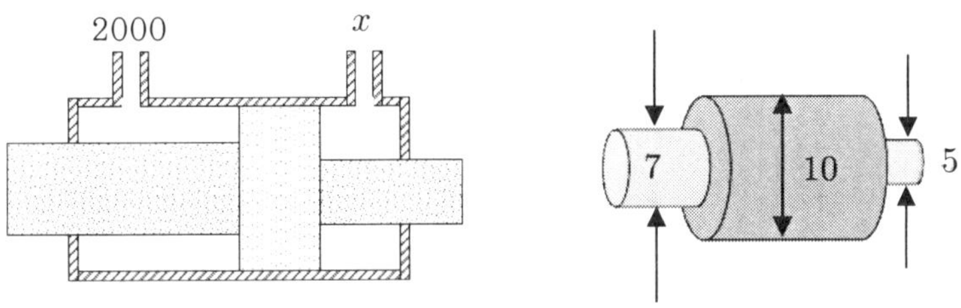

[해] 각 피스톤에 받는 힘을 구하기 위해 각 피스톤에 걸리는 압력으로부터 구하자.

오른쪽 유압실에 걸리는 압력을 x 라면 힘은 압력×면적, 즉 $x \times \pi(\frac{d}{2})^2$이다.

따라서 힘이 균형으로 압력을 받는 부분을 구하면

$$x \times \pi[(\frac{10}{2})^2 - (\frac{5}{2})^2] = 2,000 \times \pi[(\frac{10}{2})^2 - (\frac{7}{2})^2] \text{이다.}$$

$$\therefore x = \frac{2,000 \times (10^2 - 7^2)}{10^2 - 5^2} = 1,360psi$$

복습문제 3

1. 브레이크 디부스터(debooster)의 주된 역할은?

㉮ 브레이크 작동기의 작동압력을 높이기 위해
㉯ 계류 브레이크를 시동할 경우 동력부스터의 압력을 낮춘다.
㉰ 동력부스터 압력을 낮추고 브레이크의 작동과 풀림을 원활히 한다.
㉱ 양쪽 단면적을 달리하여 브레이크 쪽으로 작동유의 공급량을 감소시킨다.

2. 유압식 브레이크를 떼었을 때, 원래의 위치로 되돌아오는 것은 일반적으로 어떤 힘인가?

㉮ 원심력 ㉯ 유압 ㉰ 스프링 힘 ㉱ 페달 힘

3. 브레이크를 작동시켰으나 작동이 원활하지 못하고 스펀지 현상이 발생하였다. 이 때 적절한 조치는?

㉮ 알콜로 브레이크 슈(brake shoe)를 청소한다.
㉯ 계통의 압력조절기를 조절한다.
㉰ 계통내의 공기를 블리드(bleed)한다.
㉱ 브레이크 슈를 교체한다.

복습문제 4

1. 항공기 유압계통에서 압력조절기는 역할은 무엇이며 어떻게 작용하는가?

2. 압력조절기에 작용하는 두 가지 밸브들은 무엇인가?
   두 과정 kick-in과 kick-out으로 구분하여 그림을 그려서 설명하시오.

3. 압력조절기의 빈번한 작동을 방지하고 압력계통의 압력이 고르지 못할 경우 댐핑(damping)역할을 하는 것은?
   ㉮ 레저버 ㉯ 축압기 ㉰ 선택 밸브 ㉱ 릴리프 밸브

4. 왜 유압계통에서 릴리프(압력, 온도) 밸브는 필요한가?

2-5 유압 밀봉장치 및 배관

항공기의 유압 장비품은 무게가 가볍고 또한 높은 유체압력에 견뎌야 하므로 알미늄 합금이 많이 사용된다. 그러나 고압계통이나 외부 손상을 받기 쉬운 부분에는 강이 사용되기도 한다. 또한 진동을 받기 쉬운 곳은 합성고무나 테플론으로 만들어진 유연성이 있는 유압호우즈가 이용된다. 부식의 우려가 있는 곳은 몰리브덴 강이나 스테인리스 강을 사용한다.

고압계통의 배관을 할 경우, 튜브(tube)를 굽히는 작업을 할 때 작동유의 팽창이나 진동에 대비하여 구부러진 곳이 적어도 한 곳 이상이어야 한다. 만곡부(curved part)의 외경(바깥지름)은 원래 관의 직경(지름: diameter)에 비해 약 75%정도이며 이는 진동과 온도변화를 허용할 수 있는 정도의 만곡부를 확보하기 위한 것이다.

재질로는 2,000*psi*이상인 유압 계통의 압력라인은 강철튜브를 사용하고, 압력이 2,000*psi* 이하인 귀환라인은 Al 합금튜브를 사용한다.

튜브의 크기는 외경($x/16inch$: 분수로 표기) * 두께($inch$: 소수로 표기)로 나타낸다.

또한 호우즈(hose)는 계통압력이 3,000 psi까지 사용가능하며 재질은 고무와 테플론이다. 테플론은 계통의 고온, 고압작동조건 요구에 맞도록 설계된 구부릴 수 있고, 항공연료, 합성제 윤활유, 알콜 및 솔벤트 등에 영향을 받지 않는다. 크기는 외경과는 관계없이 내경만으로 표시하고 부착 시에는 꼬이지 않게 흰색의 직선띠(linear stripe)가 일직선이 되도록 맞추고 5~8%가량 느슨하게 하여 진동에 의한 파손을 방지한다. 고정 시에는 60cm마다 클램프로 고정하며 보관 시에는 어둡고, 서늘하고 건조한 곳에 4년 보관한다.

유압 계통은 일부가 고장이 나더라도 작동되지 않는 것을 방지하기 위해 계통 내에 백업시스템을 설치한다. 통상 두 개의 유압펌프를 갖추고 있으며 각각의 동력원을 별개로 하고 있다. 기관이 여러 개 달린 항공기에서는 펌프를 기관 구동력에 의해 작동시키는 방법 외에 전기나 공기 등으로 구동할 수 있게 만들고, 마지막 수단으로 수동 펌프를 사용할 수 있도록 되어 있다. 유압 장치들은 밀봉(sealing)이 잘 유지되도록 결합되어 있으며, 정비 시에도 밀봉이 유지되도록 유의해야 한다.

그림 2-43은 back-up링의 역할 및 위치를 나타낸 것이다. 고압의 실(seal)에는 O링의 한 쪽 또는 양쪽에 테플론으로 만든 백업 링(backup ring)을 사용하여 O링이 밀려 나오는 것을 방지하고 O링의 수명을 연장한다. 압력이 O링의 한 쪽에만 걸리는 경우, 백업 링은 O링의 출구 쪽, 즉 저압 측에 사용한다. O링의 두께는 홈의 깊이보다 약 10%크게 하며 이는 너무 크면 마찰이 크게 되어 손상이 발생한다. 1,500psi 이상의 압력에서는 찌그러지므로 이를 방지하기 위해 백업 링을 사용한다.

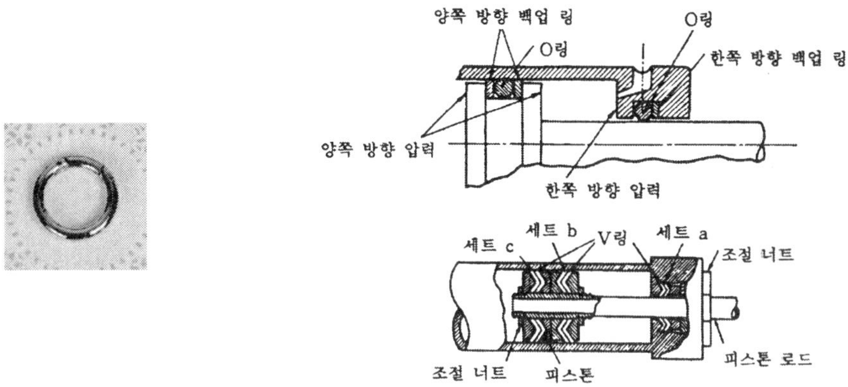

그림 2-43　O 링, back-up 링 및 V링의 위치

그림과 같이 압력이 한 쪽 방향으로만 작용하면 한 쪽만 장착하고 양쪽 방향으로 교대로 작용하면 양쪽에 장착한다. V링은 왕복하는 피스톤인 경우에 두 벌을 장착한다.

복습문제

1. 고압유계통의 배관을 할 경우, 만곡부의 외경은 관의 직경에 비해 대체로 어느 정도이어야 하는가?

2. 튜브의 크기는 외경과 두께의 곱으로 나타낸다. 외경과 두께의 표현방법은?

3. 유압용 호우즈(hose)의 크기 표시는?

㉮ 외경　　㉯ 내경　　㉰ 내구압력　　㉱ 벽의 두께

4. 오링(O-ring)과 백업링(backup ring)의 역할은 무엇인가?

2-6 유압작동 계통

2-6-1 착륙장치 계통

착륙장치 계통은 항공기의 발달과 더불어 변천되어 왔다. 과거에는 동체 또는 날개에 착륙장치를 고정시켜 사용하였지만, 요즈음에는 항공기의 고속화에 따라 대부분 접어 들이는 방식이 사용되고 있다. 착륙장치를 올리고 내리는 계통의 작동원리는 그림 2-44에 나타내었다.

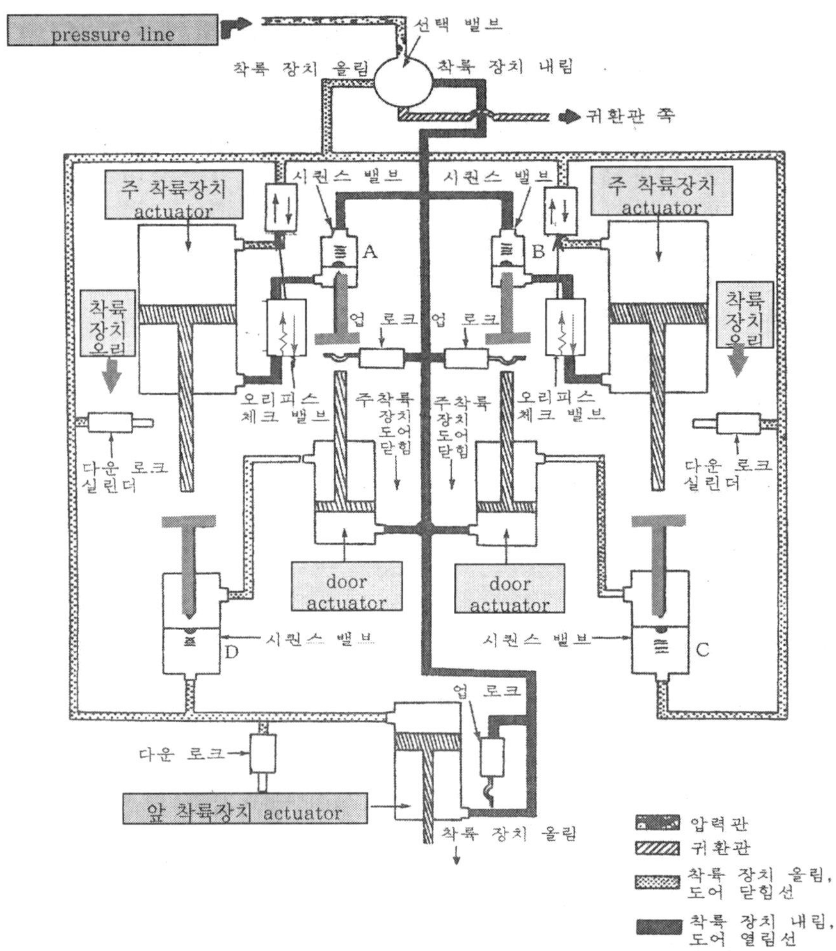

그림 2-44 착륙장치 계통(그림은 착륙장치 올림의 경우에 표시됨)

착륙 장치를 올리려고 할 때

선택 밸브(selection v/v)를 '올림'위치에 놓는다. 이렇게 하면 압력관으로부터 작동유가 올림관(up line)으로 전달되고, 내림관(down line)의 작동유는 귀환관을 통하여 레저버로 돌아간다.

올림관에 작동유가 공급되면, 용량이 작은 착륙장치의 다운 락(down-lock) 실린더가 작동하여 락(lock)의 축이 풀린 다음, 주 착륙장치와 앞 착륙장치의 작동 실린더(actuator)가 작동함으로서 착륙장치가 올라가게 된다. 이 경우에는, 주 착륙장치의 작동 실린더에서 밀려 나온 작동유는 오리피스 첵 밸브(orifice check v/v)를 거쳐 시퀀스 밸브(sequence v/v) A, B를 통하여 선택 밸브(selection v/v)의 귀환관을 따라 레저버로 돌아간다. 주 착륙 장치의 작동 실린더의 피스톤 막대(rod)가 완전히 나오면 시퀀스 밸브 C, D의 플런저를 누르게 되는데, 이 플런저(plunger)가 볼을 밀어 내어 작동유의 유로를 형성하게 된다.

따라서, 주 착륙장치가 완전히 올라간 뒤에 도어 작동 실린더가 작동되어 주 착륙 장치 도어가 닫히게 된다. 일반적으로, 앞 착륙장치 도어의 작동은 유압에 의하는 것이 아니라, 앞 착륙장치와 기계적으로 연동되어 있다.

착륙 장치를 내리려고 할 때

선택 밸브를 '내림' 위치에 놓으면, 작동유는 앞 착륙장치와 주 착륙 장치의 용량이 작은 업 락(up-lock) 실린더를 먼저 작동시키기 때문에 락(lock)의 축이 풀리고, 동시에 주 착륙장치의 도어 작동 실린더가 작동하여 도어가 열린 다음 시퀀스 밸브의 작동에 따라 앞 착륙장치가 내려간다.

주 착륙 장치의 도어 작동 실린더에서 밀려 나온 작동유는 시퀀스 밸브 C, D를 거쳐 귀환관으로 돌아가고, 도어 작동 실린더의 막대(rod)가 시퀀스 밸브 A, B의 플런저(plunger)를 누르게 되어 주 착륙장치의 작동 실린더가 작동한다. 주 착륙장치의 도어가 완전히 열린 다음 오리피스 첵 밸브를 통하여 공급된 작동유는 작동 실린더를 작동시켜 주 착륙장치를 내려가게 한다. 이 때, 오리피스 첵 밸브는 작동유의 유속을 감속시킴으로써 작동 실린더의 작동을 지연시키기 때문에, 착륙

장치의 내림속도는 올림 속도와 같게 된다. 또, 착륙장치를 올릴 때와 마찬가지로, 착륙장치를 내린 다음에도 다운 락(down-lock) 기구의 기계적인 작동에 의하여 내림 위치에 고정된다.

2-6-2 브레이크(brake) 장치 계통

브레이크는 항공기가 지상에서 활주할 때 항공기의 속도를 감속시키고 정지시키며, 지상에서 항공기의 방향을 바꾸거나, 항공기의 주기와 계류 시에도 사용된다. 브레이크는 주 바퀴에 설치되어 좌우가 서로 독립적으로 작동되어야 하고, 충분한 제동력을 가져야 한다. 오른쪽 바퀴의 브레이크는 오른쪽 페달을 밟음으로써 작동하고, 왼쪽 바퀴의 브레이크는 왼쪽 페달을 밟음으로써 작동한다.

브레이크의 효과적인 작동을 위하여 브레이크 계통의 각 구성품은 규정에 맞게 조절되어야 하고, 마찰 면에 오일이나 그리스(grease) 등이 묻지 않도록 해야 한다. 또, 바퀴의 미끄러짐에 의한 타이어의 손상을 방지하기 위해 엔티 스키드(anti-skid: 미끄럼 방지) 계통이 사용되기도 한다.

또한 브레이크장치에서 fail safe란 장치의 일부가 고장을 일으킨다든가 안전보호장치의 작용에 이상이 생기더라도 장치 본래의 기능을 위험에 빠뜨림 없이 안전장치가 작용하도록 배려해서 설계되어 있는 상태를 말한다. 즉 고장에 의해서 장치가 작동하지 않는다든가 파손되거나 또는 오동작이 행해지더라도 항상 안전상태가 되게 하는 것을 말하며. 이와 같은 설계를 페일 세이프 설계라고 한다. 자동제어계통이 잘못되었을 때, 자동적으로 브레이크 계통을 수동으로 작동하게 하는 것이다.

브레이크의 분류는 브레이크 계통에 따른 분류와 브레이크 장치에 의한 분류가 있다.

1. 브레이크 계통

브레이크 계통의 종류는 독립식(independent brake system), 동력 부스트식(power boost brake system), 동력 브레이크 제어식(power brake control system)등이 있다.

(1) 독립식 브레이크 계통

독립식 브레이크 계통은 소형 항공기에 주로 사용된다. 항공기의 유압 계통과는 별개로, 브레이크 계통 자체에 그림 2-45와 같이 레저버를 가진다. 브레이크 페달을 밟으면 마스터 실린더 내의 작동유에 압력이 가해지고, 이 압력은 브레이크 작동기에 전달되어 바퀴에 제동력을 발생시킨다. 반대로, 브레이크 페달을 놓으면 마스터 실린더 안에 있는 스프링에 의하여 마스터 실린더의 피스톤은 원래의 위치로 되돌아오고, 계통의 압력은 0이 되어 제동력이 해제된다.

브레이크 마스터 실린더는 그림 2-46과 같이 구성되어 있으며, 브레이크 페달을 밟으면 마스터 실린더의 피스톤이 움직이고, 이로 인하여 브레이크 작동유에 압력이 가해진다. 이 때, 브레이크 페달을 밟는 정도에 따라 스프링이 반발하는 힘도 강해지므로, 조종사가 제동력의 세기를 감지할 수 있다.

마스터 실린더 안에 있는 보상구(compensating port)는 계통 내의 부족한 작동유를 보충해 주고, 온도가 상승할 때 작동유의 팽창량을 레저버로 보낸다.

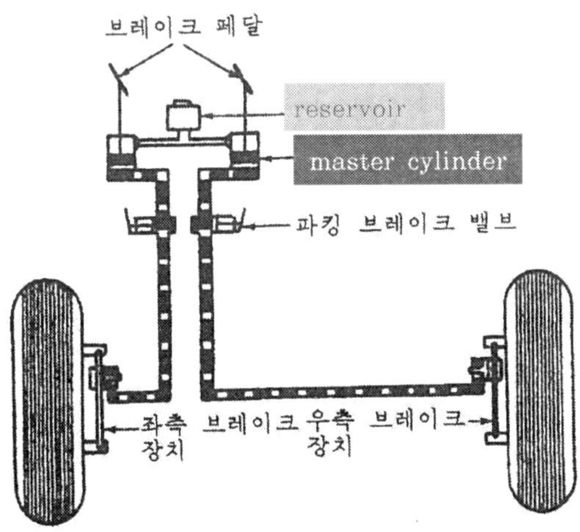

그림 2-45 독립식 브레이크 계통

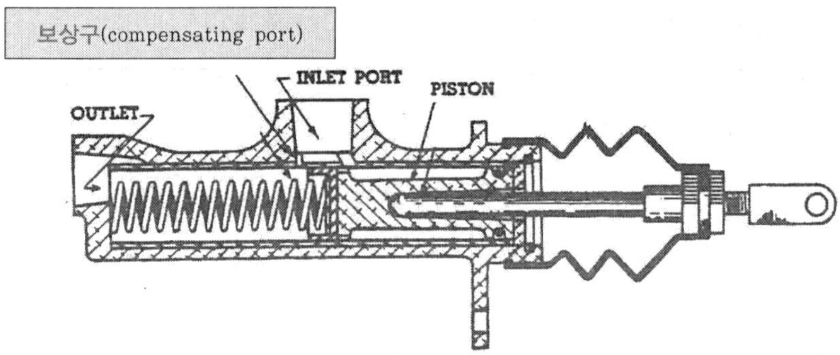

그림 2-46 독립식 브레이크의 마스터 실린더

(2) 동력 부스트 브레이크 계통

동력 부스트 브레이크 계통은, 독립식 브레이크 계통을 사용하기에는 항공기의 착륙 속도가 빠르고 비행기가 커서 무거우며, 동력 브레이크 제어식 계통을 사용하기에는 항공기의 속도가 느려서 무게가 가벼운 항공기에 사용된다.

이 계통은 구성은 그림 2-47과 같고, 주계통의 압력은 직접 브레이크 장치에 전달되는 것이 아니라, 브레이크 페달을 밟을 때 동력 부스트 마스터 실린더의 피스톤을 주계통의 압력으로 밀어 준다.

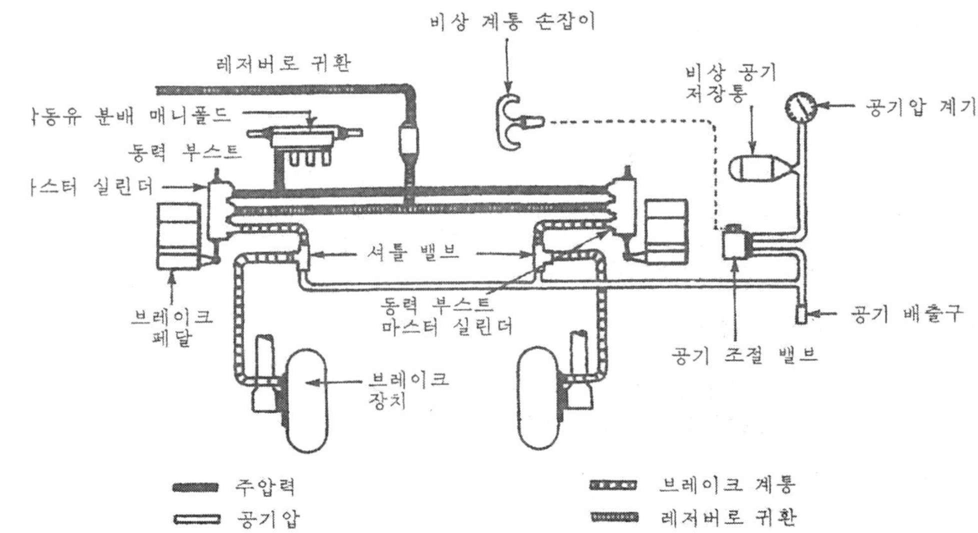

그림 2-47 동력 부스트 브레이크 계통

주 계통은 브레이크 계통의 작동유가 부족하면 보충하고, 온도의 상승으로 작동유가 팽창하면 흡수하며, 브레이크 작동을 위한 적당한 양의 작동유를 유지시키기 위하여 주계통의 레저버와 연결되어 있다. 또, 공기압 계통은 비상시에 비상 계통 손잡이를 당김으로써 셔틀밸브를 통하여 브레이크 장치를 작동시킨다.

(3) 동력 브레이크 제어 계통

동력 브레이크 제어 계통은 브레이크를 작동시키는 데 많은 양의 작동유가 요구되는 대형 항공기에 사용되며, 그 구성은 그림 2-48과 같다. 축압기는 주 계통이 고장났을 때를 대비하는 것이며, 셔틀 밸브는 비상시에 주계통을 차단하고 비상 계통을 연결하는 역할을 한다.

브레이크 제어 밸브는 브레이크 페달을 밟으면 밟은 만큼의 힘에 비례하여 주 유압 계통으로부터 작동유가 브레이크 장치에 공급되도록 한다.

브레이크 제어 밸브에는 압력관, 귀환관, 브레이크 작동 실린더에 연결되는 브레이크관 등 3개의 유로가 연결되어 있다. 밸브 내에는 유로를 선택할 수 있는 밸브로드와 브레이크에 작용하는 압력을 브레이크 페달에 전달하는 보상 챔버 (compensating chamber) 등이 있다.

그림 2-48은 브레이크를 작동시키진 않은 상태로서, 브레이크 작동 실린더에 연결된 브레이크 관과 귀환관이 미터링 첵 밸브를 통해 서로 연결된 상태를 보여주고 있다, 브레이크 페달을 밟으면 밸브 로드는 오른쪽으로 이동되고 압력관의 작동 유압은 밸브 로드를 거쳐 브레이크 작동 실린더를 가압화게 된다. 그리고 작동유는 밸브 로드 안에 마련된 유로를 통하여 보상 챔버에 전달되어 밸브 로드의 오른쪽에 압력이 작용하는 힘이 브레이크 페달 기구에 가해지는 힘보다 크게 되면 밸브 로드를 안쪽으로 밀어 중립 상태가 된다. 밸브 로드가 중립 상태가 되면 브레이크 작동 실린더 안에 작동유가 갇히게 되며, 이 때 형성된 압력으로 브레이크가 작동된다. 밸브 로드의 옆면 넓이를 작게 하면 브레이크 페달 기구에 작용하는 힘이 작더라도 브레이크 작동 실린더 안의 유압이 너무 높아져서 제동력이 크게 된다.

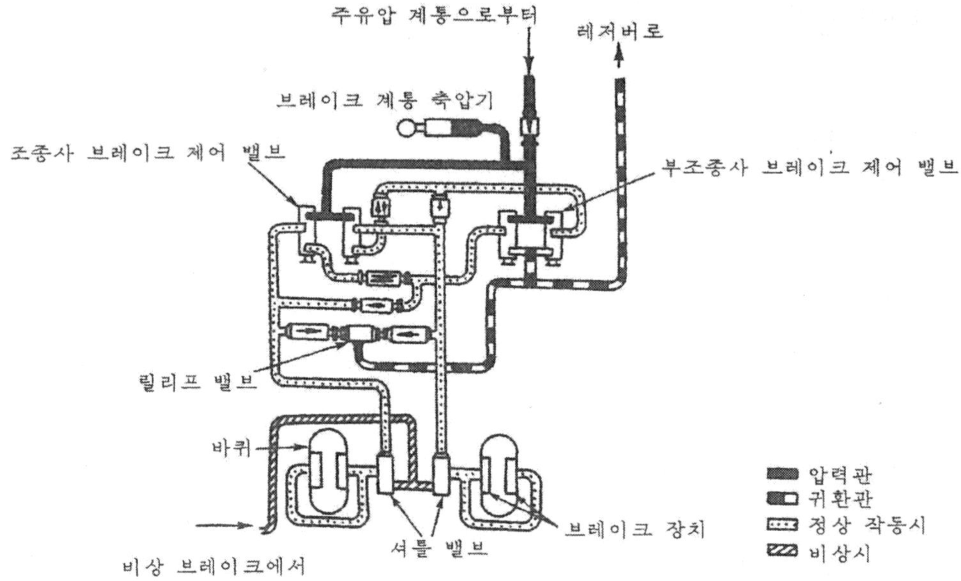

그림 2-48 동력 브레이크 제어 계통

그림 2-49에 있는 자동 브레이크 피스톤은 항공기가 이륙한 후에 착륙장치의 유압 계통으로부터 작동유가 공급되어 밸브 로드가 오른쪽으로 밀리게 된다. 이것은 브레이크 페달은 밟은 것과 같이 되어, 이륙할 때의 관성에 의해 바퀴가 공회전하는 것을 정지시킨다.

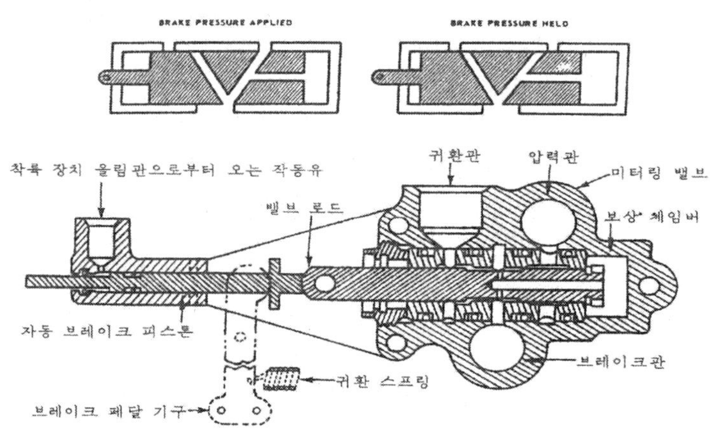

그림 2-49 브레이크 제어밸브

2. 브레이크 장치

항공기에 일반적으로 사용되는 브레이크 장치에는 슈 브레이크, 팽창 튜브 브레이크, 단일 디스크 브레이크와 다중 디스크 브레이크가 있다.

슈 브레이크는 주로 소형기에 사용되고, 다중 디스크 브레이크는 대부분의 대형 항공기에 사용된다.

(1) 슈 브레이크

슈 브레이크(shoe brake)의 구조는 그림 2-50과 같고, 브레이크 페달을 밟으면 브레이크 작동 실린더에 작동유가 공급되어 한 쌍의 브레이크 슈는 바퀴와 함께 회전하고 있는 브레이크 드럼과 밀착되어 마찰에 의하여 제동된다. 브레이크 페달을 놓으면 귀환 스프링의 힘에 의하여 브레이크 작동 실린더는 제자리로 돌아가게 되어 제동력이 풀리게 된다.

브레이크 작동 실린더에는 블리드(bleed) 밸브가 있는데, 작동유에 포함된 공기를 배출시키는 데 사용된다. 만일, 작동유 내에 공기가 섞여 있게 되면 공기의 압축성 효과로 브레이크 장치가 작동할 때 스펀지 효과를 가지므로 제동력이 작아진다.

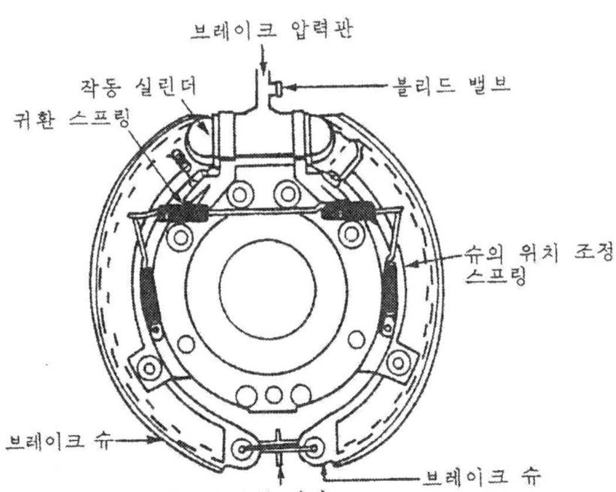

그림 2-50 슈 브레이크(shoe brake)의 구조

(2) 팽창 튜브 브레이크

팽창 튜브 브레이크(expansion tube brake)는 그림 2-51과 같이 구성되어 있으며, 작동 원리는 다음과 같다. 페달의 작동에 의하여 작동유가 팽창 튜브 안으로 들어오면 귀환 스프링의 힘을 기기면서 브레이크 블록에 밀게 되어, 브레이크 드럼과 접촉으로 생기는 마찰력에 의하여 제동력이 생긴다.

팽창 튜브 안의 유압이 제거되면 귀환 스프링에 의하여 브레이크 블록이 제자리로 돌아가므로 제동력이 해제된다. 팽창 튜브 브레이크는 무게가 가볍고 간단하기 때문에, 단일 브레이크와 함께 소형 항공기에 많이 사용된다.

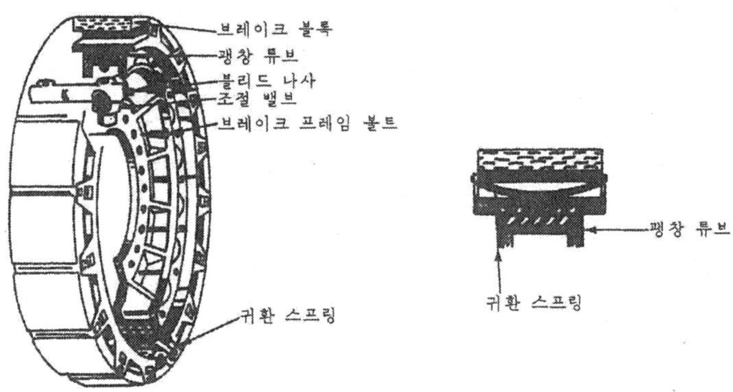

그림 2-51 팽창 튜브 브레이크(expansion tube brake)

(3) 단일 디스크 브레이크

단일 디스크 브레이크(single disk brake)는 그림 2-52와 같이, 브레이크 페달을 밟으면 피스톤이 움직여 이동 라이닝을 회전하고 있는 브레이크 디스크에 밀착시켜 고정 라이닝과 함께 제동력을 준다.

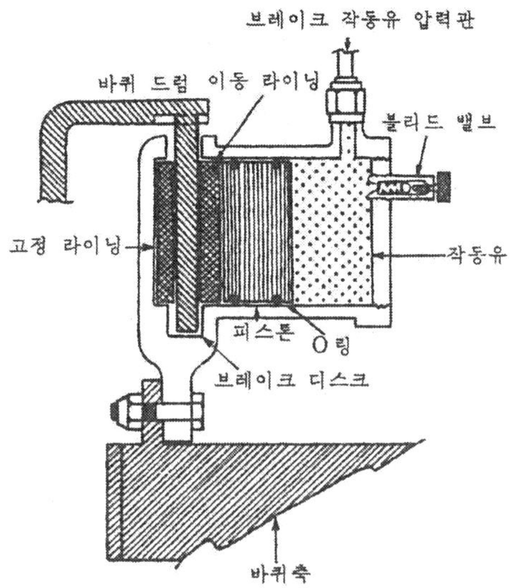

그림 2-52 단일 디스크 브레이크(single disk brake)

(4) 다중 디스크 브레이크

다중 디스크 브레이크(multidisk brake)는 큰 제동력이 필요한 대형 항공기에 사용되며, 그림 2-53와 같이 구성되어 있다. 토크 튜브의 외곽에는 압력관을, 반대쪽에는 뒷 고정판을 설치하고, 이들 두 판 사이에 여러 개의 회전판과 고정판이 번갈아 설치되어 있다.

회전판은 바퀴의 홈에 고정되어 바퀴와 함께 회전하고, 축 방향으로 움직임에 가능하도록 되어 있다. 그리고 고정판은 토크 튜브에 고정시켜 바퀴축과 함께 고정되지만, 축 방향으로는 움직일 수 없다.

브레이크 페달을 밟으면 고정된 뒷 고정판에 대하여 압력판을 브레이크 실린더의 피스톤이 가압하게 되므로, 2개의 판 사이에 번갈아 설치되어 있는 회전판과 고정판이 축 방향으로 서로 밀리면서 밀착되어 판들 간의 접촉 마찰력으로 바퀴에 제동력이 걸리게 된다. 브레이크 페달을 놓으면 브레이크 실린더 안의 유압이 제거되어, 귀환 스프링이 압력판을 잡아당겨 고정판과 회전판의 밀착 상태가 풀어진다.

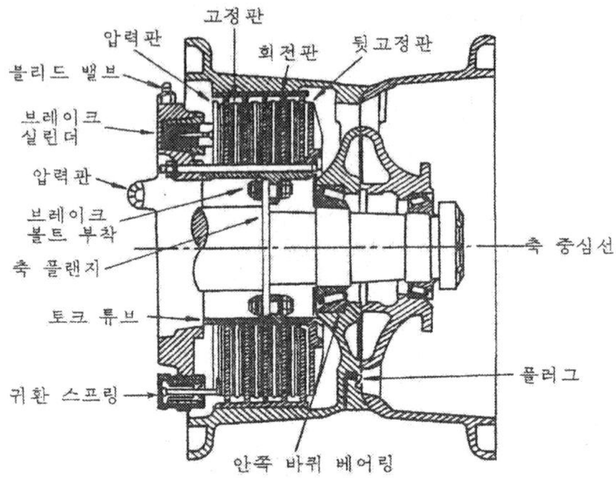

그림 2-53 다중 디스크 브레이크(multidisk brake)

복습문제

그림과 같은 독립식 브레이크에 대해 답하시오.

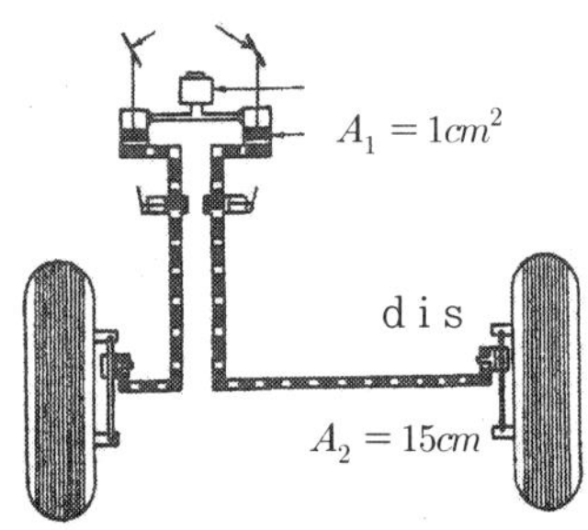

1. 레저버와 마스터 실린더를 표시하시오.

2. 마스터 실린더 내의 보상구의 역할은?

3. 브레이크장치에서 anti-skid란 무엇인가?

4. 브레이크장치에서 fail safe란?

5. 브레이크 페달에 10kg을 가하면 브레이크 디스크 쪽에는 몇 kg이 걸리는가?

6. 브레이크에서 제동력이 가장 큰 것은?

① 슈(shoe) 브레이크 ② 팽창튜브 브레이크
③ 단일 디스크 브레이크 ④ 다중 디스크 브레이크

2-6-3 엔티 스키드(anti-skid) 계통

엔티 스키드 계통은 항공기가 착륙 후에 지상에서 활주할 때, 바퀴의 빠른 회전에 대하여 무리한 제동을 가하면 바퀴가 회전을 멈추기 때문에 지면에 대하여 미끄럼이 생기는데, 이런 현상을 스키드(skid)라 한다. 이 때, 지면과의 마찰로 타이어가 심하게 손상되는데, 이와 같은 미끄럼을 방지하는 장치가 엔티 스키드(anti-skid) 장치이다.

엔티 스키드 계통은 기본적으로 휠 속도 감지기(wheel speed sensor), 제어박스(control box) 및 제어밸브(control valve)의 세 가지 구성품들로 되어 있다. 안티 스키드 계통은 교류 또는 직류를 전원으로 사용한다. 직류식과 교류식은 거의 흡사하다.

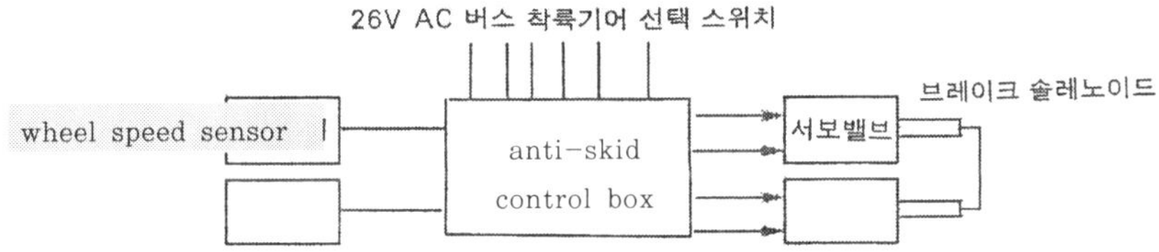

그림 2-54 anti-skid 시스템 개략도

그림 2-55는 바퀴속도의 감지를 위한 원리를 나타낸 것이다. 바퀴의 회전에 따라 변화하는 자기장의 여부를 감지하여 출력부의 유도전압 여부에 따라 제어부로 신호를 보낸다.

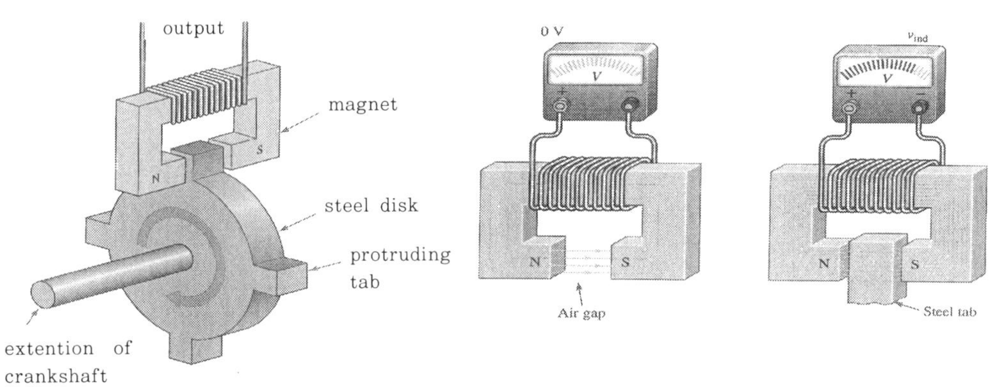

그림 2-55 바퀴 속도 감지 개념

교류 탐지기는 가변 교류발전기의 형태로서 착륙기어의 액슬(axile) 안에 픽업 코일로 에워싼 영구자석을 이용한다. 감지기의 외측은 일정하게 간격된 네 개의 극들(4 poles)로 되어 있으며 외곽부는 이빨로 되어 있다.

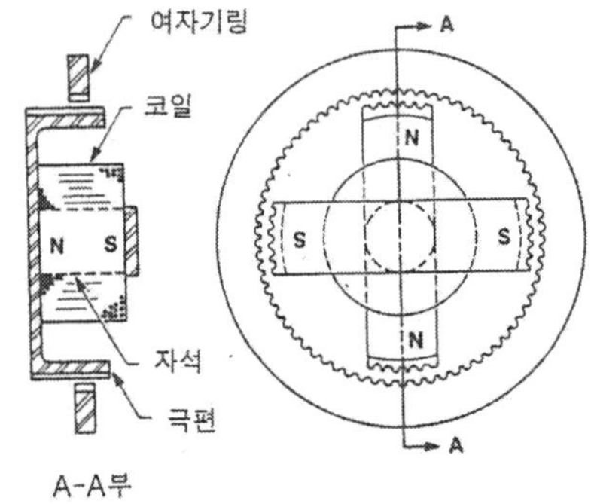

그림 2-56 바퀴 속도 감지기

내측이 이빨로 된 연철 여자기 링(exciter ring)은 휠의 허브 캡(hub cab)에 지지되어 있어 감지기 주위로 회전한다. 두 셋트의 이빨은 가까이 통과하며 여자기 링이 회전하면 이빨이 서로 접근되었다 분리가 된다. 이빨의 변화되는 거리에 따라 자석회로의 리럭턴스(reluctance)가 교대로 바뀌어 증가되었다 감소되며 거리가 변화할 때 코일을 가로지르는 자속의 양이 변화하여 픽업 코일 안에서 교류전류를 유도시켜 준다. 휠이 빨리 회전할수록 더 높은 유도전류의 주파수를 발생시켜 준다.

엔티 스키드 센서의 회전속도와 바퀴의 회전속도의 차이를 감지하여 제어밸브를 이용하여 브레이크 계통으로 들어가는 작동유의 압력을 감소시켜 제동력의 감소를 일으켜 스키드를 방지한다. 즉 타이어가 미끄러지지 않는 조건에서 브레이크의 작동과 이완을 반복하면서 최대의 제동효과를 가진다.

2-6-4 앞 착륙장치 스티어링 계통

앞 착륙장치 스티어링 계통은 항공기의 지상 활주 중에 앞바퀴의 방향을 조정하는 계통으로서, 일반적으로 방향키 페달을 사용한다. 방향키 페달은, 항공기가 지상 활주를 할 때에는 앞 착륙장치 스티어링 계통을 작동할 수 있도록 되어 있다.

대형 항공기의 앞 착륙장치 스티어링 계통은, 그림 2-57와 같이 스티어링 바퀴(steering wheel)에 의하여 조종되는데, 이것을 조종하면 조종 케이블을 통하여 미터링 첵 밸브가 작동된다. 미터링 첵 밸브는 스티어링 실린더 A 또는 B에 작동유를 공급 및 배출시키기 때문에, 스티어링 스핀들(steering spindle)이 회전하여 앞바퀴의 방향이 바뀐다. 한편, 스티어링 스핀들이 작동됨에 따라 오리피스 로드(orifice rod)를 통하여 팔로우업 드럼(follow-up drum)이 회전하여, 팔로우업 케이블에 의해 미터링 첵 밸브가 원래의 중립위치로 복귀된다.

그림 2-57의 (a)와 같이, 스티어링 바퀴를 오른쪽으로 회전시키는 조종 케이블에 연결된 차동 기구의 변위가 조정되는 동시에, 미터링 첵 밸브가 왼쪽으로 움직이게 된다. 이 때, 그림(b)의 유로 C, D가 연결되어 유압 계통의 압력 스티어링 실린더 A로 작동유가 공급된다. 그러면 그림 (c)와 같이 스티어링 실린더 A는 피스톤에 의하여 앞착륙 장치 스티어링 스핀들을 오른쪽 실린더 B안의 작동유는 미터링 첵 밸브의 유로 F와 G를 거쳐 보상기(compensator)로 배출된다.

보상기는 실린더 B의 유압이 규정압력 이하가 되도록 유지시킨다. 이것은 그림 (b)와 같이 미터링 첵 밸브의 유로 G를 거쳐 나온 유압이 보상기 안의 스프링 힘보다 작을 때, 보상기의 포핏에 의하여 귀환관으로 연결되는 유로가 차단되기 때문이다. 한편, 그림 (a)와 같이 앞 착륙 장치 스티어링 스핀들(spindle)이 오른쪽으로 회전함에 따라 센터링 캠(centering cam)에 의하여 연결된 오리피스 로드는 스티어링 스핀들과 기어로 맞물려 있으므로 왼쪽으로 회전하게 된다. 이 때, 팔로우업 드럼과 팔로우업 케이블을 통하여 차동 기구를 작동시키기 때문에, 미터링 첵 밸브가 원래의 중립 상태로 돌아가게 된다.

그 밖에, 미터링 첵 밸브의 기능은 앞바퀴가 지면의 충격에 의하여 좌우 방향으로 급격하게 회전하려고 할 때 이를 제한시킨다. 앞바퀴를 좌우로 회전시키려고 하는 충격이 가해지면, 두 개의 실린더 중에서 하나의 압축되고, 다른 하나는 팽창됨에 따라 중립 상태의 미터링 밸브를 통하여 작동유의 유동이 있게 된다. 그러나 중립 상태에서의 미터링 첵 밸브의 유로는 매우 좁아 오리피스의 역할을 하기 때문에 쉽게 작동유가 흐르지 못하고, 오히려 순간적으로 충격을 흡수하면서 원래의 상태로 회복시켜 주게 된다. 이러한 것을 미터링 밸브에 의한 시미 댐퍼(shimmy damper) 효과라 한다.

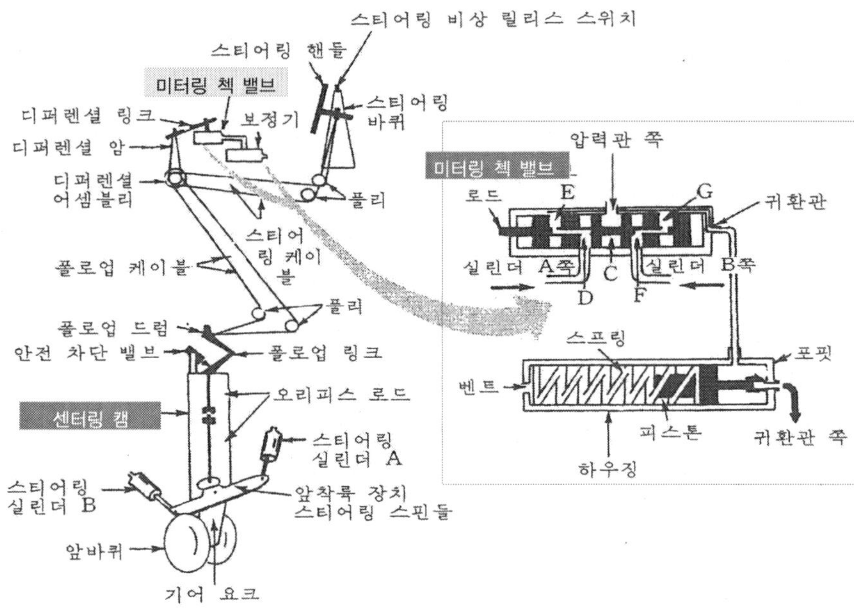

(a) (b)

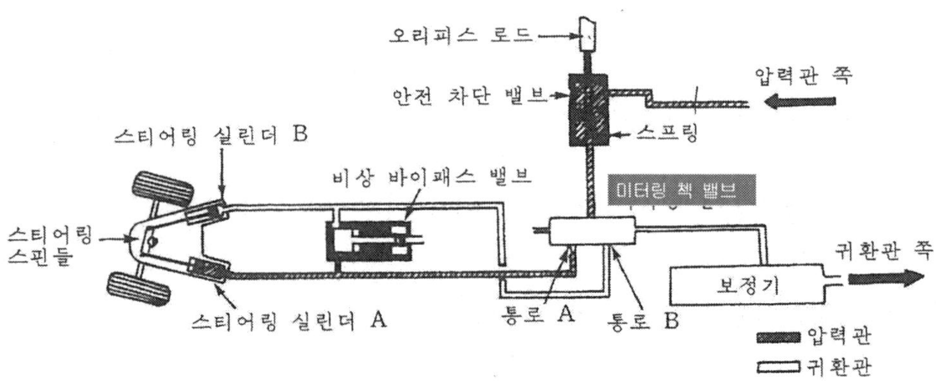

(c)

그림 2-57 앞 착륙장치 스티어링 계통

그림 (c)에서, 안전 차단 밸브는 이륙과 동시에 앞 착륙장치 스티어링 계통이 작동되는 것을 방지하기 위하여, 압력관에서 미터링 첵 밸브로 작동유가 들어가는 것을 방지한다. 이 때에는 항공기의 무게가 착륙장치에 실리지 않게 되므로, 앞바퀴의 스트럿(strut)이 늘어나서 센터링 캠이 서로 분리된다. 따라서, 오리피스에 연결된 안전 차단 밸브 포핏의 스프링 힘에 의하여 미터링 첵 밸브로 들어가는 유로를 차단시킨다.

그림 (c)와 같은 비상 바이패스 밸브(emergency bypass valve)는 앞 착륙장치 스티어링 계통에 고장이 생겼을 때, 그림 (a)에 있는 스티어링 비상 릴리스 스위치를 작동하여 유로를 형성시킨다. 비상 바이패스 밸브에 유로가 형성되면 두 개의 스티어링 실린더의 작동유가 서로 연결되므로, 앞바퀴는 자유롭게 움직일 수 있는 상태가 된다. 그러나 이 때에는 시미 댐퍼 역할을 할 수 없게 된다.

shimmy 현상이란 항공기가 지상에 활주 중에 지면과 타이어의 마찰에 의한 타이어 밑면의 가로축 방향으로 변형과 바퀴의 선회축의 진동으로 합성된 진동이 좌우로 발생하는 것이다. 이 현상을 방지하기 위해 및 shimmy damper가 사용된다.

또한 퓨즈 플러그(fuse plug)는 과도하게 브레이크가 사용되면 타이어가 과열되어 파열될 수 있으므로 이를 방지하기 위해 압력이나 온도가 지나치면 녹아서 공기압력을 배출시켜 타이어의 터짐을 방지하는 장치이다. 바퀴에 보통 3~4개가 설치되어 있다.

복습문제

1. 앞 착륙장치에서 지면과 타이어의 마찰에 의해 합성진동으로 인한 불안정한 공진현상을 방지하는 장치는?

2. Oleo 완충장치에서 작동유의 흐름을 느리게 하는 것은?

3. 앞 착륙장치에 장착된 센터링 캠(centering cam)의 목적은?

4. 퓨즈 플러그(fuse plug)와 유압 퓨즈(hydraulic fuse)의 차이를 설명하시오.

메모

2-7 공기압 계통

항공기의 사용되는 공기압은, 일반적으로 대형 항공기에서 유압 계동에 이상이 발생하여 작동유에 의한 유압 계통을 작동시키기가 불가능할 때 보조적인 수단을 사용된다. 대형 항공기의 공기압 계통(pneumatic system)에는 착륙 장치의 비상 작동장치와 비상 브레이크의 장치, 화물실 도어의 작동 계통 등이 있다.

공기압 계통은 누설을 허용하더라도 압력 전달에는 큰 영향을 주지 않는다. 그리고 공기압 계통은 무게가 가볍고, 사용한 공기를 대기 중으로 배출시키게 되므로, 공기가 실린더로 되돌아오는 귀환관(return line)이 필요 없이 계통이 간단해 질 수 있다.

2-7-1 공기압 계통의 구성

공기압 계통은 그림 2-58과 같이 공기압을 발생시키기 위한 압축기(compressor), 지상에서 공기를 보급시켜 줄 수 있는 지상 충전 밸브(ground charging valve), 발생 한 공기압을 저장할 수 있는 공기 저장통(air bottle)과 압력계기(pressure gauge) 등으로 구성되어있다. 그리고 가압된 공기 중에 섞여 있는 수분이나 오일 등의 불순물을 분리하기 위한 수분 제거기(moisture separator), 화학 건조기(chemical drier) 등이 사용된다.

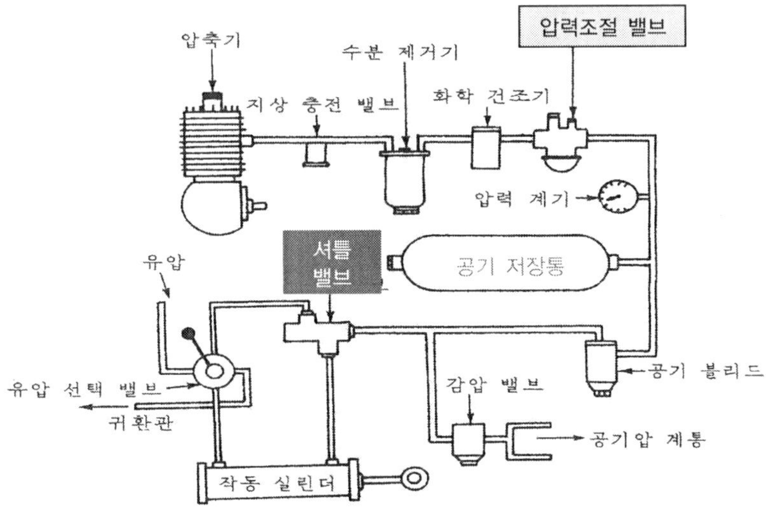

그림 2-58 공기압 계통의 구성

밸브의 종류에는 공기압을 조절하는 압력 조절 밸브(pressure control valve)와 감압 밸브(pressure reducing valve)가 있고, 유압 대신으로 공기를 사용할 수 있게 하기 위한 셔틀 밸브(shuttle valve)가 있으며, 계통의 공기압을 뺄 수 있는 공기 블리드 밸브(air bleed valve)가 있다. 즉 공압계통은 비행 중 혹은 지상에서 온도와 압력이 조절된 압축공기를 제공하여 냉난방, 객실 여압, 날개 앞전의 방빙(anti-icing), 엔진 나셀 방빙, 엔진 시동, 유압계통의 레저버 가압, 물탱크 가압 등에 활용된다.

1. 공기 압축기

일반적으로, 공기 압축기에는 기관 구동식이 사용된다. 그림 2-59와 같은 기관 구동식 압축기에서 공기가 가압되는 과정을 살펴보면 다음과 같다. 구동축이 회전하여 피스톤이 아래로 내려오는 과정에서 실린더의 위쪽에 있는 입구 밸브(inlet valve)를 통하여 공기가 흡입된다. 피스톤이 올라가면 흡입 밸브는 닫히고 이송 밸브(transfer valve)가 열려서, 출구 밸브(outlet valve)와 이송 밸브 사이의 공간으로 공기가 채워진다. 그 후, 둘째 번 행정으로 피스톤이 다시 내려오면 실린더와 피스톤 사이의 공간에서 가압된 공기가 출구 밸브를 통하여 외부의 공기가 실린더로 흡입된다. 이 때의 압축기는 공랭식으로, 2행정 피스톤식 압축기이다.

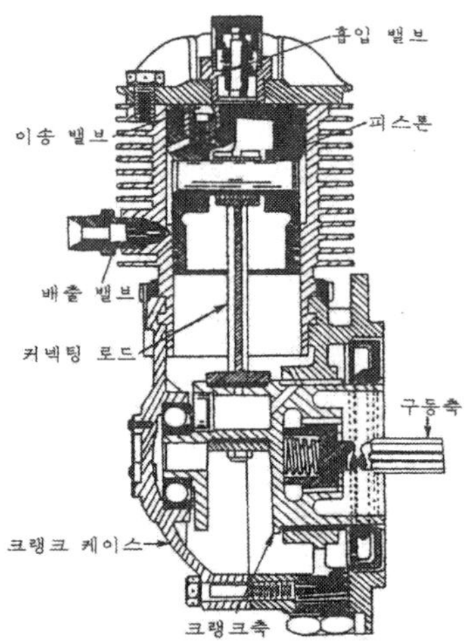

그림 2-59 공기 압축기

2. 지상 충전 밸브

지상 충전 밸브는 일종의 첵 밸브로서, 지상에서 항공기 기관이 작동하지 않고 있을 때 지상 조업 등을 위하여 계통에 공기를 공급하는 데 상용된다. 이 밸브에는 필터가 부착되어 있어서 공급되는 공기 내의 불순물을 제거한다.

3. 수분 제거기

수분 제거기는 공기에 포함되어 있는 수분이나 오일을 제거하기 위한 장치이다. 그림 2-60과 같이, 압축기와 연결되는 공기 흡입구, 공지 저장통으로 연결되는 공기 흡입구, 공기 저장통으로 연결되는 배출구, 고여 있는 수분을 제거하기 위한 드레인 밸브(drain valve) 등으로 구성되어 있다.

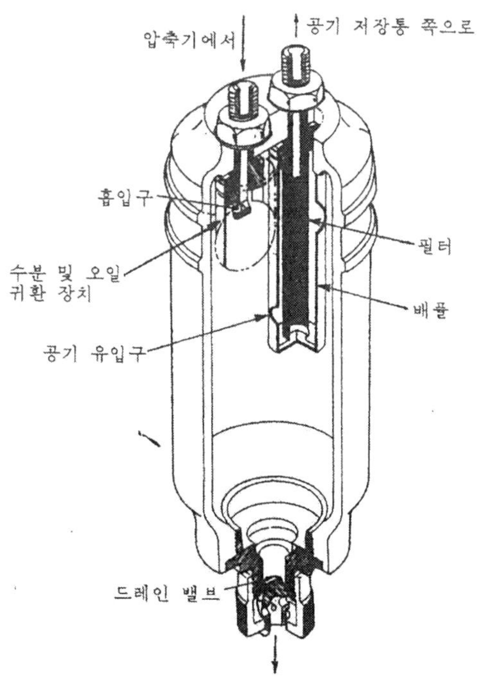

그림 2-60 수분 제거기

공기 흡입구를 통하여 들어온 공기를 공기 흡입구의 가장 끝 부분에 있는 수분 및 오일 귀한 장치의 벽 쪽으로 뚫려 있는 작은 구멍을 통하여 빠른 속도로 분사되기 때문에, 공기는 수분 및 오일과 분리된다. 이렇게 수분 및 오일이 제거된 상태의 건조 공기는 배플 속의 필터 스크린을 통하여 배출구로 나가게 된다. 이 때, 배플은 수분이나 오일이 다시 공기와 혼합되는 것을 방지하는 역할을 한다.

4. 화학 건조기

화학 건조기는 기계적인 수분 제거기로도 제거되지 않은 수분이나 오일 등을 화학적 탈수제로 완전히 제거시키는 장치이다. 또, 화학적 탈수제는 교환하여 사용할 수 있도록 되어 있다.

5. 압력 조절 밸브

압력 조절 밸브는 공기 저장통 내의 공기의 압력을 규정된 범위로 유지시키는 역할을 한다.

그림 2-61의 (a)와 같이. 공기 저장통의 압력이 규정값의 이내에 있을 때에는, 볼 밸브가 위쪽 스프링의 힘에 의하여 대기 중으로 통하는 통로를 닫아, 압축 공기가 첵 밸브를 통하여 저장통으로 공급되도록 한다.

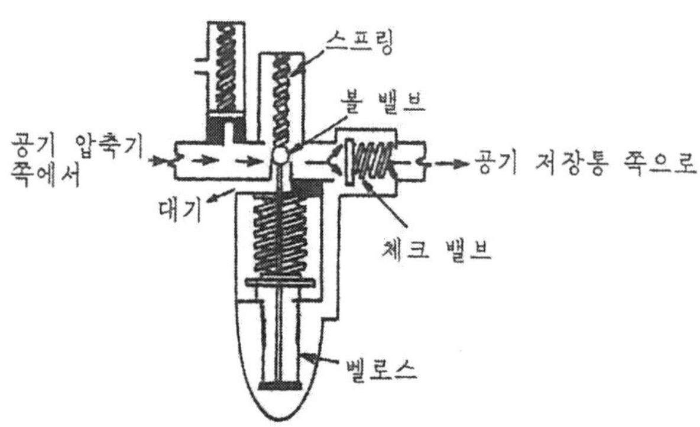

(a) 공압이 지정값 이내일 경우

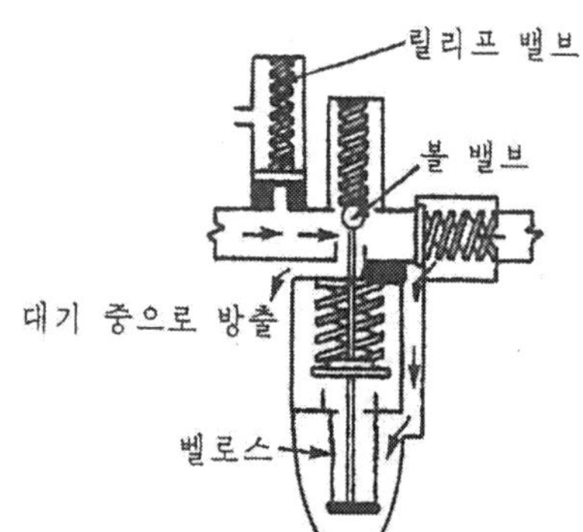

(b) 공압이 지정값 이상일 경우

그림 2-61 압력 조절 밸브

한편, 공기 저장통 내의 공기의 압력이 규정값 이상이 되면, 그림 (b)와 같이 벨로우즈(bellows)가 있는 부분의 압력이 높아져서 볼 밸브의 스프링의 힘을 이겨서 볼이 올라가기 때문에 대기 중으로 통하여 열린다. 이 때, 첵 밸브는 닫히게 되므로 공기 저장통에는 일정한 압력이 유지된다. 그리고 규정 압력 이상이 되더라도 볼 밸브가 열리지 않을 때에는 릴리프 밸브가 작동하여 계통을 보호하게 된다.

6. 공기 저장통(air bottle)

공기 저장통의 구조는 그림 2-62와 같으며, 공기압 계통에 필요한 압축 공기를 저장하는 실린더이다. 공기 저장통 안에서 스택 파이프(stack pipe)가 설치되어 있어. 제거되지 않은 수분이나 윤활유가 계통으로 섞여 나가지 않도록 하며, 필요에 따라 거즈 필터(gauze filter)를 부착하기도 한다.

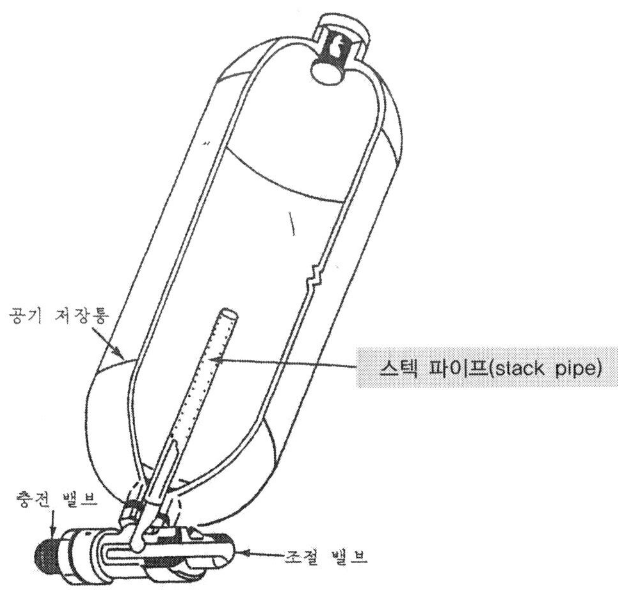

그림 2-62 공기 저장통

7. 감압 밸브

감압 밸브는 그림 2-63과 같이, 높은 압력의 공기가 흡입 플런저에 뚫려 있는 작은 공기 통로를 통과함으로써, 공기의 압력이 낮아지게 하여 저장 계통에 공급되는 밸브이다.

저압 계통으로 보내는 공기압이 규정 압력 이상에 도달하면, 벨로우즈를 수축시키는 힘이 증가되어 압축 스프링을 누르게 된다. 이렇게 되면 벨로우즈 헤드 플레이트(bellows head plate)가 아래로 내려가게 되어. 고정 피벗을 중심으로 벨 크랭크 레버를 회전시켜 흡입 플런저가 왼쪽으로 밀리면서 고압 공기 입구를 닫게 된다. 흡입 플런저가 고압 공기 입구를 닫게 되면 저압 계통의 압력이 일정하게 유지되고, 다시 저압 계통의 압력이 규정값 이하가 되면 흡입 플런저는 오른쪽으로 밀려나 고압 공기의 통로를 마련하여 고압 공기가 공급된다.

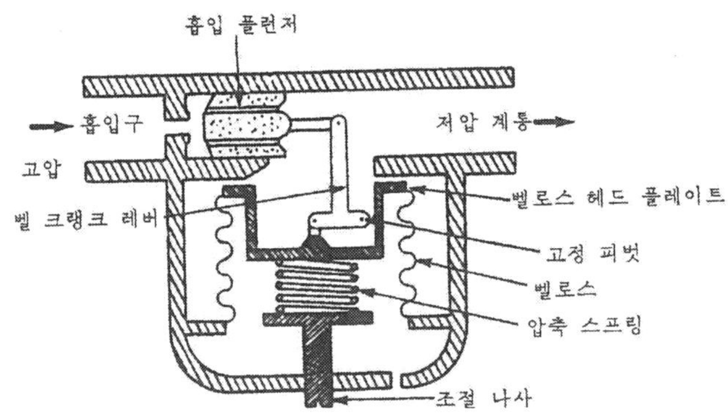

그림 2-63 감압밸브

조절 나사는 압축 스프링의 장력을 조절하여 저압 계통의 압력을 조절하는 장치이다.

8. 셔틀 밸브(shuttle valve)

셔틀 밸브는 유압과 공기압을 필요에 따라 선택할 때에 사용되는 밸브이다. 그림 2-64와 같이, 유압 계통이 정상적일 때에는 압축 공기가 공급되지 못하도록 해야 하므로, 셔틀 밸브에 있는 스프링 힘에 의하여 셔틀이 압축 공기의 통로 A를 막게 된다.

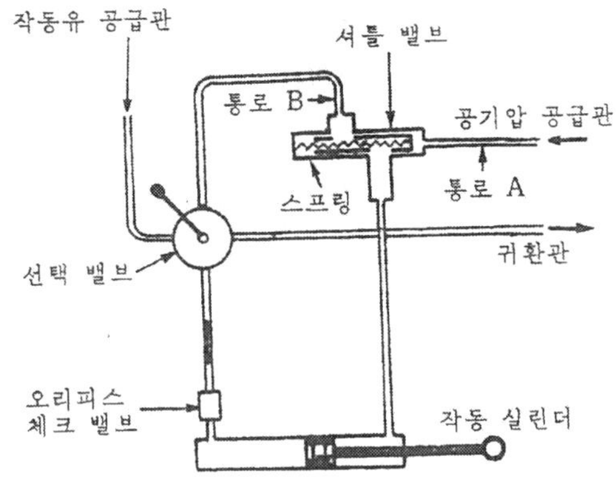

그림 2-64 셔틀밸브

한편, 유압계통의 고장으로 작동유의 공급이 불가능할 때에는, 공기 저장통(air bottle)으로부터 공급된 압축 공기가 셔틀을 왼쪽으로 밀어서 작동유 통로 B를 차단하고 압축 공기 통로 A를 열리게 하여 계통에 공기압이 공급되도록 한다.

2-7-2 공기압 계통의 예

공기압 계통은, 항공기의 종류에 따라 이제까지 설명한 장치들에 의하여 여러 가지로 구성되어 있다. 공기압 계통을 크게 분류하면 공기압을 주 기능으로 하는 계통과, 유압의 공급에 이상이 있을 때에만 보조적으로 공기압을 사용하는 계통으로 나눌 수 있다.

도어 실 계통(door seal system)

공기압을 주 기능으로 하는 공기압 계통은, 그림 2-65와 같은 도어 실 계통(door seal system)을 예로 들 수 있다. 도어 실 계통은 항공기의 도어를 닫았을 때 객실 압력의 누설을 방지하기 위한 계통으로서, 공기 실린더의 압축공기를 도어 실에 공급하여 도어가 완전히 밀폐되도록 한다.

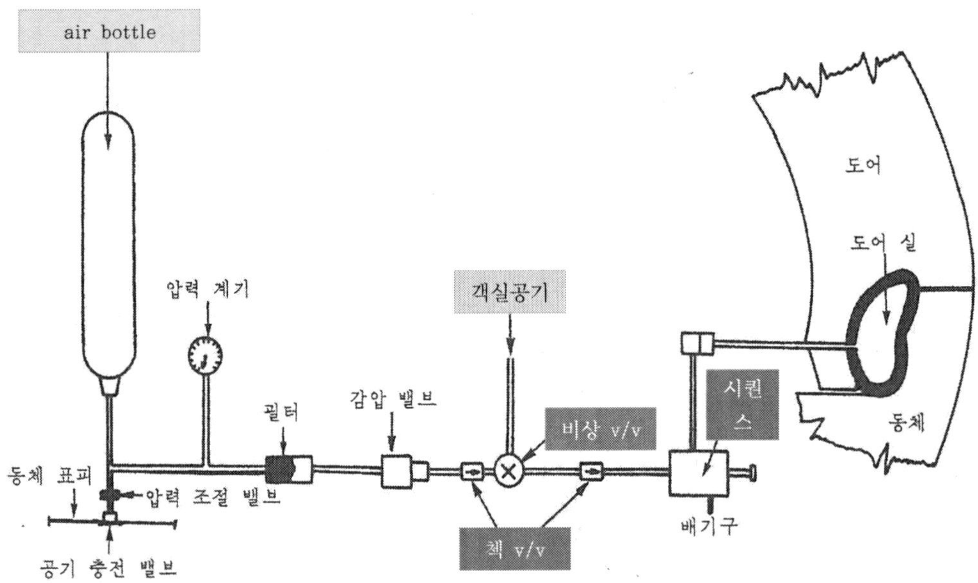

그림 2-65 도어 실 계통(door seal system)

비상 밸브는 공기압 계통에 고장이 생겨 압축공기의 공급이 불가능할 때, 객실의 공기압이 도어 실 계통에 공급되도록 한다. 시퀀스 밸브는 도어의 제어를 위한 도어 래치(door latch)가 작동하면 압축 공기를 도어 실에 공급하고, 도어 래치가 풀리면 도어 실의 압축공기를 대기 중으로 배출시킨다.

도어 작동 계통

그림 2-66은 도어 작동 계통으로서, 작동유의 공급계통에 고장이 생겨 도어가 열리지 않을 때에는, 비상 공기조정 밸브를 열어 압축공기의 압력이 작동유를 가압하도록 하여, 도어 래치 작동 실린더(door latch actuating cylinder)로 작동유가 공급되게 한다. 도어 래치 작동 실린더가 작동하면 토크 튜브에 의하여 도어 래치가 풀리고, 동시에 연결 기구의 작동에 따라 작동 밸브가 움직인다. 작동 밸브가 작동되면 압축 공기의 압력이 도어 작동 실린더에 공급되어 도어가 열리게 된다.

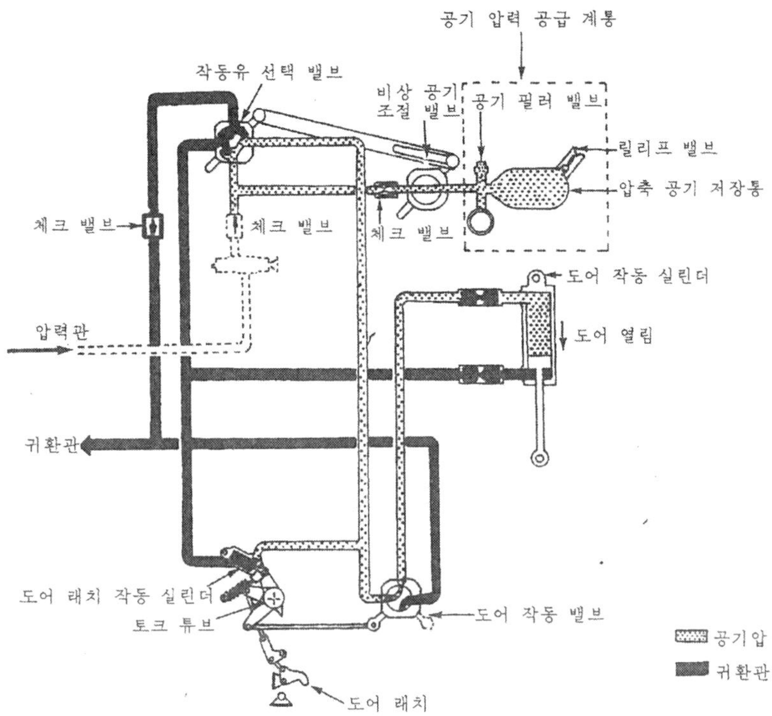

그림 2-66 도어 작동 계통

공압계통에서 덕트 온도 스위치(duct temperature switch)와 밸브 위치(valve position)애 따라 그 상태를 나타내는 등(light)이 있다. 먼저 작동상태를 나타내는 condition light가 점등되며, 스위치의 위치와 밸브의 위치가 일치하면 일치등(agreement light)이 점등하고 일치하지 않을 경우 불일치등(disagreement light)이 점등된다. 또한 스위치의 위치에 관계없이 밸브의 위치가 완전히 열리거나 닫히는 위치 이외에 있을 경우는 in-transit light가 점등된다.

블리드(bleed) 공기로 엔진과 엔진 또는 엔진과 제어밸브 사이, 예를 들면 엔진과 공압 구성품(pneumatic components)들 사이를 연결시켜주는 공압 manifold가 있으며, 다기능 밸브를 **PRSOV**(pressure regulator and shut-off valve)로 나타내고 이것은 개폐, 압력 조절, 온도 조절, 역류 방지 기능 및 엔진 시동시 역류방지 기능의 허용 등이 있다. 이는 4장에서 설명하는 기내 블리드 공기를 이용한 공기압 및 냉난방 제어에 활용된다.

복습문제 1

1. 유압계통과 공압계통의 차이점은 무엇인가?

1)

2)

3)

2. 유압과 공압에서 구성품들의 기능에 대해 쌍대성을 나타낸 것이다.

유압(hydraulic system)	공압(pneumatic system)
	압축기
셔틀밸브	
압력조절기	
	공기 저장통

3. 공기 저장통(air bottle)에서 스텍 파이프(stack pipe)의 역할은?

복습문제 2

1. 다음 빈 괄호들 안에 적당한 용어를 쓰시오.

공압 계통에서 덕트 온도 스위치(duct temperature switch)와 밸브 위치(valve position)애 따라 그 상태를 나타내는 등(light)이 있다. 먼저 작동상태를 나타내는 ( )가 점등되며, 스위치의 위치와 밸브의 위치가 일치하면 ( )이 점등한다. 또한 스위치의 위치에 관계없이 밸브의 위치가 완전히 열리거나 닫히는 위치 이외에 있을 경우는 ( )가 점등된다.

2. 다음 중에서 PRSOV의 기능이 아닌 것은?

① on/off control ② temperature control

③ pressure control ④ ventilation

메모

2-8 보조 동력 장치(APU)

보조동력장치(auxiliary power unit)는 항공기 자체에 설치된 소형 제트 보조엔진으로서 엔진과 별도로 작동한다. 즉, 비행에 직접 필요로 하는 추진력을 얻는 엔진 외에 냉난방공기, 전기 및 제트엔진의 시동에 필요한 공기 압력원을 제공해 준다. 어떤 항공기는 비행 시에도 작동할 수 있도록 설계하여 부가적인 전력과 공기압을 공급해 준다. 따라서 APU는 각 시스템과 장비의 동력원이 되는 전력(electric power)과 공압(pneumatic power)을 공급하기 위한 동력장치이다.

2-8-1 외관 및 장착위치

시동은 전기 시동기에 의해 시동되고 통상 항공기의 기체 뒤편(동체 후미)에 장착하여 사용하며 2단계 원심형 압축기, 한 개의 연소실 및 방사형 흐름 터빈으로 구성된다.

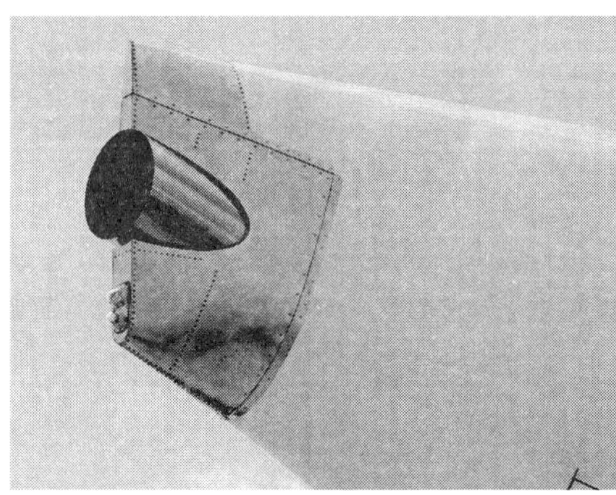

그림 2-67 APU 외관 및 설치 위치

통상 상업용 가스터빈 수송 항공기에 사용되는 APU는 다음과 같이 3개 부분들, 즉 전력부(power section), 부하 압축기부(load coompressor section) 및 기어박스부(gearbox section)로 구성된다. APU는 **소형 가스터빈 엔진으**로서 주로 주

엔진의 공중 및 지상 시동장치로 사용되고 항공기의 비상 및 보조전원을 공급하는 역할을 할 뿐만 아니라 승무원실과 객실의 환경조절 등으로 사용되는 bleed 공기를 공급한다.

2-8-2 기능 및 작동

APU는 가스 터빈부, 부하 압축기, 공랭식 발전기, 통합 기어박스 및 제어장치로 구성되며 배터리 28V_{dc}를 전원으로 사용하여 전기적으로 시동을 건다. 그림 2-68은 APU 구성품 배치를 나타낸 것이다. 먼저 원심형 흐름 가스터빈엔진으로 2개의 역회전 터빈으로 구성하며 각 터빈은 압축기를 구동한다. 각각의 압축기는 원심형 임펠러에 볼트로 연결된 축이다.

고압 압축기는 고압 터빈에 의해 구동되는 동안 부하 압축기 임펠러는 파워 터빈에 의해 구동된다. 부하 압축기 축은 부하 기어박스로 토크를 전달하며, 부하 압축기 임펠러는 엔진의 시동, 에어 컨디셔닝 시동장치, 및 공기구동 유압펌프에 필요한 공기압을 제공해 준다.

부하 기어박스는 엔진의 전방부에 위치하여 냉각팬과 공랭식 발전기를 구동시키는 패드로 설계되어 있다. 냉각팬의 저압 냉각공기는 발전기, 공기오일 열교환기를 냉각시키며 부가적으로 APU부의 공기를 환기시킨다. 부하 압축기는 입구 안내 베인(IGV: inlet guide vane)에 의해 항공기에 필요한 공기압의 양을 조절한다.

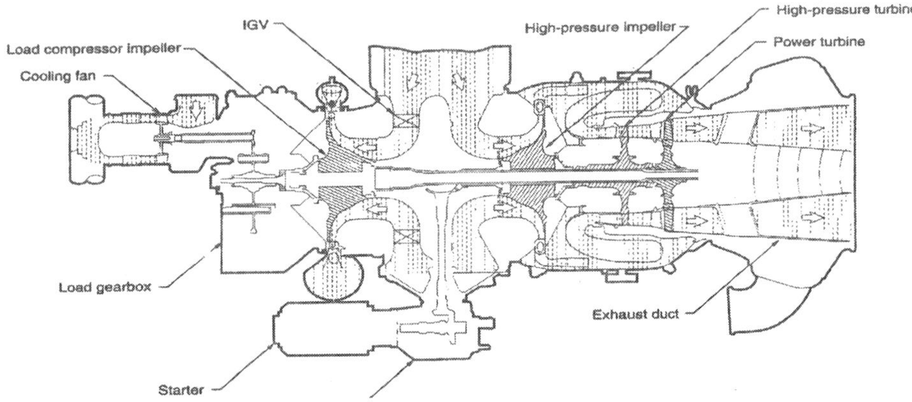

그림 2-68 APU의 구성요소

전력부(power section)

The power section is the gas generator portion of the engine and produces all the shaft power for the APU.

부하 압축기부(load coompressor section)

The load compressor is generally a shaft-mounted compressor that provides pneumatic power for the aircraft, though some APUs extract bleed air from the power section compressor. There are two actuated devices: the inlet guide vanes (IGV) that regulate airflow to the load compressor and the surge control valve that maintains stable or surge-free operation of the turbo machine.

기어박스부(gearbox section)

The gearbox transfers power from the main shaft of the engine to an oil-cooled generator for electrical power. Within the gearbox, power is also transferred to engine accessories such as the fuel control unit, the lubrication module, and cooling fan. In addition, there is also a starter motor connected through the gear train to perform the starting function of the APU. Some APU designs use a combination starter/generator for APU starting and electrical power generation to reduce complexity.

엔진에 부착된 기어박스(gearbox)는 발전기를 구동시켜 지상에서 필요한 전력을 제공하며 비행 시에도 부가적인 전원을 공급한다. 비행 중에 엔진이 고장이 나고 충분한 동력을 얻지 못할 경우에도 비행고도에 대한 제한이 있으나 APU를 작동시켜 동력원을 확보한다.

- 고압터빈/고압압축기 축(N_2): 회전속도를 일정하게 유지하여, 이 축으로 **발전기**를 구동하여 115V, 400Hz, 3상 전력을 공급한다.

- 저압터빈/저압압축기 축(N_1): 고압압축공기는 **터빈노즐 가이드 베인**을 통해 필요한 저압의 압축공기로 블리드하여 **공기 동력계통** 및 **개스 제너레이터의 공기를 공급한다.**

2-8-3 APU의 조종과 지시계통

APU를 시동하려면 시동스위치를 ON에 위치한 후, 곧바로 START위치로 선택하면 된다. 시동스위치를 ON하면 연료밸브와 흡입도어가 열리며 블리드 밸브가 동작되어 연료펌프가 작동된다.

이 계기판은 조종실에 설치되어 배기가스 온도, 오일량 및 오일압력, 과속상태 등을 알려준다.

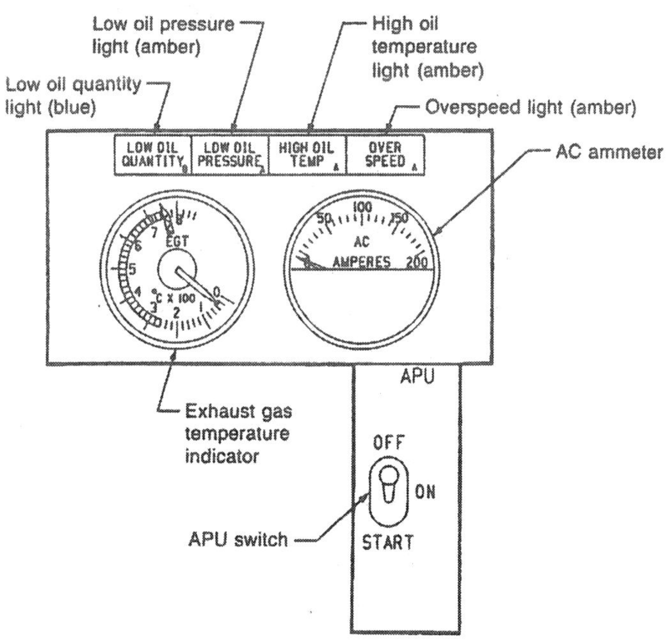

그림 2-69 APU 계기판

메모

제3장 기내 환경조절 계통

현대의 항공기가 제트화되고 대형화됨에 따라 연료 소비율을 줄이고, 조건이 나쁜 기상 상태와 난기류 등을 피하기 위하여 높은 고도를 비행한다. 이로 인하여 객실의 기압이 낮아져서 인간이 견딜 수 없는 압력 상태로 된다. 이와 같이 기내 압력조절과 냉난방을 제어하는 공기조화계통 및 산소계통에 대해 학습한다.

Dividing the Atmosphere:

Earth is enclosed by a ball of mixed gasses called the atmosphere. Without the atmosphere, no life could exist. It provides the oxygen we breath and protects us from dangerous solar radiation. Scientists have divided it into four layers based on the changes in temperature that occur with increases in altitude.

The first layer, the troposphere, is the smallest but perhaps the most important to humans. It extends from Earth's surface up to an average of 11 km. Temperatures are highest at the bottom of the troposphere, as heat from the sun reflects off the planet and warms the air. Moving upward, the temperature drops uniformly as altitude increases, averaging −57℃ at the top of the layer. Almost all of Earth's weather phenomena come from within this layer.

The stratosphere lies above the troposphere and stretches about four times as high. For the first 10km of this layer, air temperature remains constant with height. Then, starting at 20km above Earth's surface, it begins to warm. It continues to rise as altitude increases, reaching up to −3℃.

This warming is caused by ozone, a gas composed of oxygen atoms and found in large quantities in the stratosphere, which produces heat as it absorbs ultraviolet radiation from the sun. The ozone layer is important because life on Earth could not survive the sun's radiation without its protection.

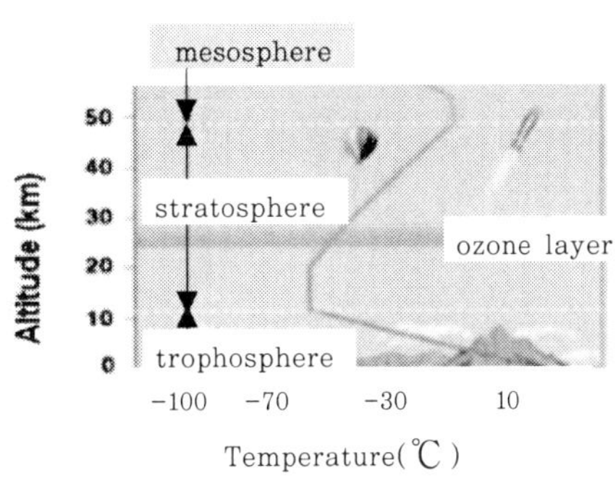

3-1 기내 환경조절의 필요성

항공기는 효율을 높이고 난기류를 피하기 위해 높은 고도로 비행한다. 고도가 높아지더라도 객실을 인체에 알맞은 상태 유지시켜야 할 장치가 항공기에 필요하며, 이 계통을 객실 여압계통(cabin pressurization system)이라고 한다. 이는 항공기 내의 환경을 적절히 조절하기 위한 것이다.

3-1-1 대기압과 산소

고체는 무게가 있듯이 눈에 보이진 않지만 공기도 무게를 가진다. 지구표면으로부터 공간으로 확장되는 공기의 무게를 대기압이라 하며, 해수면 상에서의 대기압은 14.7psi이다. 다른 단위로 표현하면 해수면상의 대기압은 29.92$inHg$, 1013$mbar$ 또는 1013hPa로도 나타낼 수 있다. 이 대기압은 고도가 증가함에 따라 감소한다.

대기를 구성하고 있는 건조한 공기는 약 78%의 질소와 21%의 산소 외에 0.9%의 아르곤과 오존, 이산화탄소와 네온 등으로 구성되어 있다. 또, 대기는 약간의 수증기를 함유하고 있다. 고도가 상승함에 따라 대기의 온도는 떨어지고, 기압과 밀도도 감소한다.

대기의 온도는 고도 11,000m까지는 매 1,000m마다 6.5℃씩 감소하고, 기압은 해발고도 16,165m(약 53,000ft)에서 해면 기압의 1/10로 감소하며, 35,000ft상공에서 공기의 온도는 −55℃이다.

대기 중의 산소는 생명을 유지하는 기본 요건이 되는 것으로서, 고도가 높아짐에 따라 기압과 산소의 함유량이 감소한다. 산소 결핍에서 오는 현상을 산소 결핍증이라 하는데, 4,575m(약 15,000ft) 고도에서 혈액 중에는 산소 포화 상태가 해면 상태의 81%이다. 고도가 더욱 증가하여 혈액 중에 산소 포화상태가 감소하면 의식 불명이 되고, 생명까지 잃게 된다.

일반적으로, 외부의 도움이 없이 인간이 신체적인 장애를 받지 않고 정상적인 활동이 확실하게 보장되는 고도는 해면상으로부터 약 2,400m(약 8,000ft)이다.

3-1-2 비행고도와 객실고도

고공을 비행하는 항공기는 저공을 비행하는 항공기보다 연료가 적게 소모된다.

즉, 제트 항공기는 높은 고도에서 더 높은 효율을 가진다. 탑승자는 높은 고도에서 산소 결핍증에 걸리게 되므로, 객실 안의 기압을 인체에 불편함이나 해가 없도록 조절해야 한다. 이러한 이유 때문에 실제 비행하는 고도의 대기압과 객실 안의 기압이 서로 다른데, 실제 비행하는 고도를 비행고도(flight altitude)라 하고, 객실 안의 기압에 해당되는 기압고도를 객실고도(cabin altitude)라 한다.

객실 여압계통은 높은 고도로 비행하는 항공기에서 승객과 승무원들을 기압변화에 대한 안전성과 쾌적성을 확보하기 위한 계통이다. 객실 여압계통이 없는 상태에서는 인간이 호흡할 수 없으므로 비행기는 외부공기를 그대로 공급하는 것이 아니라 일단 압축시켜 공급하게 된다. 이러한 압축공기 공급기준으로 미 연방 항공청(FAA)은 객실내의 기압이 8,000ft(22.22$inHg$)에 상당하는 기압 아래로는 내려가지 않도록 규정하고 있다.

그림 3-1은 여압계통이 갖추어진 항공기가 비행하는 동안 비행고도와 객실고도를 나타낸 것이다. 비행고도와 객실고도의 차이로 인하여 기체 외부와 내부에는 다른 압력이 작용하게 된다. 이 압력차를 차압(differential pressure)이라 하며, 비행기 구조가 견딜 수 있는 차압은 설계할 때에 정해지게 된다. 항공기가 상승 혹은 하강시에 객실내부의 압력변화율이 300 ~ 500ft/min가 되도록 공기흐름을 조절해야 한다.

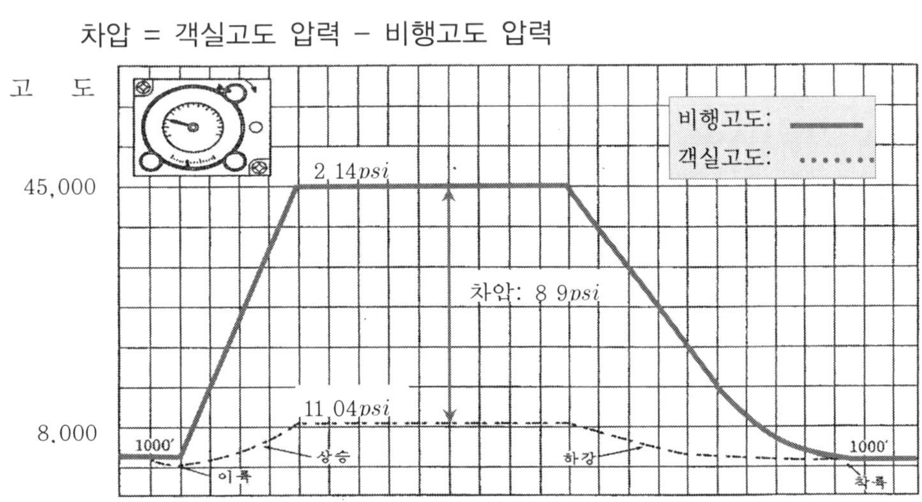

그림 3-1 비행고도와 객실고도

3-1-3 객실 여압 및 기체구조

객실 안의 압력이 높이기 위해서는 밖으로부터 신선한 공기를 흡입하여 압축기로 압축시켜 객실로 공급해야 한다. 항공기의 객실 여압은 압축 공기를 객실 고도에 맞게 조절하여 공급하는 것이 아니라, 압축된 공기를 계속해서 객실에 공급하며, 객실 내의 압력은 기체 밖으로 배출시킬 공기의 양을 조절함으로써 조절된다.

공기 조화계통 (air conditioning system)은 냉각장치와 가열장치를 이용하여, 객실내부로 유입되는 압축공기의 온도를 인체에 알맞은 상태로 조절하는 장치로서, 여압계통과 함께 사용된다.

객실 여압 계통

1. 여압 공기의 공급

여압공기는 객실 여압과 공기조화를 위하여 왕복기관의 항공기에서는 기관의 구동력을 이용한 과급기(supercharger), 또는 배기가스로 구동되는 터빈의 힘을 이용한 터보 과급기(turbo charger)로부터 얻어진다. 그리고 가스 터빈 기관의 항공기에서는 기관 압축기에서 가압된 블리드 공기를 공급받지만 이로 인해 기관은 약간의 출력감소를 가져온다.

현대 항공기에서는 기관 블리드 공기에 의한 출력감소를 줄이고 여압공기의 오염 문제를 해결하기 위하여 여과한 객실의 공기를 신선한 공기와 혼합하여 객실에 다시 공급하기도 한다. 즉 기관 블리드 공기나 액세서리 구동 기어(accessory drive gear)에 의해서 구동되는 독립된 별도의 압축기로부터 공급받기도 한다.

(1) 왕복기관 항공기의 여압 공기의 공급

왕복기관은 과급기(supercharger) 또는 터보과급기(turbocharger)로부터 객실 여압에 필요한 공기를 공급받는다. 과급기는 왕복 기관에 의해 구동되는 일종의 공기 펌프로서, 흡입 과정중의 공기를 가압하여 그 중에서 일부를 직접 여압계통으로 보낸다.

그림 3-2는 터보과급기로서, 과급기와 작동 절차는 같으나 배기가스를 이용하

여 구동한다는 점이 다르다. 이런 방법들은 객실 공기가 연료, 연기, 또는 윤활유에 의하여 오염될 염려가 있고, 기관의 출력을 감소시키는 단점이 있다.

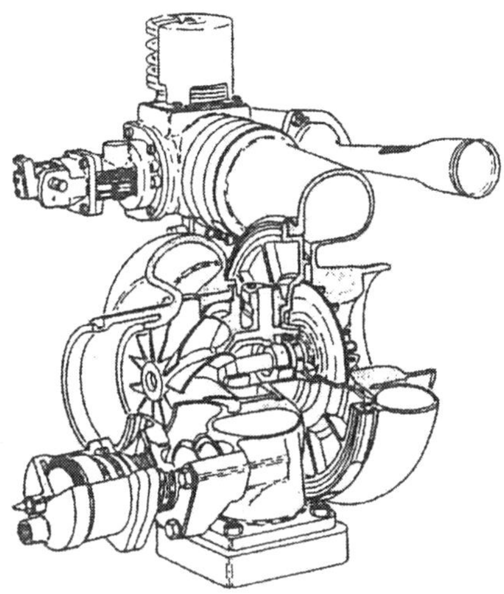

그림 3-2 터보과급기(turbocharger)

(2) 가스 터빈기관

가스 터빈기관을 장착한 항공기는 객실 여압을 위하여 기관 압축기에서 가압된 블리드 공기를 사용한다. 이렇게 하면 기관은 약간의 출력 감소를 가져온다.

어떤 항공기에서는 공기의 오염 문제 때문에 별도의 압축기를 사용한다. 이 때, 압축기는 액세서리 케이스의 구동 기어에 의하여 구동되거나, 기관 압축기로부터 나오는 블리드 공기에 의하여 구동되며, 압축기의 형식으로 루트식 압축기(root type compressor)와 원심력식 압축기(centrifugal type compressor)가 있다.

루트식 압축기는 그림 3-3과 같이, 2개의 평행한 축에 붙어 있는 2개의 로브형 회전자(lobe type rotor)가 같은 속도로 회전하면서 공기가 로브 사이로 들어가서 압축되어 공기 덕트로 공급된다.

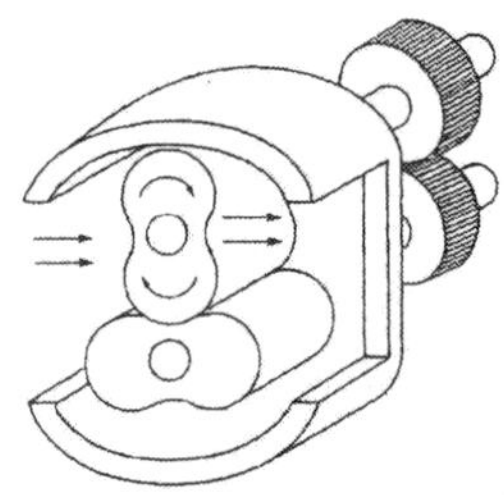

그림 3-3 루트식 압축기

원심력식 압축기는 그림 3-4와 같이, 임펠러(impeller)가 회전하면서 흡입되는 공기를 가속시켜 운동에너지를 증가시키고, 디퓨저(diffuser)를 통과하면서 공기의 운동에너지가 압력에너지로 바뀐다.

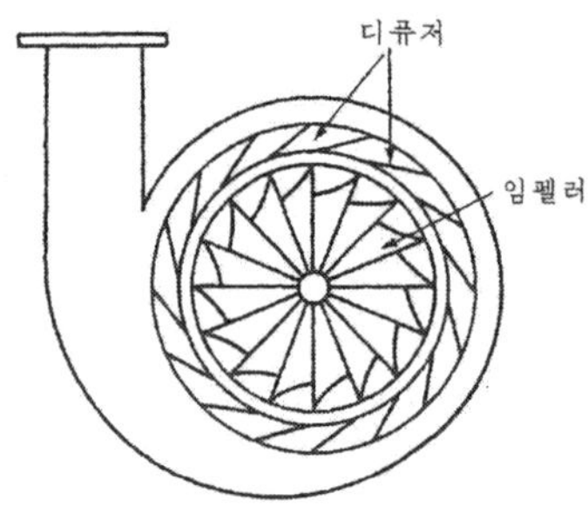

그림 3-4 원심력식 압축기

그림 3-5는 기관 블리드 공기를 이용한 여압장치를 나타낸 것이다. 기관 블리드 공기를 이용하여 터빈을 구동시키면, 같은 축에 연결되어 있는 터보 압축기(turbo compressor)가 회전하면서 외부의 램(ram) 공기를 압축시켜, 이 압축된 램 공기와 기관 블리드 공기가 섞여서 객실로 보내어 진다.

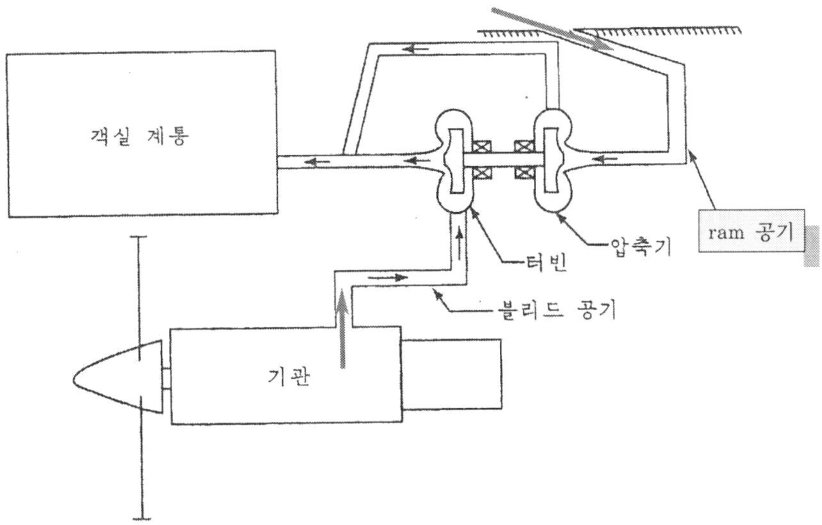

그림 3-5 기관 블리드 공기를 이용한 여압장치

그림 3-6은 압축기가 필요없는 제트 펌프(jet pump)를 이용한 여압 장치를 나타낸 것이다.

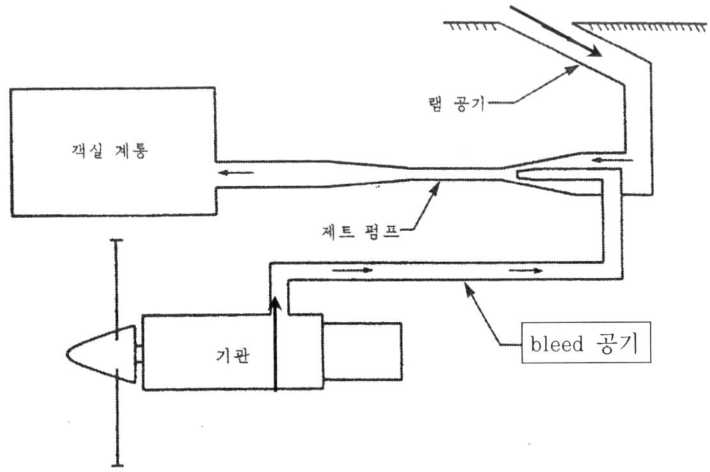

그림 3-6 제트 펌프(jet pump)를 이용한 여압 장치

기관 블리드 공기가 제트 펌프의 수축 노즐을 통하여 흐르면 속도가 매우 빨라지면서 압력은 감소하게 된다. 이 감소된 압력의 힘이 외부의 램 공기를 빨아들여 블리드(bleed) 공기와 함께 섞여 필요한 부분으로 보내어진다.

현대 항공기에서는 기관 블리드 공기에 의한 출력 감소를 줄이기 위하여 여과한 객실의 공기를 신선한 공기와 혼합하여 객실에 다시 공급하기도 한다.

객실여압 및 기체구조

비행고도와 객실고도의 차이로 인하여 기체 외부와 내부에는 다른 압력이 작용하게 된다. 이 압력차를 차압(differential pressure)이라 하며, 비행기 구조가 견딜 수 있는 차압은 설계할 때에 정해지게 된다. 항공기를 여압하기 위해서는 항공기가 비행할 때에 동체구조에 작용하는 응력을 견딜 수 있도록 여압되는 부위가 충분한 구조강도를 가지고 있어야 한다. 항공기가 얼마나 높은 고도로 비행할 수 있는가는 최대허용 객실차압을 얼마로 설계했는가에 따라 다르다.

그림 3-7은 차압이 8.9*psi*인 항공기의 객실고도를 2,400m (8,000*ft*, 11.04 *psi*)에 맞추어 놓았을 때의 비행고도와 객실고도와의 관계를 나타낸 것이다. 높은 고도에서는 공기압이 급속히 저하되므로 승객의 안락과 안정을 위해 객실 여압장치를 필요로 한다.

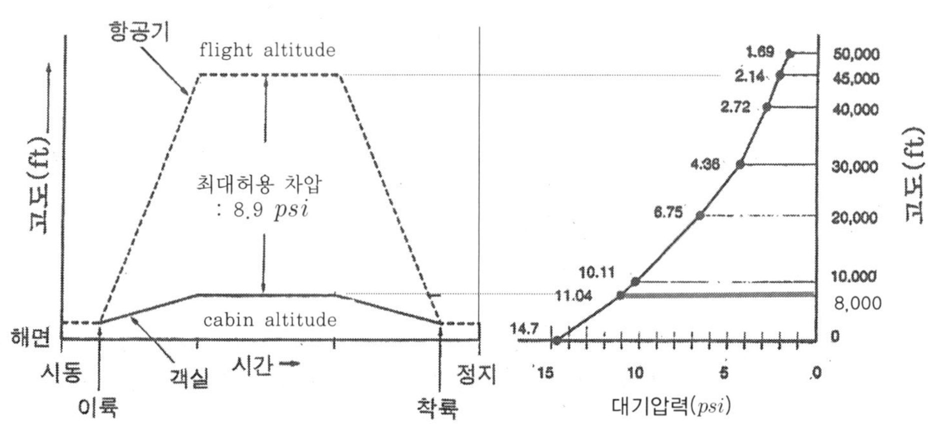

그림 3-7 운송용 항공기 여압도표

비행고도 0~2,400m(8,000ft) 범위 내에서는 여압을 하지 않아도 문제가 발생하지 않는 비여압 범위(unpressurization range)이고, 비행고도 13,500m(45,000ft)이상에서는 차압이 8.9psi를 넘어서는 안 되므로, 비행고도가 높아지면 객실고도도 따라서 올라가야 하는데, 이를 차압 범위(differential pressure range)라 한다. 비행기 구조가 견딜 수 있는 차압은 설계할 때 미리 정해지게 된다. 허용되는 차압이 크면 클수록 기체구조의 강도는 더 커야 한다.

45,000ft로 비행할 때 대기압은 2.14psi이므로 객실을 가압시켜 8,000ft이상인 11.04psi가 되도록 공기압을 승압시켜야 한다. 객실공기를 가압시키고 감압시키는 방법은 여압장치에서 다룬다.

복습문제

[1] 기체구조 설계시 차압을 견디도록 설계되며 최대 허용차압이 8.9psi라고 한다. 이 항공기의 비행고도가 50,000ft 라면 항공기의 동체는 어떻게 되는가?

[해]

[2] 만약 최대 허용차압이 8.32psi라면 항공기의 비행고도를 어떻게 되어야 하는가?

3-1-4 객실 여압 계통의 작동

높은 고도에서는 공기압이 급속히 저하되므로 승객의 안락과 안정을 위해 객실 여압장치를 필요로 한다. 객실 여압 및 공기 조화계통을 구성하는 기기로서 객실에 공급되는 공기의 양을 조절하고 객실의 압력을 조절한다.

공기 유량 조절 장치

1〉 공기압식 유량 조절 장치

이 장치는 고정 용량의 기관 구동 압축기에 연결되어 사용되는 것으로 순항 고도에서 요구되는 공기유량을 객실에 공급한다. 이것은 왕복기관 항공기에 사용되는데, 스필 밸브(spill valve)의 출구 쪽에 벤투리관을 두어 대기로 배출해야 할 공기량을 조절한다. 계통이 정상적일 때에는 스필 밸브가 닫혀 있다가 기관의 회전수 등이 증가하여 공기 유량이 과다할 때에는 열리도록 되어 있다.

2〉 자동 유량조절 장치

피스톤형 밸브에 의하여 제트 기관의 압축기로부터 객실로 공급되는 공기의 흐름을 자동 조절하는 장치로서, 기관의 압축기에 작용하는 기압공기의 압력에 따라 피스톤이 작동하여 객실로 들어가는 공기 통로의 크기를 조절함으로써 공기의 흐름을 조절하는 장치이다.

객실 압력조절 장치

1〉 아웃플로우 밸브(outflow valve)

그림 3-8과 같은 아웃플로우 밸브는 일종의 방출 밸브(discharge valve)로서, 객실 압력을 조절하는 것이 그 첫째 기능이다. 이 밸브는 고도에 관계없이 계속 공급되는 압축된 공기를 동체의 옆이나 꼬리 부분 또는 날개의 필릿을 통하여 공기를 외부로 배출시킴으로써 객실의 압력을 원하는 압력으로 유지되도록 하는 밸브이다.

아웃플로우 밸브의 개폐 조절은 직접 공기압에 의해 작동되거나 공기압에 의해 제어되는 전동기의 구동에 의해서 작동된다. 또 아웃플로우 밸브는 착륙할 때 착륙장치의 마이크로 스위치에(micro-switch) 의하여 지상에는 완전히 열리도록 함으로써 출입문을 열 때 기압차에 의한 사고가 발생하지 않도록 한다.

그리고 비행 중에 고도가 증가함에 따라 객실안의 공기 배출을 적게 하기 위하여 밸브가 점차적으로 닫히게 되며, 객실 고도가 높고 낮은 정도는 아웃 플로우 밸브의 개폐 정도에 좌우된다.

즉, 이 밸브는 공기의 유입은 계속 기내로 받아들이며 배출되는 양을 조절하는 것이다.

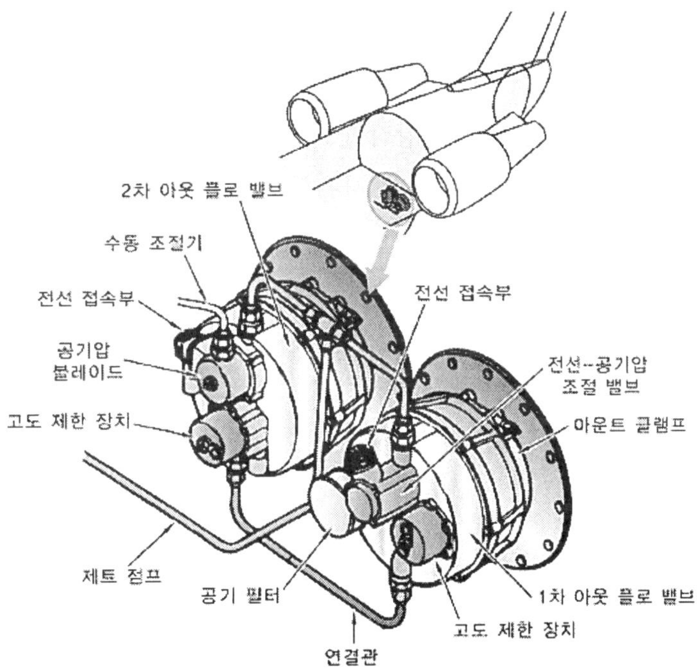

그림 3-8 아웃 플로우 밸브(outflow valve)

2) 객실 압력 조절기(cabin pressure regulator)

객실 압력 조절기는 규정된 객실 고도의 기압이 되도록 아웃 플로우 밸브의 위치를 지정하고, 자동적으로 등기압 범위에 있어서의 설정값을 조절해 주며 차압 영역에서는 미리 설정한 차압이 유지되도록 한다.

등기압 범위에서는 고도에 관계없이 일정한 객실 압력을 유지하고 차압의 조절은 동체 구조 설계의 최대 차압을 넘지 않도록 한다. 또, 객실 고도를 변경하려고 할 때에는 설정 노브로 기준을 다시 선택할 수 있게 되어 있다.

3) 객실 압력 안전밸브(cabin pressure relief valve)

객실 압력 안전 밸브에는 차압이 규정값보다 클 경우에 작동되는 객실 압력 릴리프 밸브와 대기압이 객실 압력보다 높을 경우에 작동되는 부압 릴리프 밸브(negative pressure relief valve) 및 제어 스위치에 의해 작동되는 덤프 밸브(dump valve)가 있다.

(1) 압력 릴리프 밸브(pressure relief valve)

여압된 항공기는 일종의 커다란 압력 용기와 같은 것으로서, 과도한 차압에 대해서 기체의 팽창에 의한 파손을 방지하기 위한 장치가 필요한데, 이것을 객실압력 릴리프 밸브라 한다. 이 밸브는 아웃 플로우 밸브와 함께 구성하는 경우와 따로 분리시켜 장치하는 경우가 있다.

여압된 항공기에서 아웃 플로우 밸브에 고장이 생겼거나 다른 원인에 의하여 객실의 차압이 규정값 이상으로 되면 객실 압력 릴리프 밸브가 작동하여 객실안의 공기를 외부로 배출시킴으로써 규정된 차압을 초과하지 못하도록 한다.

압력 릴리프 밸브는 객실압력이 미리 설정된 대기압과의 차압을 넘는 경우, 항공기 기체의 손상을 방지하기 위함이다.

(2) 부압 릴리프 밸브(negative pressure relief valve)

부압 릴리프 밸브는 진공밸브라고도 하며, 기체 밖의 외기압 즉 대기압이 객실안의 기압보다 높은 경우에는 대기의 공기가 객실로 자유롭게 들어오도록 되어 있는 밸브이다. 이 밸브는 항공기가 객실고도보다 더 낮은 고도로 하강할 때에나 지상에서 객실압력과 대기압을 일치시켜 줄 필요가 있을 때 열리게 된다. 그림 3-7을 참조하기 바란다.

항공기가 지상모드로 되면 이 밸브는 자동으로 열려 객실압력과 대기압력이 같아지게 된다. 대기압이 객실압력을 초과하면 밸브는 스프링을 밀고 열리게 되어 대기공기가 기내로 유입된다.

항공기가 상승하거나 하강할 때 객실 내의 압력 변화율이 300~500ft/min이 되도록 공기의 흐름을 조절해야 한다.

(3) **덤프 밸브**(dump valve)

덤프 밸브는 조종석에서 작동시키며, 조종석의 스위치를 램 공기 위치에 놓으면 솔레노이드 밸브가 열려서 객실공기를 대기로 배출시키도록 하므로, 언제든지 승무원의 의사에 따라 객실 안의 기압을 바깥공기의 대기압과 같게 할 수 있다.

덤프 밸브는 항공기가 지상에 착륙시 모든 객실압력을 제거하기위해 사용된다. 덤프 밸브가 열리면 객실압력과 대기압력이 같게 된다. 이 밸브는 항공기가 착륙 후에도 객실이 여압되는 것을 방지하기 위한 것이다.

복습문제 1

[1] 객실 압력조절 장치에서 outflow valve의 용도와 기능을 설명하시오.

[2] 객실 여압 안전장치에서 덤프 밸브(dump valve)의 기능은?

[3] 여압이 되고 있는 항공기의 객실고도 상승률이 너무 빠르면 어떻게 해야 하나?

㉮ 객실 압축기의 회전수를 높인다.
㉯ 개실 압축기의 회전수를 줄인다.
㉰ outflow v/v를 천천히 닫는다.
㉱ outflow v/v를 빨리 닫는다.

복습문제 2

[1] 객실여압계통의 아웃플로우 밸브(outflow valve)의 가장 기본적인 기능은?

㉮ 객실의 온도 조절 ㉯ 객실의 균형 조절

㉰ 객실의 습도 조절 ㉱ 객실의 압력 조절

[2] 항공기의 객실여압(cabin pressurization)계통에서 압력 릴리프 밸브(pressure relief valve)는 언제 열리게 되는가?

㉮ 객실압력이 외부압력보다 일정한 차압을 초과할 경우

㉯ 객실압력이 외부압력보다 일정한 차압을 초과하지 못할 경우

㉰ 객실압력을 외부로부터 흡인할 경우

㉱ 객실압력을 외부공기로 여압을 할 경우

[3] 객실 여압계통에서 대기압이 객실안의 기압보다 높은 경우, 객실로 자유롭게 들어오도록 사용하는 장치는?

㉮ 부압 릴리프 밸브 ㉯ 객실 하강율 조절기

㉰ 아웃플로우 밸브 ㉱ 수퍼차져 오버스피드 밸브

3-2 냉·난방 계통

공기 조화계통은 항공기 내부의 공기를 쾌적한 상태의 온도로 조절하는 계통으로, 가열기(heater)나 냉각기(cooler)를 사용하여 기내의 온도를 약 21~27℃로 만든다. 이와 같은 기능을 하기 위하여 공기 조화 계통은 냉각용 공기와 난방용 공기 및 환기용 공기를 공급할 수 있는 장치를 갖추어야 한다.

항공기에는 기내의 온도를 감지할 수 있는 장치가 있어서, 미리 설정한 기내 온도와 비교하여 차이가 나면 이런 장치들이 작동된다.

3-2-1 난방 계통

여압 공기는 압축기에서 압축될 때 이미 가열되어 있으므로, 대부분의 경우에는 추가로 가열할 필요가 없다. 그러나 온도를 좀 더 높일 필요가 있을 때에는, 가솔린 연소 가열기(gasoline combustion heater)나 전열기(electric heater) 및 제트기관의 배기가스를 이용한 열교환기(heat exchanger) 등을 사용하거나, 또는 압축공기를 재순환시켜 더욱 가열되도록 하는 방법이 이용되기도 한다.

소형 항공기의 경우에는 여압 공기가 아니므로, 실내의 난방을 위하여 기관의 배기관을 그림 3-9와 같이 히터 머프(heater muff) 안으로 통과시켜 주위로 지나는 램 공기(ram air)가 가열되도록 하는 간단한 방법을 사용한다.

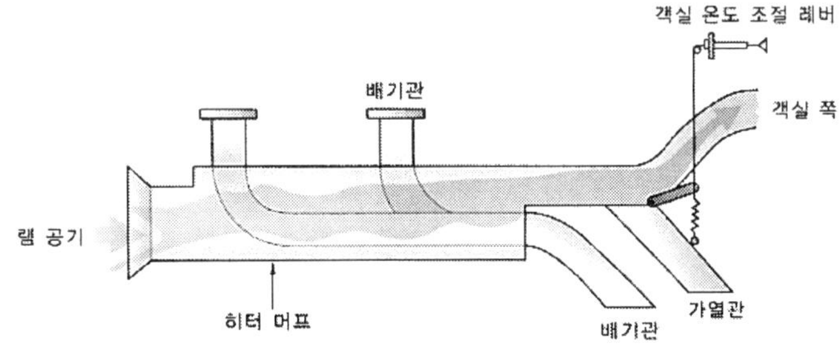

그림 3-9 소형 항공기의 난방

이 방식은 간단하고 경제적이기는 하지만, 배기관에 균열이 조금이라도 있을 때에는 인체에 유해한 일산화탄소 등이 포함되어 배기가스가 객실 내로 공급되므로 위험하다. 따라서, 정비사에는 비눗물을 배기 파이프에 칠해서 거품이 발생하는지를 살펴보아야 한다.

대형 항공기의 경우에는 열이 많이 필요하므로, 별도로 그림 3-10과 같은 연소 가열기를 설치하여 램 공기를 가열시킨다.

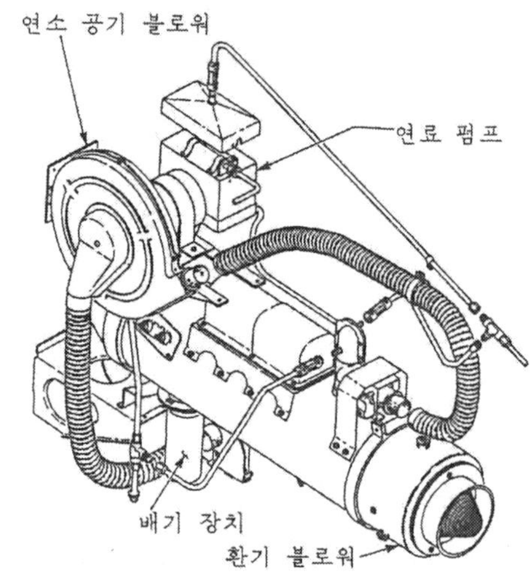

그림 3-10 연소 가열기를 이용한 난방

대부분의 경우, 연소 가열기에 사용되는 연료는 해당 항공기의 기관에 사용되는 연료를 그대로 사용하는데, 연료 탱크로부터 중력에 의해서 공급되거나, 따로 연료 펌프를 두어 공급하기도 한다.

연소 가열기를 이용한 가열 계통에는 온도가 규정값 이상에 도달하게 되면 가열기에 공급되는 연료를 자동 차단시킬 수 있는 솔레노이드 밸브가 장치된다.

또, 외기의 온도가 0℃ 이하일 때 점화를 돕기 위하여 가열기에 공급되는 연료관 주위에 전열선을 감아 예열시킴으로써 점화를 쉽게 하기도 한다.

연소 가열기에 공급되는 연료 중에 불순물이 있을 때에는 연소 가스가 독성을 가질 염려가 있으므로, 연료가 연소기로 들어가기 전에 여과기를 사용하여 제거해야 하며, 연소 공기나 환기 공기가 부족하거나 가열기의 점화 장치가 작동하지 않는 위험한 상태에서는 연료의 흐름을 차단시킬 수 있도록 되어 있다.

연소 가열기로 공급되는 외부 공기는 기관의 주공기 흡입구에서 공급 받거나,

따로 분리된 공기 스쿠프에 의해서 공급받는데, 연소 가열기로 들어오는 공기 압력을 조절하기 위하여 연소 공기 릴리프 밸브, 또는 차압 조절기를 연소 가열기 앞에 있는 램 공기 공급관에 설치한다.

전열기를 이용한 가열 계통은 덕트 통로에 고 저항 코일을 설치하여 전기를 흐르게 하면 열이 발생하고, 따라서 덕트를 흐르는 공기가 가열되는 원리를 이용한 것이다. 이 때, 코일 주위에 공기가 잘 흐르지 않으면 코일이 과열되어 타 버릴 수 있으므로, 팬(fan)을 사용하여 충분한 공기가 흐를 수 있도록 한다.

어떤 제트 항공기는 객실에 공급되는 압축기의 고온 압축 공기를 압축기 입구에서 다시 되돌려 이중 압축에 의해 다른 가열을 필요로 하지 않고도 공기 온도를 충분히 높여 사용하기도 한다.

3-2-2 냉각 계통

공기 냉각 방식에는 공기순환 방식(ACCS: air cycle cooling system)과 증기순환 냉각방식(VCCS: vapor cycle cooling system)이 있다. 공기순환 냉각방식은 냉각(팽창) 터빈(cooling turbine or expansion turbine)과 압축기로 구성되어 있는 공기 사이클 머신(ACM: air cycle machine), 가열된 공기를 냉각시키는 공기 열교환기(air to air heat exchanger) 및 공기 흐름량을 조절하는 여러 개의 밸브들로 구성되어 있는 기계적 냉각 방식이다.

이 장치는 이미 오래 전에 실용화되어 있었지만, 용적이 크고 효율도 좋지 않았기 때문에 증기 순환 냉각 방식에 밀려 사용되지 않았다. 그러나 최근에는 소형이지만 성능이 뛰어난 압축기나 팽창터빈이 개발되어, 용도에 따라서는 오히려 증기 순환 냉각방식보다 무게와 크기를 줄일 수 있게 되었다. 또, 공기를 매체로 하기 때문에, 안정성이 높고 구조가 단순하며, 고장이 적고 경제적이어서 최근의 대형 항공기는 공기냉각을 위해 ACM을 이용한 공기순환 냉각장치를 이용하는데, 조종사와 자동 차단 장치에 의해서 제어 된다.

자동 차단장치는 항공기 이륙할 때나 혹은 다발 항공기에서 어느 한 기관이 고장 났을 때와 같이 고출력이 필요한 동안에는 냉각 압축기의 작동을 멈추게 하여 냉각 압축기의 작동으로 인한 출력 감소를 방지한다. 그러나 어떤 대형 수송기는 냉각 성능이 강력하고 기관이 작동하지 않더라도 냉각이 가능한 증기순환 냉각방식을 사용한다. 증기순환 냉각방식의 작동 원리는 냉매를 이용한 가정의 에어컨이나 냉장고와 비슷하다.

1〉 공기순환 냉각 방식

기관 압축기(engine compressor)에서 나온 가압, 가열된 블리드 공기는 그림 3-11과 같이 객실 온도 조절 밸브에 의하여 일부는 직접 객실로 가고 나머지는 1차 열교환기를 지나게 된다. 블리드 공기가 1차 열교환기를 지나게 되면 외부의 찬 공기에 열을 빼앗기게 되므로 온도가 외부공기 온도 정도로 일단 냉각된다.

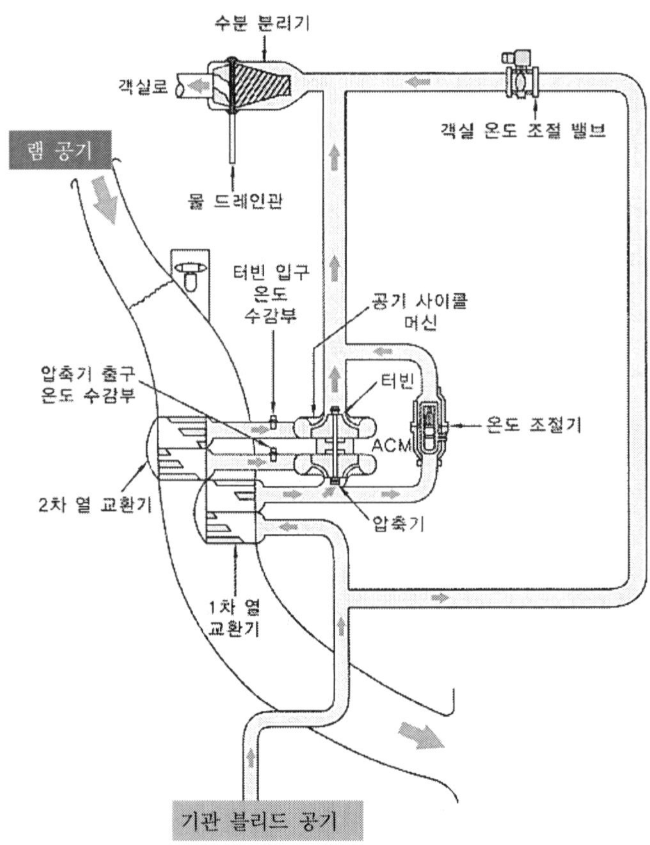

그림 3-11 공기순환 냉각 방식(ACCS)

이 냉각된 압축 공기 중에서 일부는 객실로 가고 나머지는 압축기와 터빈으로 구성되어 있는 공기 사이클 머신(ACM)으로 간다. 이 냉각 공기는 원심력식 압축기에서 압축되어 온도가 약간 상승하지만, 2차 열교환기를 지나면서 다시 냉각된다. 이 냉각된 공기는 터빈을 통과하면서 터빈의 임펠러를 돌리게 된다. 이 압축된 냉각 공기는 터빈을 회전시키는 일을 하게 됨으로써 압력과 온도가 더욱 떨어지게 되어 객실에 공급된다.

객실의 공기 온도 조절은 터빈을 거쳐서 직접 객실로 가는 찬 공기에다 1차 열교환기만 거친 따뜻한 공기를 온도 조절기에 의해 조절하여 섞이게 하고, 기관 압축기로부터 공급되는 블리드 공기를 객실온도 조절 밸브에서 조절하여 앞의 것들과 섞이게 한 다음, 수분 분리기를 거쳐 객실로 들어가게 한다.

2〉 증기순환 냉각방식

그림 3-12는 기본적인 증기순환 냉각계통의 작동을 나타낸 것이다. 이 계통은 크게 두 영역으로 나누어지는데, 하나는 주위로부터 열을 흡수하는 영역(low side)이고, 다른 하나는 주위로 열을 방출하는 영역(high side)이다. 열을 흡수하는 영역은 낮은 온도와 낮은 압력상태로서 희게 나타낸 부분이고, 열을 방출하는 영역은 높은 온도와 높은 압력상태로서 검게 나타낸 부분이다.

증기순환 냉각방식은 다음과 같은 열역학적 원리를 이용한 것이다.

① 액체가 기체로 바뀔 때(증발할 때)는 열을 흡수한다.

② 기체가 액체로 응축 될 때 방출하는 열의 양은 액체가 기체로 변할 때 흡수하는 열의 양과 같다.

③ 기체가 압축될 때에는 온도는 증가하고, 기체의 압력이 감소하면 온도는 감소한다.

④ 두 물체의 온도가 서로 다르고 열이 서로 자유로이 이동된다면, 두 물체의 온도는 서로 같아지려고 한다.

증기순환 냉각계통은 기체 상태의 냉매(refrigerant)를 압축시켜 압력과 온도를 증가시키는 압축기와 액체 상태의 냉매를 팽창시켜 압력과 온도를 감소시키는 팽창 밸브(expansion valve)의 두 부분으로 크게 나누어짐을 알 수 있다.

냉각 사이클을 압축기에서부터 살펴보면 다음과 같다. 증발기(evaporator)로부터 흘러 오는 압력이 낮은 기체 상태의 냉매는 압축기로 들어와 압축되면서 높은 압력과 높은 온도 상태로 바뀐다. 이 고온, 고압의 가스는 응축기(condenser) 안으로 흘러 들어가는데, 항공기 외부의 공기가 응축기를 통과하게 함으로써 열을 방출하게 하여 냉각 시킨다. 즉, 응축기는 냉매를 온도를 떨어뜨리는 역할을 하는 장치로서, 외부의 공기는 날개나 동체의 공기 흡입구로부터 유입되게 하거나 응축기 코일 부분을 아예 비행 기류가 통과하는 기체 아래쪽에 장착함으로써 이루어진다.

고온, 고압이었던 가스는 응축기 통로를 통과하면서 점차 온도가 감소하며 응축기를 빠져 나갈 때에는 액체 상태로 바뀌어 건조 저장기(receiver dryer)로 들어가게 된다.

건조 저장기는 냉매의 건조와 여과를 담당하는 일종의 저장 용기(reservoir)역할을 하는데, 위에는 유리로 된 점검 구멍이 있다. 만일, 액체 상태의 냉매에서 거품이 발생하고 있다면, 이 때, 냉매의 양을 보충해 주거나 재충전시켜야 한다.

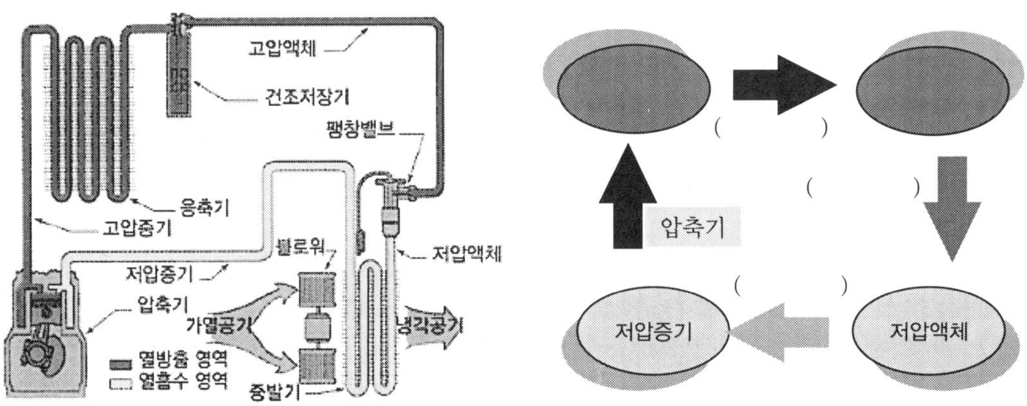

그림 3-12 증기순환 냉각계통(VCCS)

건조 저장기를 떠난 고압의 액체 냉매는 팽창 밸브(expansion valve)로 들어간다. 팽창 밸브에서 냉매는 압력이 떨어지면서 증발기(evaporator)로 들어가는데, 이곳에서 냉매는 외부의 열을 흡수하여 기체 상태로 바뀐다. 이 과정에서 블로워(blower)에 의해 외부의 따뜻한 공기를 증발기 주위를 통과시키게 되면, 증발기 내의 냉매는 공기의 열을 흡수하여 기체 상태로 바뀌게 되고, 반대로 외부 공기는 열을 빼앗겨 찬 공기가 된다.

이 차가워진 공기를 공기 조화계통으로 공급하게 된다. 증발기를 지난 저압력의 기체 상태의 냉매는 압축기로 흘러들어가면서 한 사이클이 완료된다.

복습문제

[1] ACCS에서 ACM이란 무엇으로 구성되며 팽창터빈의 역할은 무엇인가?

[2] VCCS에서 팽창밸브(expansion valve)의 역할은?

[3] 증기순환 냉각방식(VCCS)의 네 가지 동작과정을 그림 3-12 옆에 간략히 그림으로 설명하시오.

3-2-3 객실여압 및 공기조화 계통의 정비

객실여압 및 공기조화 계통에 필요한 정비는 항공기마다 달라지므로, 정비에 관해서는 항공기 또는 장비부품 제작사의 정비 매뉴얼을 기준으로 시행하며 그 일반적인 내용은 다음과 같다.

1) 객실여압 계통의 정비

객실여압 계통은 계통의 전반적인 작동 점검과 각 부품들의 기능 점검 및 누설 상태 등을 점검하여야 한다. 객실여압 계통의 시험에는 여압 공기의 누설 상태를 시험하는 객실 정압 시험과 항공기 동체의 구조 상태를 시험하는 객실 동압시험이 있다. 객실 동압시험은 객실여압 시험대에 의해서 객실의 압력을 증가시키면서 객실의 누설 상태를 검사하는 것이다. 이 때, 누설의 우려가 있는 부위를 소리나

촉감으로 확인하거나, 비눗물이나 객실 누설 시험기로 누설 부위를 찾아낸다.

객실여압 시험은 항공기 동체 구조가 안전한지를 검사하는 시험으로서, 객실여압 시험대에 의하여 객실의 압력을 동체 시험 압력까지 증가시킨 다음 항공기 동체 표피의 외부 균열, 부풀어 오름, 찌그러짐과 리벳 등의 고정 상태를 점검한다.

2〉 공기조화 계통의 정비

공기조화 계통은 공기 조절기, 온도 조절 밸브, 열교환기, 수분 제거기, 터빈, 연소기 등의 각종 스위치와 전기 계통 부품과 연료 공급 계통 부품 등을 점검, 정비해야 한다.

공기조화 계통의 고장은 각종 작동 스위치를 작동시켰을 때 객실 공기가 해당 온도로 조절되지 못하는 경우로서, 객실 온도계의 지시가 너무 높거나 낮은 경우, 객실 온도계가 작동되지 않는 경우, 또는 공기조화 계통을 작동시켜도 객실의 온도가 변화하지 않는 경우 등이 있다.

메모

3-3 산소 및 소화계통

모든 교통수단에서와 같이, 항공기도 언제나 사고의 위험을 가지고 있으므로, 여러 가지 부품의 설계에서부터 운항에 이르기까지 철저한 주의와 조치를 사전에 취함으로써 최대한으로 사고를 예방할 수 있어야 한다. 다른 교통수단과는 달리, 항공기는 공중을 운항하는 것이므로, 한 번의 사고에도 치명적인 결과를 가져온다. 그러므로 비상시에 대한 대비책이 철저하고 완벽해야 한다. 이렇게 하기 위해서는, 안전범위를 초과하는 운전과 조작일 경우에 미리 경고를 해야 하며, 비상사태에 대비하는 조치가 확실히 마련되어야 한다. 이러한 사항에 대해서는 법으로 엄격히 규제되어 있고, 비상상태에 대한 지시를 평상시에 충분히 습득하여 비상시에 올바로 사용할 수 있어야 한다.

이 단원에서는, 법으로 규제되어 있는 비상계통 중에서 필수적으로 중요한 산소계통, 소화계통에 대해서 알아보기로 한다.

3-3-1 산소계통의 필요성

통상 항공기가 3,000m(10,000ft) 이상의 고도를 비행하는 경우에는 산소계통을 갖추어야 한다. 건강한 사람은 4,000m(13,500ft) 이상의 고도일지라도 별도의 산소를 공급하지 않아도 생존할 수 있으나, 정신적이나 육체적인 능력이 감퇴되므로 장시간의 체공은 생명에 위협을 느끼게 된다. 특히, 조종사나 승무원에게 이러한 결과가 생긴다면 안전 운항에 매우 치명적인 결과를 가져온다. 산소가 부족하면 산소 결핍증을 일으키기 때문에 여압장치가 있는 항공기일지라도 고공을 비행할 때에는 비상시를 대비 하여 안전상 산소 공급장치를 갖추어야 한다.

산소는 저장과 공급방식에 따라 기체산소 계통, 액체산소 계통, 고체산소 계통으로 나눈다. 한편, 제트 기관의 블리드 공기로부터 산소와 아르곤 이외의 질소 등의 가스를 분리시켜 산소 농도 95%의 가스를 만들어, 산소 조절기를 거쳐 산소 계통에 공급하는 방식의 산소 발생 장치의 개념이 현용 항공기에 일부 사용되고 있다.

대형 항공기는 조종실 계통과 객실계통으로 분리함으로써 한 쪽에 이상이 생기더라도 다른 쪽에는 영향을 끼치지 않게 한다. 그 밖에, 승무원을 위하여 이동 가능한 비상용 산소 실린더를 배치해야 한다.

산소 계통은 기본적으로 산소통, 산소공급 관, 산소 압력 조절기, 산소마스크, 압력 게이지, 압력 릴리프 밸브와 각종 밸브 등으로 구성되어 있다. 산소공급 관에는 다른 관과 쉽게 구별할 수 있도록 그림 3-13과 같이 산소 식별 테이프를 붙인다. 식별 테이프는 초록색으로 되어 있는데, 오른쪽에는 흰색 바탕에 검은색 사각형표시가 있고, 왼쪽에는 글씨가 쓰여 있다.

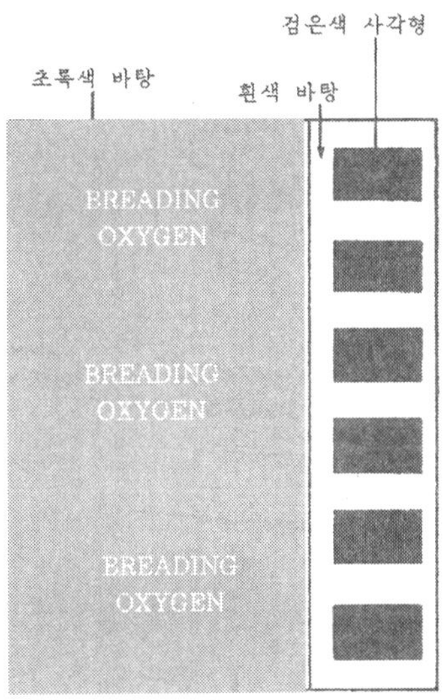

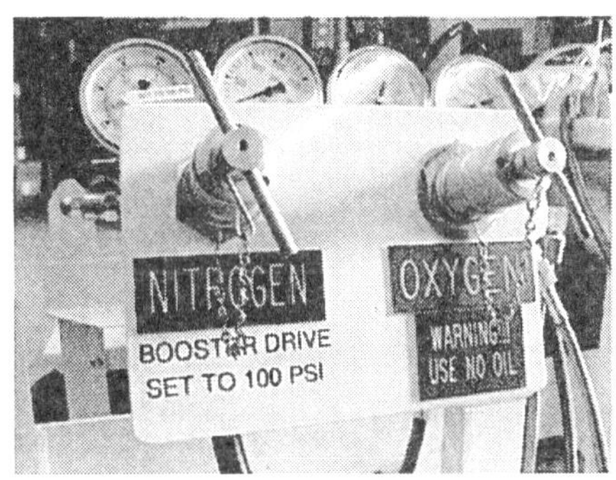

그림 3-13 산소 공급관에 붙이는 식별테이프

3-3-2 산소의 조절 및 흡입 장치

산소 흡입 장치는 사용자의 호흡 작용에 의하여 산소가 사용자의 폐 속에 공급되는 장치로서, 산소 유량을 조절, 공급하는 산소 조절기와 마스크가 주요 구성품이다. 산소 조절기는 10,500m(35,000ft)이상의 고도에서 충분한 산소를 사용자에게 공급해야 한다.

산소 조절기는 다음과 같이 여러 종류가 있으며, 일반적인 산소의 공급방식은 숨을 들이쉬거나 내쉬거나에 관계없이 산소가 계속 공급되는 연속 흐름형과 들이쉴 때에만 산소가 공급되는 요구 흐름형이 있다.

연속 흐름형(continuous flow type)

연속적으로 산소가 공급되는 형식을 연속 흐름형이라 하며, 유량은 고도에 따라 필요한 산소 분압이 얻어지도록 자동적으로 조절된다. 또, 고도를 수동으로 선택해서 흐름량을 조절하거나, 산소마스크의 연결구를 선택해서 조절하는 방법도 있다. 다만, 고체산소 방식에는 이 기능이 없다. 그림 3-14는 한 승객이 항공기내에서 연속 흐름형 산소마스크를 착용하고 있는 모습으로, 산소 저장 백의 아랫부분에는 밝은 초록색으로 칠해진 지시 장치가 부착되어 있어, 저장 백이 부풀어지면서 산소가 공급되면 승객에게 산소가 공급되고 있다는 것을 알 수 있다.

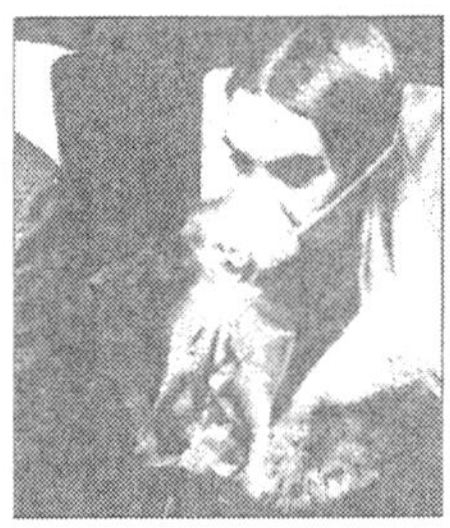

그림 3-14 산소마스크

1) 수동식 조절기

이 방식의 산소 조절기는 그림 3-15와 같이 위쪽 좌우에 하나씩 지시계기가 있고, 아래쪽 가운데 부분에는 유량 조절 노브가 있다. 왼쪽의 지시계기는 산소의 흐름량을 나타내는 계기로서, 직접 흐름량을 표시하는 것이 아니라 고도로 표시되어 있어 해당 고도에 맞게 노브를 돌리면 그 고도에 해당되는 양의 산소가 공급된다. 오른쪽의 지시계기에는 산소의 공급압력이 표시된다.

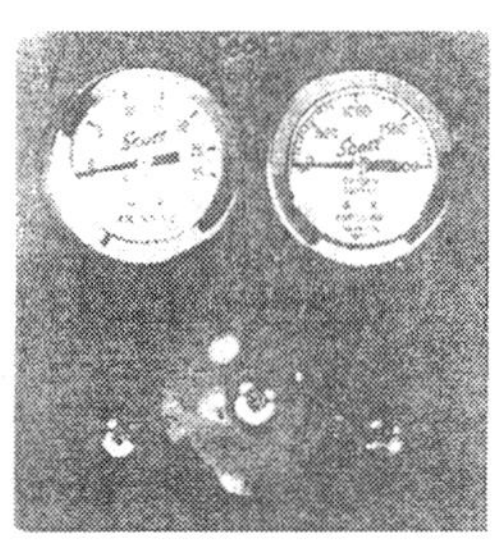

그림 3-15 수동식 연료 흐름형 산소 조절기

2〉 자동식 조절기

이 방식의 산소 조절기는 해당 기압 고도에 맞게 산소가 자동으로 조절되어 공급된다. 위쪽에는 산소 압력계가 있고, 아래쪽에는 밸브가 있어, 필요할 때 이 밸브를 열면 산소는 조절된 흐름량으로 공급된다.

요구 흐름형(demand flow type)

요구 흐름형 산소 조절기는 숨을 들이마실 때에만 일정 유량의 산소가 유입되는 간단한 형식이며, 연속 흐름형에 비해 경제적이다.

1> 희석 요구 흐름형

이 방식의 산소 조절기는 마스크를 착용한 사용자가 숨을 들이쉴 때에는 마스크에 있는 밸브는 닫히고 조절기의 밸브는 열려서 대기압에 알맞은 양의 산소가 공급되고, 숨을 내쉴때는 이와 반대로 작동한다. 그림 3-16은 희석 요구 흐름형 산소 조절기로서, 이것의 구조는 얇은 고무 다이어프램과 다이어프램에 연결된 흡입밸브, 감압 밸브 등으로 구성되어 있다.

조절기는 마스크에 연결되어, 사용자가 숨을 들이쉬면 다이어프램의 안쪽 공간은 약간의 부압 상태가 되므로, 다이어프램이 오른쪽으로 움직이게 되어 흡입 밸브가 열리면서 산소가 마스크 쪽으로 공급된다. 흡입밸브의 안쪽에는 감압 밸브가 설치되어 있어 조절기의 작동 압력인 $50psi$를 유지하도록 한다.

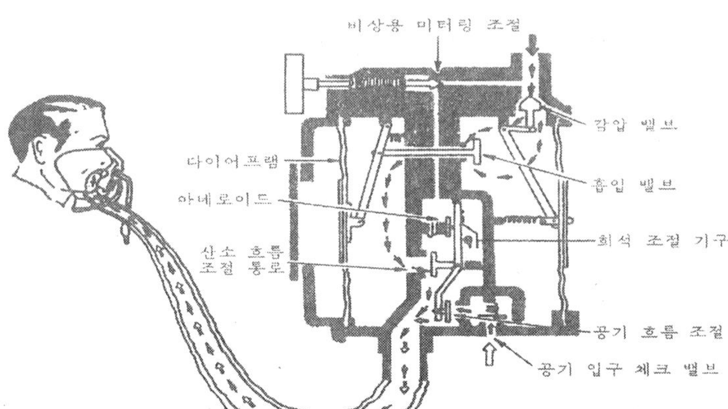

그림 3-16 희석 요구 흐름형 산소 조절기

아네로이드의 바깥쪽에 작용하는 대기압이 낮아져서 아네로이드가 팽창되기 때문에, 이것이 연결된 스프링이 지지판을 오른쪽으로 더욱 많이 밀게 되어 산소의 공급량이 증가하며, 낮은 고도에서는 이와 반대이다. 비상 산소 흐름 조정 노브는 조절기가 고장일 때, 또는 비상 상태에서 고도에 관계없이 산소를 전량 공급할 때 사용되는 장치이다.

2> 압력 요구 흐름형

그림 3-17은 압력 요구 흐름형 산소 조절기로서, 이 조절기는 12,000m (40,000ft)이상의 고도에서 비행하는 군용기에 사용되며, 11,500m(38,000ft)이상의 고도에서 100%산소로 가압 호흡할 수 있도록 되어 있다.

그림 3-17 압력 요구 유량형 산소 조절기

이 형식은 위에서 설명한 희석 요구 흐름형과 비슷하지만, 압력계가 있고, 또 비상용 레버에 TEST 위치가 있어 기능 시험을 할 수 있다.

3-3-3 일반적인 산소계통

산소 공급 장치는 산소 공급에 따라 보충용 산소 장치, 방호용 호흡 장치 및 구급용 산소 장치 등으로 나눌 수 있다. 각각에 대해 연속 흐름형과 요구 흐름형이 있다.

1> 보충용 산소 장치

보충용 산소장치는 객실고도가 최고 객실고도보다 높아질 때, 인체의 생명이나 기능을 유지하기 위하여 호흡용 공기에 산소를 보충하여 신체 내부에 일정한 산소 분압이 확보되도록 하기 위한 장치이다. 이와 같이 공급기에 산소를 혼합하는 것을 희석이라 한다.

여압 장치가 갖추어진 항공기는 객실의 기압고도가 보통 2,400m(=8,000ft)이하로 유지되기 때문에 산소 흡입의 필요성이 없지만, 이 고도 이하로 유지할 수 없을 때를 대비하여 언제라도 사용할 수 있는 승무원 및 승객용 산소공급 장치가 갖추어져 있다.

산소공급은 항공기에 따라 다르지만, 연속 흐름형에서는 해면상의 산소압력이, 요구 흐름형에서는 1,500m(=5,000ft) 고도의 산소 압력이 유지된다. 승객 및 승무원용으로 비상용 산소가 갖추어져 있으며, 승무원의 조작에 의해 자동적으로 산소마스크를 사용할 수 있도록 되어있다.

그림 3-18은 연속 흐름형 산소공급 장치로서, 객실 고도 3,900m(=13,000ft)이상일 때 승객에게 자동적으로 산소마스크가 나와서 산소가 공급되는 것을 나타낸 것이다.

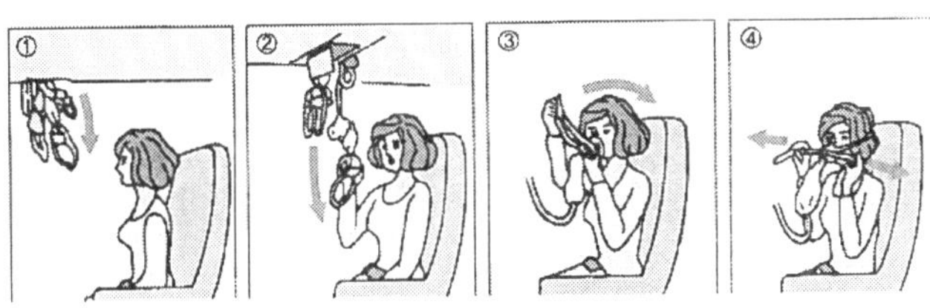

그림 3-18 산소마스크의 공급

2) 방호용 호흡 장치

방호용 호흡 장치는 객실에 연기나 화재가 발생하였을 때, 연기나 유해 가스로부터 인체를 보호하는 것을 목적으로 한다.

이 장치는 그림 3-19와 같이 얼굴 전체를 가릴 수 있는 마스크와 산소 용기가 하나로 되어 있으며, 100%의 산소가 공급된다.

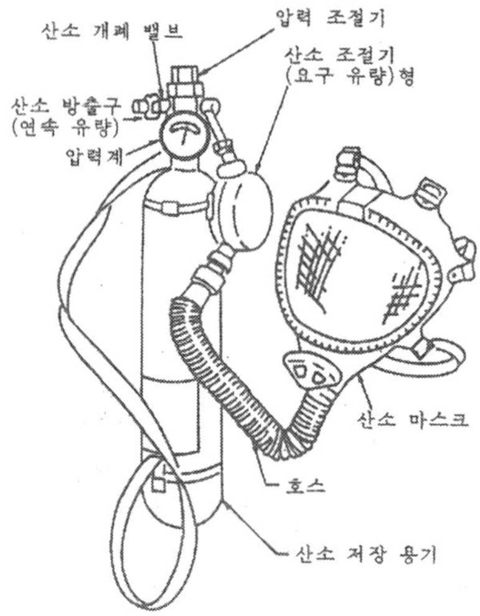

그림 3-19 방호용 호흡 장치

보통, 고정식 보충용 산소 장치에서 분리되어 설치된 휴대형 산소용기가 준비되어 있어 소화작업시 소지하여 이동할 수 있으며, 연속 흐름형과 요구 흐름형의 두 가지가 있는데, 2,400m(=8,000ft) 고도에서 연속 15분간 사용할 수 있는 용량을 가진다.

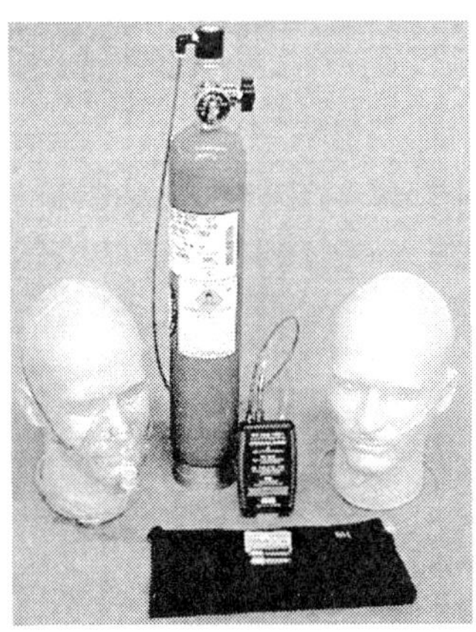

그림 3-20 휴대용 산소공급 장치

3〉 구급용 산소 장치

구급용 산소는 병약자나 신생아, 또는 비상시 압력이 떨어졌다간 다시 정상 여압으로 회복된 후에도 저산소증으로부터 회복이 늦는 경우에 구급, 의료용으로 쓰이기 위한 장치이다. 이 장치도 방호용 호흡 장치와 마찬가지로 휴대용 산소 용기와 마스크가 하나로 되어 있는데, 산소의 흐름은 연속 흐름형으로서, 산소 용기 쪽에 $4L/\mathrm{min}$과 $2L/\mathrm{min}$의 두 가지 연결구가 있어, 마스크를 어디로 연결하느냐에 따라 유량이 선택된다. 한편, 어떤 비행기는 승객용 보충용 산소 장치에 이 기능을 갖추고 있어, 비상시에 구급, 의료용으로 쓸 수 있도록 되어 있다.

3-3-3 산소의 저장과 공급

산소의 공급원은 기체, 액체 및 고체의 세 가지로 구분된다. 일반적으로 항공기에는 압축된 기체산소가 많이 사용되지만 고체산소도 사용되고 있다. 액체산소는 특수한 군용기에서만 사용되고 있으며 최근 공기조화계통에서 공급되는 공기를 이용하여 기상 산소발생 시스템(OBOGS)을 사용하고 있다.

기체산소 계통

기체산소 계통에 사용되는 산소 용기에는 고압용과 저압용이 있다. 고압 산소 용기는 충전 압력이 약 $124{,}048hPa(=1{,}800psi)$정도로, 표면은 녹색으로 칠해져 있으며, 용기의 겉면에는 "Aviators Breathing Oxygen"이라고 표시되어 있다. 고압 산소용기는 높은 압력에 견딜 수 있도록 강한 재질로 만드는데, 고강도이며 열처리된 합금강 실린더나, 용기 표면을 강선으로 감은 실린더 및 표면을 케블라로 감은 알루미늄 실린더 등이 있다.

저압 산소용기는 고압 산소용기와 구분하기 위해 노란색으로 칠해져 있으며, 스테인리스강으로 만든 띠를 여러 개 용접하여 이은 형태로 만들거나, 저합금강(low alloy steel)으로 만든다.

기체 산소용기는 항공기의 축 방향에 대하여 직각이 되도록 기체 구조에 직접 장착시킨다. 탑승자의 후방에 항공기의 축 방향으로 장착하는 경우에는, 산소용기가 사고로 전방으로 튀어 나가는 것을 방지하는 장치가 필요하다.

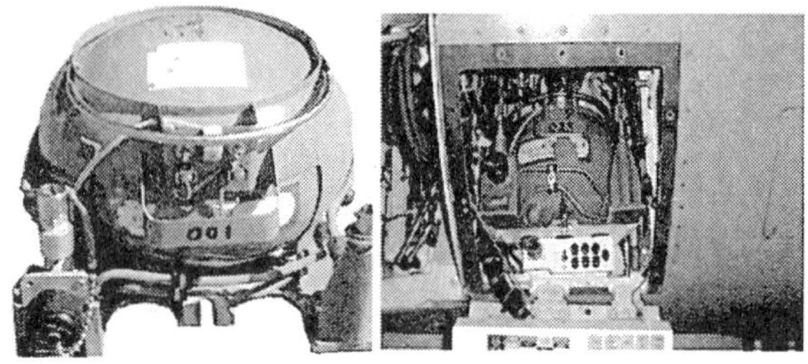

(a) 산소탱크　　　(b) 항공기에 장착된 산소탱크

그림 3-21 항공용 산소탱크

용기 내의 고압 기체 산소는 그림 3-22와 같이, 차단 밸브를 지나 감압 밸브에서 약 27,564hPa(400psi)로 감압한 다음, 압력 조절기에서 약 4,824hPa(70psi)로 다시 조절한 후에 공급관을 통하여 흡입 장치에 공급된다. 항공기의 이륙 시 보유하는 산소의 양은 비행 계획이나 승객 수를 감안하여 법적으로 정해진 필요량으로 산출되며, 구급용 산소도 마찬가지로 취급된다. 산소의 사용 가능한 압력 한계는 고압이나 저압 모두 완전 충전압력의 약 10%정도로서, 고압에서의 충전 최저 압력이 124,038hPa(1,800psi)라면 10,337hPa(150psi)정도이고, 저압에서의 충전압력이 27,564hPa(400psi) 3,446hPa(50psi)까지가 사용 압력이다. 이것은 용기 내의 산소가 완전히 방출하면 공기가 흡입되어, 다시 용기에 산소를 재충전하는 것이 불가능 하게 되기 때문이다. 따라서, 이런 경우에는 용기를 교환하거나 정해진 절차에 따라 용기를 세척하여야 한다. 산소 용기에는 산소 용기 내의 압력이 비정상적으로 높게 되는 위험을 막기 위하여 압력 릴리프 밸브가 설치되어 있다.

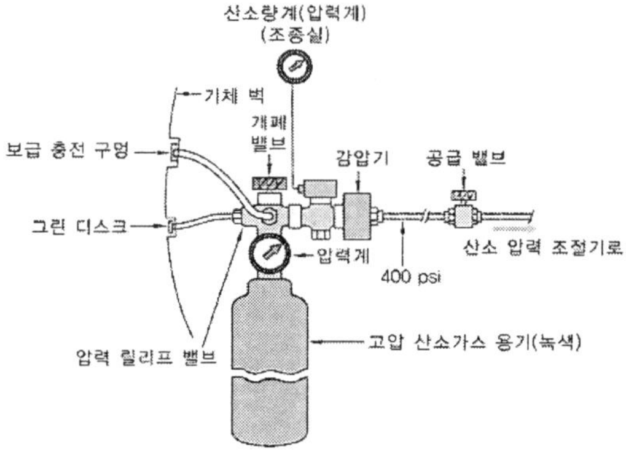

그림 3-22 고압 산소계통

충전 압력이 150%의 압력에 달하면 산소를 항공기 외부로 방출하게 되며, 이 경우에는 방출구에 부착되어 있는 녹색의 원판인 그린 디스크가 빠져나가도록 되어 있다. 그러므로 점검시 항공기 밖에서 산소가 방출된 것을 확인할 수 있다. 또 산소를 공급하고 있을 때 산소의 온도 상승을 막기 위하여, 그림 3-23과 같이 배관 내부에 금속으로 만들어진 브러시를 내장하고 있는 온도 보정기를 장치하고 있다.

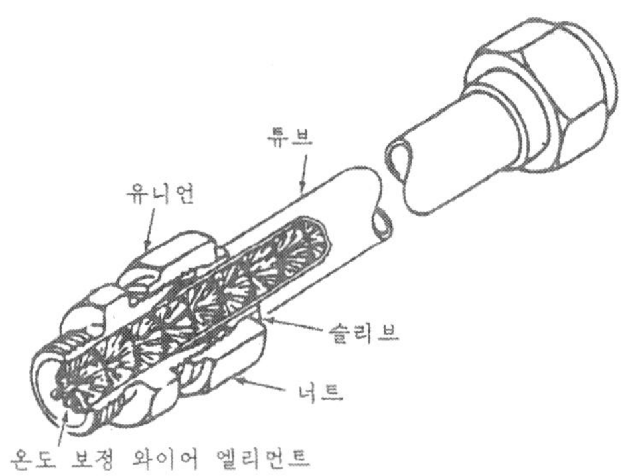

그림 3-23 산소 온도보정 장치

액체산소 계통

액체산소계통은 산소를 저온의 액체 상태로 저장하고 있다가 필요할 때 기화시켜 공급하는 방식이다. 산소통이 작아도 된다는 이점이 있는 반면에, 산소의 보급과 취급이 번거롭기 때문에 민간 항공기에서는 거의 사용되지 않으며, 군용 항공기에서도 특수한 용도에만 사용된다.

액체산소의 취급은 극저온(－165℃)이기 때문에 인체에 위험성이 있고, 기화에 의하여 이상 압력이 생길 때에는 특히 주의해야한다. 취급을 보다 쉽게 하기 위하여 액체산소가 들어 있는 용기 전체를 교환하는 방법이 이용되기도 한다. 조종석에 설치되어 있는 산소 계통의 가압 및 배출 밸브 핸들을 on위치에 놓으면 용기의 압력이 상승하기 시작하여, 액체 산소는 그림 3-24와 같이 용기를 빠져 나와 가압 코일을 통과하게 된다. 이 때, 액체 산소는 가압 코일을 지나는 동안 열을 흡수하게 되므로 가스 상태로 변하게 된다. 가스 상태의 산소는 압력 폐쇄 밸브를 통하여 승압 및 벤트 밸브를 거쳐 다시 용기 속으로 들어가는데, 기체로 된 산소의 압력이 계통에서 요구되는 압력에 도달할 때까지 승압과정은 계속된다. 이렇게 되는 동안 용기 위쪽의 기체 산소 압력이 액체 산소에 힘을 가하게 되어, 액체 산소 쪽의 기체 산소 압력이 액체 산소에 힘을 가하게 되어, 액체 산소 쪽의 첵 벨브(check v/v)를 통과하여 증발 코일에 액체 산소를 공급시킨다. 증발코일을 통과하면서 액체 산소는 완전히 가스화되어 공급된다.

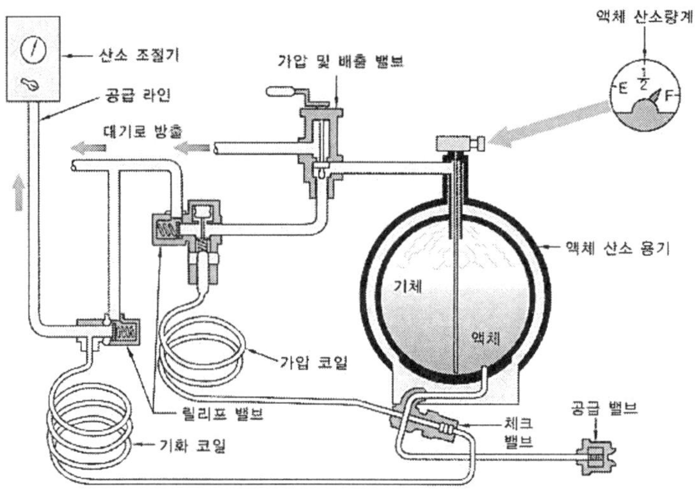

그림 3-24 액체산소 계통

고체산소 계통

고체산소 계통은 산소 분자를 많이 함유한 고체 화합물에 반응을 일으키게 하여 산소가스를 발생시켜 분리해 공급하는 것으로서 화학 산소발생기라고도 한다.

그림 3-25와 같이, 금속 용기에 염산나트륨을 넣고, 중심부에는 부분적으로 가열시켜 화학반응을 일으키게 하는 초기 연소를 위한 점화 장치가 있다. 점화 장치에는 화약으로 된 신관을 쳐서 점화시키는 폭발식 점화 방식과, 전기적으로 가열하여 점화시키는 전기식 점화 방식이 있다. 부분적으로 가열되면 화학반응이 시작되고, 반응열의 발생으로 화학반응이 지속되어 화합물 전체가 반응이 종료될 때까지 계속된다. 산소가 분리된 후에는 식염과 같은 것이 남지만, 별로 해롭지는 않

다. 이때 의 화학 방정식은 다음과 같다.

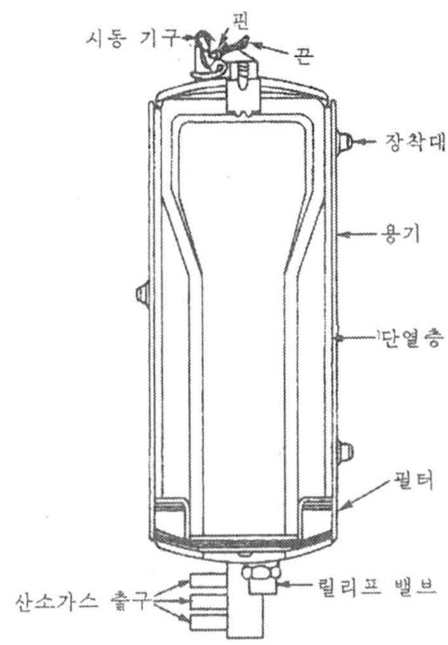

그림 3-25 고체산소 계통 또는 화학 산소 발생기

$$2NaClO_3 + 2Fe \rightarrow 2NaCl + 2Fe + 3O_2$$

고체산소 계통은 발생 산소의 압력이 70~100psi로 낮고, 설치할 때 배관이 불필요하며, 화학적으로 안정되어 있다. 용기의 보존 기간은 이론적으로 영구적이지만, 유효 보존 기간은 10년으로 되어 있다. 사용하지 않을 때는 보급 및 교환할 필요가 없는 것이 다른 것에 비하여 유리하다. 그러나 화학반응이 진행되는 동안에는 용기 전체가 상당히 고온이기 때문에 주의해야 한다. 일단 용기 내에서 반응이 시작되면 도중에 멈출 수 없고, 작동 시험이 불가능하기 때문에 신뢰성이 높은 장치를 구비해야 한다. 이 방식은 최근 대형기의 승객을 보충 산소 공급 장치에 많이 사용되는데, 용적이 작고 가볍기 때문에 휴대형의 구급용 산소 공급 장치로도 사용된다.

기상 산소발생 계통(OBOGS)

기상 산소발생 시스템(On-Board Oxygen Generating System)은 공기조화계통에서 공급되는 공기(air)에서 산소(O_2)와 질소(N_2)를 분리하여 산소는 조종사

호흡을 위해 사용하고, 질소는 대기 중으로 배출하는 기내 산소발생 장치이다. 최근에 개발되는 항공기는 이 시스템을 도입하고 있다.

군용에서 액체산소는 산소통에 액체산소를 주입한 후, 비행도중에 이 액체산소를 기화시켜 조종실 공기와 혼합하여 조종사에게 공급한다. 그러나 고공을 운항하는 전투기는 특히 산소가 부족하므로 산소를 기내에 탑재해야 한다. 액체산소를 사용하는 기존 군용기에 비해 비행시간 즉 체공시간을 늘이고, 조종사와 승객들에게 더 많은 산소를 공급하기 위해 OBOGS를 적용하고 있다.

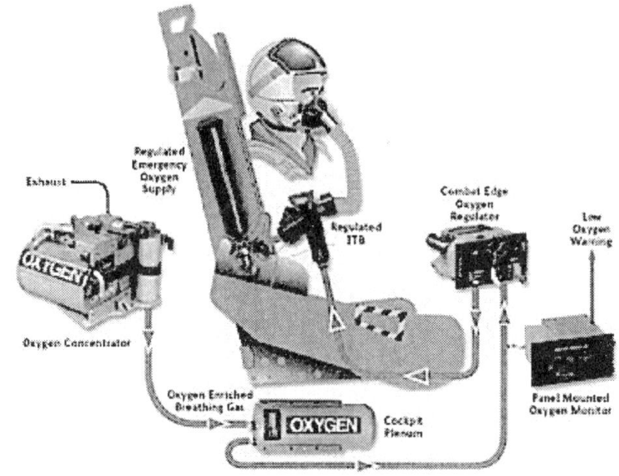

그림 3-26 전투기의 OBOGS 적용

3-3-4 항공기의 산소 계통

그림 3-27은 소형 제트 비행기의 산소 계통을 나타낸 것으로서, 산소공급은 승무원용과 승객용의 2개의 용기가 각각 담당한다. 그러나 필요에 따라서는 어느 쪽으로도 공급이 가능하도록 되어 있으며, 승객용은 수동이나 자동으로 작동하도록 되어 있다.

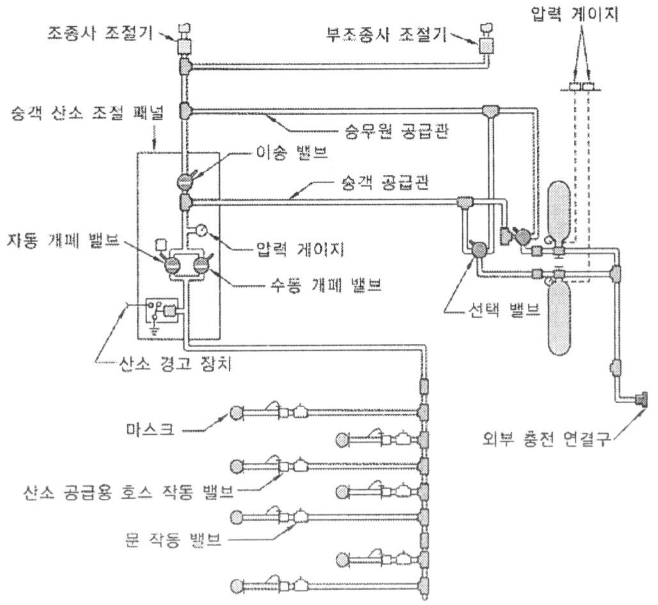

그림 3-27 소형 제트 비행기의 산소 계통

산소 계통의 정비

산소 계통의 정비는 항공기의 종류에 따라 달라지므로, 해당 항공기의 정비 매뉴얼을 기준으로 시행하며, 일반적인 내용은 다음과 같다. 산소 계통의 작동 점검은 계통을 작동시켰을 때 공급 압력계의 지시가 규정값인지를 확인하고 차단 밸브의 작동에 따라 산소 실린더 압력계가 규정값을 나타내는지를 점검한다. 산소 계통을 점검하거나 수리를 위한 정비 작업을 할 때에는 화재에 대비하여 소화 장비를 준비해야 한다. 그리고 감시 요원을 배치하며, 작업자는 손이나 작업복에 먼지가 없도록 깨끗이 해야 한다. 그런 다음에 서서히 밸브를 풀어서 잔류 압력이 모두 빠져나가도록 한다. 그런 다음에 서서히 밸브를 풀어서 잔류 압력이 모두 빠져나가도록 한다. 잔류 산소가 없는 것이 확인되었으면 열려있는 모든 구멍을 지정된 플러그나 캡으로 막는다. 산소를 산소 실린더에 충전시킬 때에는 환기가 잘되는 곳에서 실시하며, 충전된 산소 실린더를 저장할 때에는 직사광선을 피해야 한다. 그리고 산소 계통에 누설이 있는지를 점검해야 하며, 산소 실린더의 상태와 차단 밸브, 압력 조절기, 마스크 등의 상태를 점검하여 손상이 있는 것은 모두 교환한다.

복습문제

[1] 산소 조절방식에는 아래와 같이 두 가지가 있다. 공급되는 산소압력 면에서 이들을 각각 설명하시오.

- 연속 흐름형:
- 요구 흐름형:

[2] 다음 그림을 참조하여 물음에 답하시오

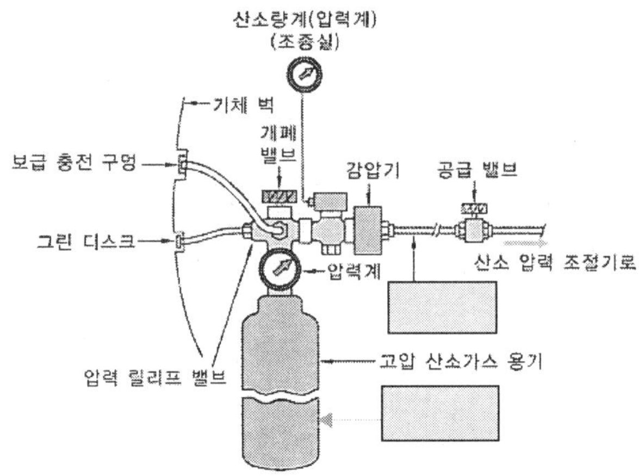

1> 고압 산소용기는 충전압력이 (　　　　　　)psi이며 표면은 (　　　　)색으로 칠해져 있다. 반면 저압 산소용기는(　　　　　)색으로 칠해져 있다.

2> 고압 산소기체는 차단밸브(개폐밸브)를 지나 감압밸브에서 (　　　　)psi로 낮추고, 다시 압력조절기에서 (　　　　)psi로 조절하여 공급 장치에 공급된다.

3> 윗 그림에서 green disc 의 역할은?

3-4 소화계통

항공기에 화재가 발생하면 운항에 치명적인 피해를 가져올 수 있다. 따라서 화재의 징후가 나타나거나 화재가 일어나는 순간에 이를 감지하여 신속한 조치를 취해야 한다. 연소는 가연물과 산소와 열의 3요소가 합쳐져서 일어나는 화학 반응으로서 이를 화재라 한다. 화재가 일어나면 대량의 열과 유독 가스가 발생하고, 이것이 더욱 더 화재를 확대시킨다. 이러한 성질을 기술적으로 이용하여 화재의 원인을 없애고, 발생한 화재의 원인을 신속히 제거해야한다. 물질의 종류에 따른 화재의 등급 분류는 그림 3-28에 나타내었다.

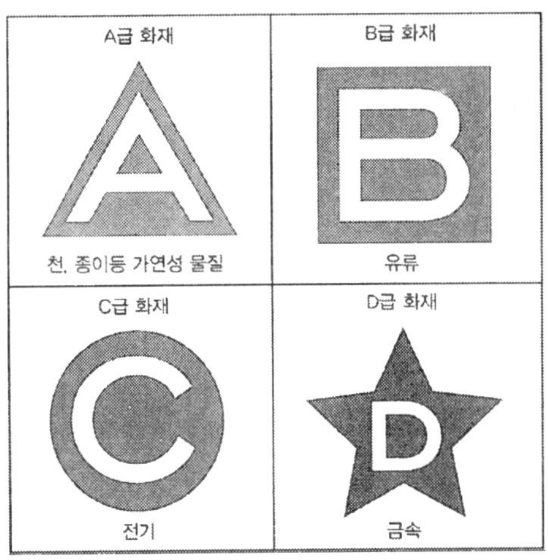

화재명칭	등급구분	내용
일반화재	A급	천, 종이, 나무, 의류 등의 일반 가연성 물질
기름화재	B급	유류, 그리즈, 페인트 등의 석유제품
전기화재	C급	전기의 원인으로 발생되는 전기계통
금속화재	D급	두랄루민 등의 금속물질

그림 3-28 화재의 등급 구분

3-3-1 화재방지 계통

항공기의 화재는 매우 치명적이기 때문에 화재를 사전에 방지하도록 하는 노력이 필요하다. 따라서 항공기는 구조 부분에 따라 방화 구조를 만들거나, 화재탐지

계통을 설치하여 화재의 예방책을 마련하고 있다. 항공기 동력장치, 보조 동력장치, 연료 가열기 등이 위치하는 부분은 화재의 위험성이 높으므로 방화구조로 만들고, 화재 탐지 및 고정 소화 장치가 필요하다. 또, 화물실은 휴대용 소화기와 연기 및 화재 탐지기가 필수적이며, 객실에는 휴대용 소화기를 항상 비치해 두어야 한다.

화재탐지 방법에는 다음과 같은 계통이 있으며, 대형 여객기는 이 중 여러 가지의 탐지기를 동시에 사용하고 있다.

① 온도 상승률 탐지기
② 복사 감지 탐지기
③ 과열 탐지기
④ 연기 탐지기
⑤ 일산화탄소(CO) 탐지기
⑥ 가연성 혼합 가스 탐지기
⑦ 승무원 또는 승객에 의한 감시

이 중 가장 광범위하게 사용되는 탐지기는 온도 상승률 탐지기, 복사 감지 탐지기 및 과열 탐지기로서, 화재가 발생하면 조종실 내에 음향 경고를 발생시키고 적색등을 점등시킨다. 적색등은 화재 장소를 지시하며, 화재가 계속될 때에는 점등을 계속하고 소화가 되면 꺼진다. 조종실에는 화재 탐지계통 및 경고계통의 고장에 대비하여 정상 상태에서 시험 스위치의 조작으로 기능시험을 할 수 있도록 되어 있다.

- 화재(fire) 및 과열(overheat) 탐지기: 기관, 보조동력장치
- 연기(smoke) 탐지기: 화물실, 화장실, 전기전자 장비실
- 과열 탐지기: 날개앞전, 랜딩기어 휠, 전기전자 장비실

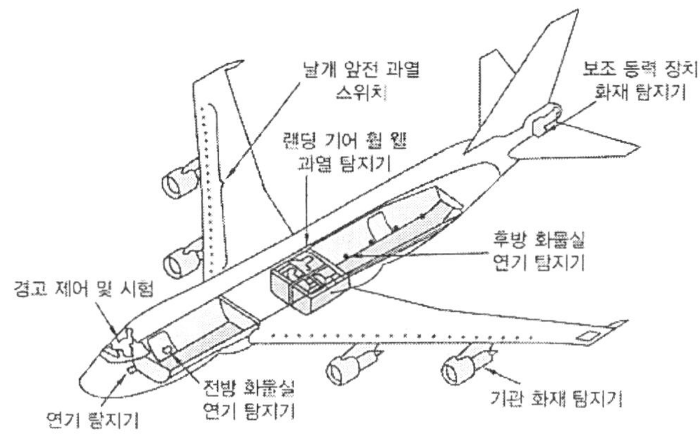

그림 3- 29 각종 탐지기 설치위치

3-3-2 소화제 및 소화기

항공기에 사용되는 소화제는 적은 양으로도 소화 능력이 높아야 하고, 저장이 용이하며, 보관에 있어 장기간 안정되어야 하고, 항공기의 구조 부재를 부식시키지 않으며, 충분한 방출 압력이 있어야 한다. 고정 소화기에는 이산화탄소(CO_2)와 프레온, 휴대용 소화기에는 물, 이산화탄소, 분말 소화제가 많이 사용되고 있다.

1〉 소화재의 종류

다음은 대표적인 소화제로서, 소화제는 화재의 종류에 따라 달리 선택해야 한다.

물(H_2O)

물은 A급 화재에만 사용되고, B급과 C급 화제에서는 사용을 금지한다. 일반적으로, 물 소화기는 부동액을 섞어서 동결을 막고, 질소가스 또는 이산화탄소의 작은 폭약을 용기에 내장하고 있어 사용할 때 그 압력으로 분사된다.

이산화탄소(CO_2)

이산화탄소는 가스와 액화된 것이 함께 사용되며, 일반적으로 B급과 C급 화재에 유효하다. 그러나 화학적인 화재로서 산소를 발생하는 화재에서나 D급 화재에는 무효하다. 이산화탄소는 용적을 작게 하기 위하여 액화해서 고압 용기에 넣는다. 상온에서는 일부가 가스 상태로 되어 용기를 가압하지만, 극도로 온도가 떨어지면 충분한 압력이 얻어지지 않기 때문에 가압용 질소가스를 봉입한다. 소화 효과를 높이기 위해 수초 간에 다량의 소화제를 노즐이나 다공 관을 통해 분사 시킬 수 있는 장치를 HRD(high rate of discharge)라 한다. 이산화탄소용기를 가압하는 것은 이러한 목적 때문이다. 이산화탄소는 인체에 독성이 없지만, 공기의 1.5배 무게이고, 사람이 이산화탄소 중에 있으면 저산소증에 걸려 20~30분 안에 의식장애를 일으키며, 더 진행할 경우에는 생명에 지장을 초래하기 때문에 밀폐된 장소에서의 사용은 위험하다.

프레온가스(CF_3Br)

프레온가스는 할로겐계 소화제의 일종으로, 소화능력이 뛰어나 B급과 C급 화제에 유효하다. 이 가스를 연소물에 분사하면 기화하여 불연성의 무거운 기체가 된다. 하론(haron) 1301을 사용하여 화학적으로 안정되어 있으므로 인체에는 거의 무해하나 오존층 파괴 우려가 있다. 액화 프레온 가스는 고압 용기에 저장되며, 증기압이 높기 때문에 가압의 필요성은 없지만, HRD의 효과를 보려고 질소가스로 가압하고 있다. 이 소화제를 이용한 소화기를 하론 소화기 또는 BCF소화기라 부른다.

분말 소화제(dry chemical)

분말 소화제는 이산화탄소나트륨이고, 상온에서는 안정되어 있지만, 가열되면 분해하여 이산화탄소를 발생한다. 이것은 휴대용 분말 소화기로 사용되며, 일반적으로 B급, C급, D급 화재에 유효하다. 이산화탄소나 질소 가스는 작은 폭약을 내장하고 있어서 이 압력에 의해 방출하고 분사한다.

질소(N_2)

질소는 소화 능력 면에서 특히 뛰어나며, 이산화탄소와 비슷하고, 독성이 작다. 중량이 무겁기 때문에 밀폐된 장소에서 사용하면 이산화탄소와 비슷한 위험성이 있다. 질소를 액체 상태로 저장하는 데에는 −160℃로 유지해야 하므로, 일부 군용기에서만 사용되고 있다.

2〉 소화기(extinguisher)

고정 소화기

고정 소화기의 소화제는 액화 가스 상태이고, HRD(High Rate of Discharge system) 특성을 가지기 위하여 가압해서 고압가스 용기에 저장한 상태로 기체에 장착한다. 그림 3-29와 같이, 소화용기는 스테인리스강으로 만들어진 구형(sphere)과 고강력 강으로 만들어진 실린더형(cylinder)이 있다.

용기에는 내압을 표시하는 압력계와 압력이 강하할 때 경고를 발하는 압력 스위치가 장치되어 있다. 용기 내의 압력이 강하할 때 경고를 발하는 압력 스위치가 장치되어 있다. 용기 내의 압력은 외기 온도에 따라 변하기 때문에 정비 매뉴얼에 따른 온도 압력 곡선에 나타나는 허용 범위 내에 있는 것이 필요하다.

용기에는 비정상 온도 상승에 의한 가열 등을 막기 위하여 열 릴리프 밸브가 있어서 100℃ 이상이 되면 항공기 밖으로 가스가 방출된다. 이 때의 압력은 정상 압력의 1.5배 정도이고 소화제가 방출되면 그 압력으로 방출구에 장치되어 있는 적색 디스크가 떨어진다.

같은 모양으로 소화제를 방출한 것을 표시하는 황색 디스크도 있기 때문에 혼동해서는 안 된다. 일반적으로 적색, 황색 디스크는 나란히 기체 외부에서 볼 수 있는 부분에 장치되어 있다.

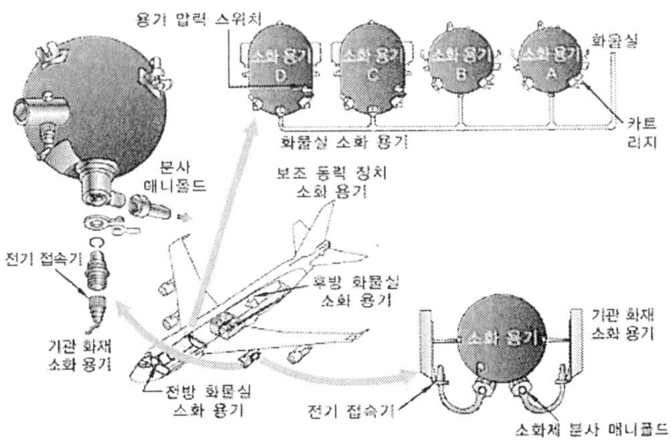

그림 3-29 소화용기 및 노즐의 위치

용기의 내용물은 압력계, 압력 스위치, 적색 디스크, 황색 디스크 등에 의해 비행 전에 확인이 가능하지만, 용량의 검사는 용기에 표시되어 있는 충전시의 데이터로 용기의 중량을 측정하여 산출한다.

휴대용 소화기

휴대용 소화기는 조종실에 1개가 있어야 하고, 항공법 시행규칙 제 125조(별표 17)에 의거하여 항공기 객실에는 승객 정원수에 따라 표 3-2와 같이 정해져 있다.

[표 3-2] 항공기에 비치해야 할 소화기의 수

승객 정원	소화기 수	승객 정원	소화기 수
6~30	1	301~400	5
31~60	2	401~500	6
61~200	3	501~600	7
201~300	4	600 이상	8

소화기는 소화제에 따라 각각 사용법이 다르다. 그러나 모든 휴대용 소화기는 공통적으로 소화에 앞서 소화기를 항상 수직으로 유지하고, 소화제가 가스인 것은 될 수 있는 대로 접근해서 방출해야 한다.

1. 물 소화기

그림 3-30과 같은 형태이며, 핸들 내에 이산화탄소통이 들어 있어 핸들을 시계방향으로 돌리면 이산화탄소가 방출되어 물을 가압한다. 상부의 분사 레버를 누르면 노즐을 통하여 물이 방출된다. 핸들에는 안전결선이 되어 있고, 납으로 밀봉되어 있다. 물의 분사 시간은 30~40초이다.

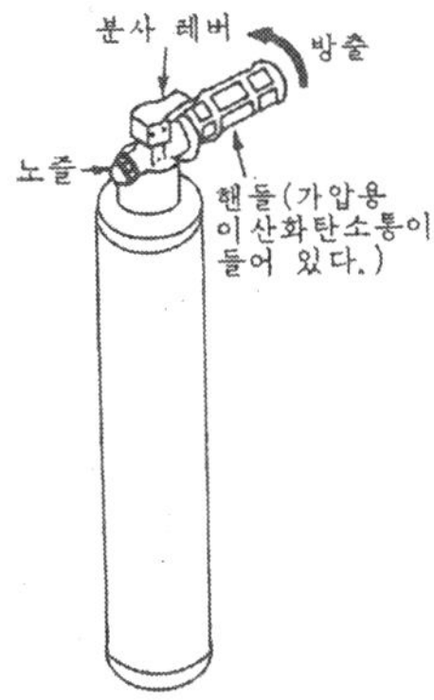

그림 3-30 물소화기

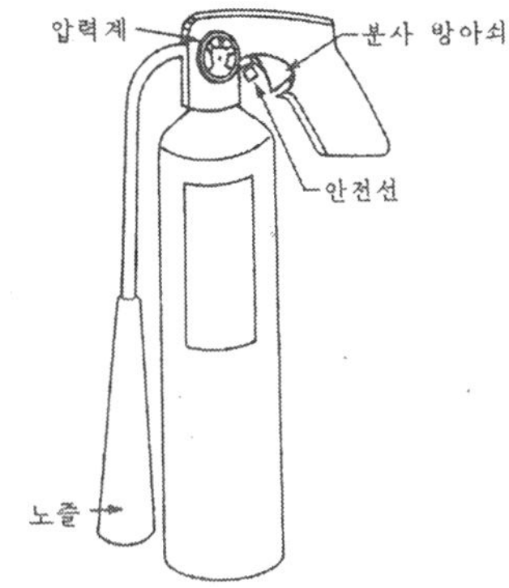

그림 3-31 이산화탄소 소화기

2. 이산화탄소 소화기

그림 3-31과 같이, 이산화탄소 소화기는 조종실이나 객실에 설치되어 있으며, 일반 화재, 전기 화재 및 기름 화재에 사용된다. 용기 내에는 액체 이산화탄소가 봉입되어 있고, 안전핀을 빼고 방아쇠를 당기면 소화제가 분사된다. 분사하고 있는 동안은 단열 변화에 의하여 드라이아이스 상태가 되기 때문에, 인체에 해를 입지 않도록 주의해야 한다. 따라서, 장갑 등을 사용하고, 노즐은 확실히 손으로 고정시킨다.

소화기에 따라서는 압력계가 설치되어 있는 것도 있으며, 분사 시간은 약 15초이고 좁고 밀폐된 장소에서 사용하면 인체에 위험하다.

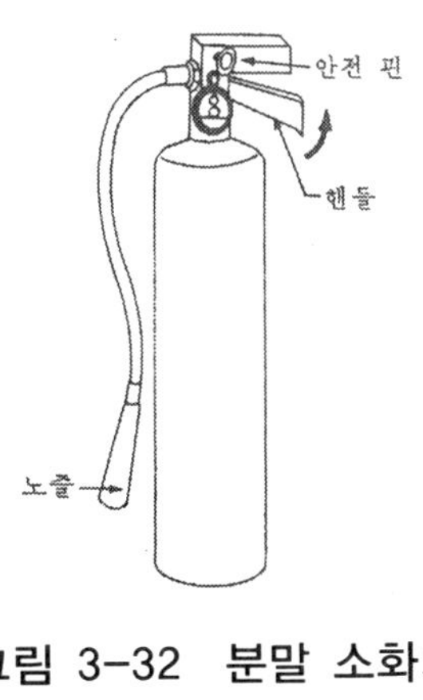

그림 3-32 분말 소화기

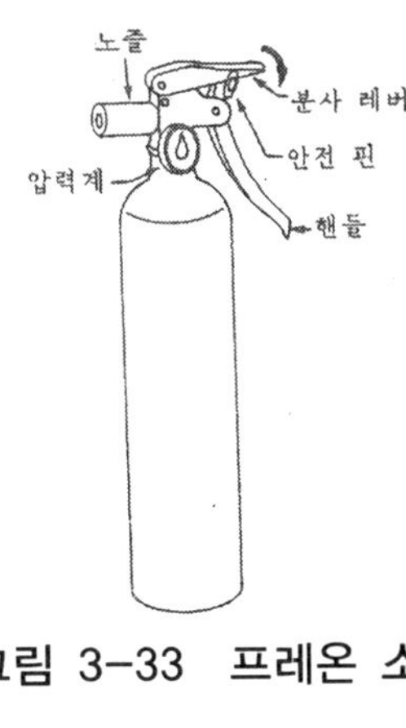

그림 3-33 프레온 소화기

3. 분말 소화기

그림 3-32와 같이, 분말 소화기는 분말을 이산화탄소나 질소가스로 가압, 봉입되어 있다가 이들 가스에 의하여 분사된다. 일반 화재나 전기 화재, 기름 화재에 유효하지만, 조종실에서 사용해서는 안 된다. 그 이유는, 시야를 방해하고, 주변 기기의 전기 접점에 비전도성의 분말이 부착될 가능성이 있기 때문이다. 안전핀을 뽑고 레버를 강하게 쥐면 분말 분사된다. 분사력이 매우 강하게 연소물에 퍼지므로 화재 지역에서 다소 떨어진 곳에서 분사시킨다. 그리고 사용하기 전에 용기를 잘 흔들어야 한다.

4. 프레온 소화기(haron 소화기)

그림 3-33과 같이, 프레온 소화기는 조종실이나 객실에 장비되어 있다. 프레온 소화기는 프레온가스로 소화하는 것으로, A급 화재, B급 화재 및 C급 화재에 유효하고 소화 능력도 강하다. 프레온 소화기 한 통의 분사 시간은 10~15초 정도이다.

이 소화제는 인체에 무해하며 대상물에 대한 부식성이 없고 전기절연성이 우수하여 정밀기기의 화재나, 기기의 손상이 없이 청결한 소화가 요구되는 곳에 적합하다.

5. 기상 불활성기체 발생장치(OBIGGS)

최신 항공기에 적용되는 기상 불활성기체 발생장치(On-Board Inert Gas Generating System)는 공기 중에 질소(N_2)를 분리시켜 연료탱크에 공급하여 항공기의 장시간 비행으로부터 온도상승으로 인한 연료폭발을 방지할 수 있다. 이는 마치 자동차를 오랜 시간동안 운행하면 엔진을 비롯하여 차체가 뜨거워져 온도상승으로 인한 문제를 질소를 사용하여 여러 가지 조치를 취할 수 있다. 또한 적(enemy)의 소구경 화기에 피습될 경우, 예상되는 연료 폭발방지와 더불어 화재 억제효과를 통해 항공기의 생존성을 높이는데 기여한다.

3-3-4 소화제의 분사 및 소화 계통의 정비

소화제 분사

소화제를 분사하여 소화하는 것을 효과적으로 하기 위하여, 단시간 내에 다량의 소화제를 방화 구역 전면을 완전히 덮을 필요가 있다. 이렇게 하려면, 액화한 소화제를 사용하기에 충분하도록 가압한 용기에 넣어야 한다. 방화구역에는 전역에 분배 배관을 배치하고 가스 상태의 소화제를 분사해야 한다. 소화제는 용기내의 금속실로 봉입되어 있고 소화제를 방출시킬 때에는 이 실을 기계적으로 파괴하거나 소량의 기폭제를 전기적으로 발화시켜서 파괴한다. 구형 용기에는 2개의 출구가 있어서 각기 다른 부분으로 배관이 연결되어 있으므로, 소화제를 방출할 곳에 따라 출구를 선택해야 한다. 실린더형 용기의 복수 실린더를 동시에 방출하는 경우에는 1개의 실린더를 조종실로부터의 조작으로 열고, 이 압력으로 다음 실린더의 실을 터뜨린다.

기관의 소화는, 항공기에 장착되어 있는 모든 기관에 대하여 소화제를 방출할 수 있도록 소화제 용기가 배치되어 있다. 헬리콥터를 포함한 T류 항공기에는 1개의 기관에 소화제를 2회 이상 방출할 수 있는 장치가 요구되고 있다. T류 이외의 항공기에는 기관 소화기가 의무 장비는 아니며, 소형기에는 거의 장착되어 있지 않다.

소화 계통의 정비

소화 계통의 정비는 각 계통별로 해당 정비 매뉴얼을 기준으로 시행하며, 일반적인 내용은 다음과 같다. 소화 계통의 정비는 작동 회로 시험, 부품 점검 및 계통 전반에 대한 점검이다.

작동 회로시험은 저항계에 의한 전기적 회로의 연속성 시험과 전압계 및 계통 전반에 대한 점검이다. 작동 회로시험은 저항계에 의한 전기적 회로의 연속성 시험과 전압계 및 전류계에 의한 전기 부품의 전기적 특성 시험 등이 있다. 부품의 점검은 소화기의 압력 점검, 배출 지시기의 점검, 카트리지(소화기 손잡이 부분의 이산화탄소 통)와 분사 밸브 점검 등이 있다.

소화기의 압력 점검은 외부 온도에 따른 소화기의 압력이 규정값 이내에 있는지를 확인하고, 만일 규정 한계값 내에 들어 있지 않으면 소화기를 교환해야 한다.

동체 외피에 있는 방출 지시기는 소화기의 작동 상태를 나타내는 것으로, 적색 디스크와 황색 디스크가 있다. 적색 디스크의 파괴는 소화기의 안전 플러그가 과열로 인하여 작동되었음을 의미하고, 황색 디스크의 파괴는 소화계통을 동작시켜 소화액을 사용했음을 의미하므로 소화기를 교환해야 한다.

마지막으로, 배출된 소화액은 알루미늄 합금 등 기체의 금속 부분에 부식을 촉진시키므로 소화액이 묻어 있는 곳은 깨끗하게 닦아 낸다.

복습문제

[1] 항공기 화재 계통의 화재 등급구분에 상호 관련 지우시오.

• A급	• 기름 화재
• B급	• 금속 화재
• C급	• 일반 화재
• D급	• 전기 화재

[2] HRD란 무엇인가? 왜 이 특성이 소화기(extinguisher)에 필요한가?

[3] 일반화재, 기름화재 및 전기화재에 유효하지만 조종실에서 사용해서는 안 되는 소화기는?

㉮ 물 소화기 ㉯ 이산화탄소 소화기
㉰ 분말 소화기 ㉱ 하론(haron) 소화기

3-5 화재경고 계통

기관과 그 주위 및 화물실 등의 열에 민감한 재료를 사용하여 화재 탐지장치를 설치하고, 화재가 발생하면 화재경고 장치에 신호를 보낸다.

3-5-1 화재경고 장치

화재경고 장치에는 내열 재료가 사용되며, 다음과 같은 기능과 성능을 요구한다.

① 지상이나 비행 중에 화재가 발생하지 않은 경우, 작동이나 경고를 발생시키지 않을 것.

② 화재가 발생하였을 때에는 그 장소를 신속하고 정확하게 표시할 것.

③ 화재가 계속 진행하고 있을 때에는 연속적으로 표시할 것.

④ 화재가 꺼진 후에는 정확하게 지시를 멈출 것

⑤ 화재가 다시 발생한 경우에도 위의 ②, ③항대로 작동할 것.

⑥ 조종실에서 화재탐지와 화재 경고 장치의 기능을 시험할 수 있을 것.

⑦ 윤활유, 물, 열, 진동, 관성력 및 그 밖의 하중에 대하여 충분한 내구성을 가질 것

⑧ 무게가 가볍고, 장착이 용이하며, 정비나 취급이 간단할 것.

⑨ 항공기의 전원에서 직접 전력을 공급받으며, 전력 소비가 적을 것.

⑩ 화재 탐지는 화재 구역마다 독립적인 계통으로 있을 것.

⑪ 화재 경고는 조종실에 경고음을 발함과 동시에 화재의 장소를 알리는 경고등이 켜질 것.

열전쌍식(thermocouple type)

열전쌍은 두 개의 다른 물질로 된 금속선의 양 끝을 연결하여 접합점에 온도차가 생기면 금속선에는 기전력이 발생하여 전류가 흐른다. 이 때의 전류를 열전류, 열전류를 생기게 하는 기전력을 열기전력, 그리고 이 금속선들의 조합을 열전쌍(thermocouple)이라 한다.

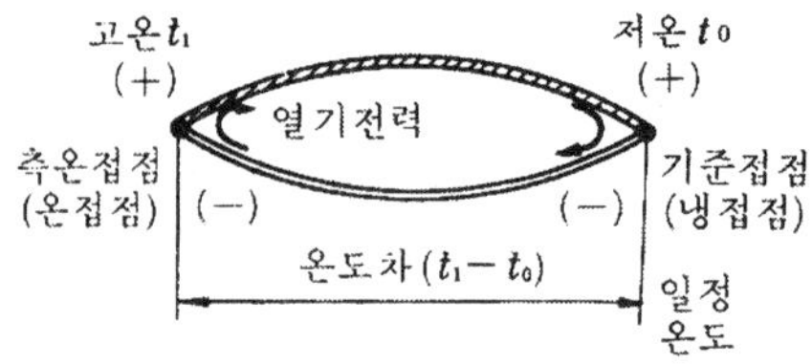

그림 3-34 열전쌍 원리

열전쌍식은 외부 전원없이 온도변화에 의해 열기전력이 생기게 하는 장치인 열전쌍을 이용한다. 열기전력은 두 금속의 종류와 접합점의 온도차에 의하여 정해지며, 선의 굵기나 접합점 이외의 온도 분포에는 영향을 받지 않는다. 즉, 두 금속의 종류와 한 쪽의 접합점 온도가 일정할 때에는 열기전력은 다른 한쪽의 온도에 의해서만 정해진다.

열전쌍식 화재경고 장치는 그림 3-35와 같이, 온도의 급격한 상승에 의하여 화재를 탐지하는 장치이다. 서로 다른 종류의 특수한 금속을 서로 접합한 열전쌍을 이용하여 필요한 만큼 직렬로 연결하고, 고감도 릴레이를 사용하여 경고 장치를 작동시킨다.

이 경고 장치는 기관의 완만한 온도 상승이나 회로가 단락된 경우에는 경고를 울리지 않는다. 고감도 릴레이는 주회로의 릴레이를 작동시키고, 이 작용에 의하여 화재 경고가 발생한다. 경고 회로 내에 시험용 열전쌍이 설치되어 있어, 작동시험을 할 때 이 부분이 가열되어 작동을 시험하게 된다.

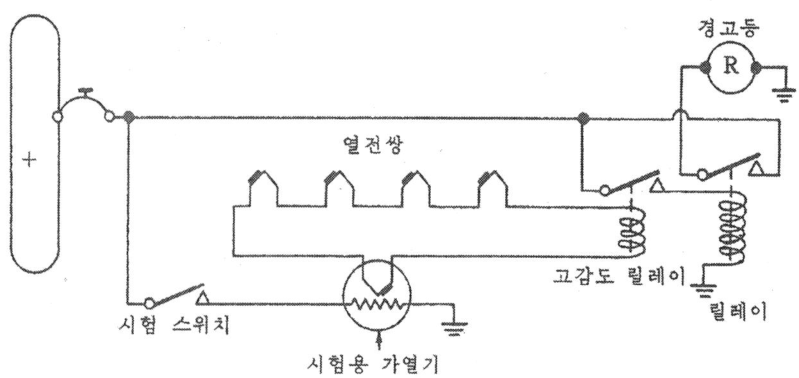

그림 3-35 열전쌍식 화재경고 장치

열 스위치식(thermal switch type)

열 스위치는 그림 3-36과 같이 바이메탈(bimetal)을 사용하는 것으로서, 열팽창률이 낮은 니켈(Ni)-철(Fe) 합금인 금속 스트럿이 서로 휘어져 있어 평상시에는 접촉점이 떨어져 있다. 그러나 화재(fire)나 과열(overheat) 되면 스테인리스강으로 된 케이스가 늘어나게 되므로, 금속 스트럿이 펴지면서 접촉점이 연결되어 회로를 형성시켜 경고장치 회로가 작동된다. 따라서 온도상승을 하여 어느 특정한 온도에 도달하면 열 스위치(바이메탈)가 닫히고 화재나 과열상태를 지시하게 된다. 그러나 온도가 서서히 오르는 변화를 감지하는 것은 아니다.

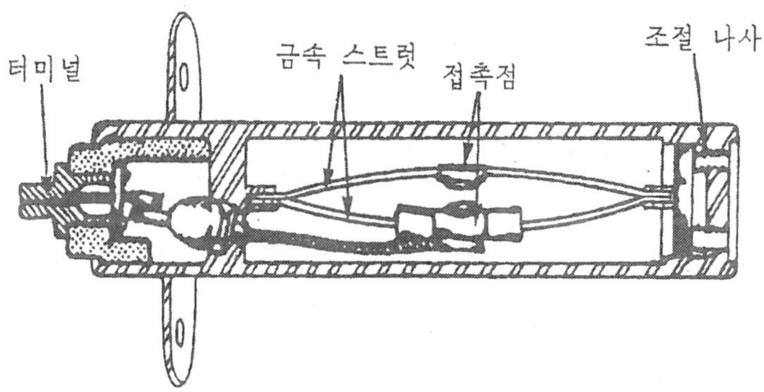

그림 3-36 열 스위치(thermal switch)

저항 루프형(resistance loop type)

전기저항이 온도에 의해 변화하는 세라믹(ceramic)이나, 일정온도에 달하면 급격하게 전기저항이 떨어지는 융점이 낮은 소금(salt)을 이용하여 온도 상승을 전기적으로 탐지하는 탐지기를 저항 루프형 화재 탐지기라고 한다. 센서는 그림 3-37과 같은 단면을 가지고 있으며, 탐지부의 양끝을 함께 연결하고 있기 때문에 루프(loop)형 또는 연속(continuous)형이라고 한다.

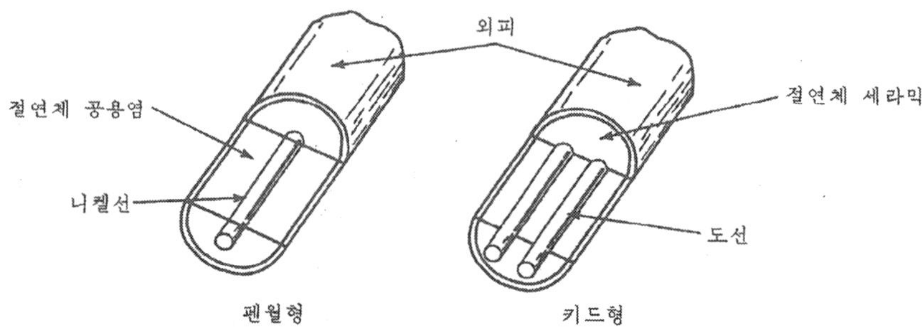

그림 3-37 저항 루프(resistance loop) 화재 탐지기

센서의 단면은 중심선이 1개인 펜월(Fenwall)형과 중심선이 2개인 키드(Kidde)형이 있는데, 중심선과 외피 또는 중심선 사이의 저항변화를 제어 유닛으로 감지하여 화재 경보를 울린다. 두 종류 모두 중심선을 양 끝에 연결하여 루프 상태로 만들기 때문에 루프의 중간 부분이 단선(open)이 되더라도 정상으로 작동한다.

이 장치는 화재 구역에 2개의 루프를 짧은 간격으로 평행하게 장치하는데, 화재 경고 계통의 작동 실수를 막기 위하여 그림 3-38과 같이 2개의 루프가 함께(AND 회로) 화재를 감지했을 때 비로소 화재 경보가 울리도록 되어 있다. 또는 2개의 루프 중 어느 한 쪽(OR 회로)에서만 화재가 감지되면 경보가 울리도록 되어 있다.

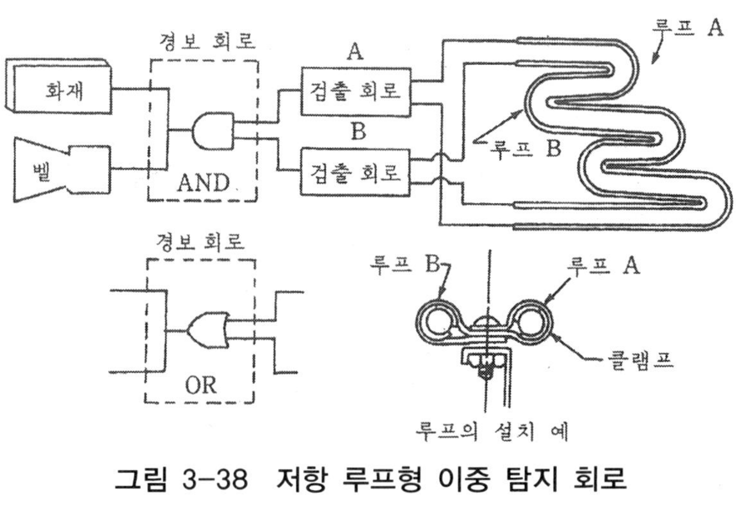

그림 3-38 저항 루프형 이중 탐지 회로

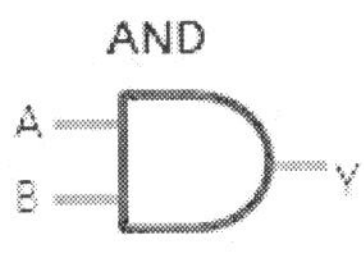

$Y = A \cdot B$

A	B	Y=A·B
0	0	0
0	1	0
1	0	0
1	1	1

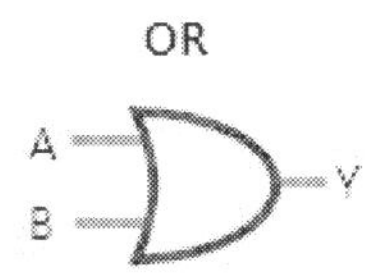

$Y = A + B$

A	B	Y=A+B
0	0	0
0	1	1
1	0	1
1	1	1

3-39 논리회로(AND, OR) 진리표

광전지식

광전지는 빛을 받으면 전압이 발생한다. 이것을 이용하여 그림 3-40과 같이 화재가 발생할 경우에 나타나는 연기입자로 인한 반사광의 굴절(refraction)로 인해 화재를 탐지한다.

비컨(beacon) 램프는 항상 점등되어 있으며, 연기가 들어오면 그 반사광이 광전지에 도달하게 됨으로써 경고 장치를 작동시킨다. 시험 스위치를 작동시키면 릴레이가 동작하여 시험램프는 비컨(beacon) 램프와 직렬로 연결되면서 점등되어, 광전지에 빛이 들어가 경고 회로가 작동되는 것을 시험할 수 있다.

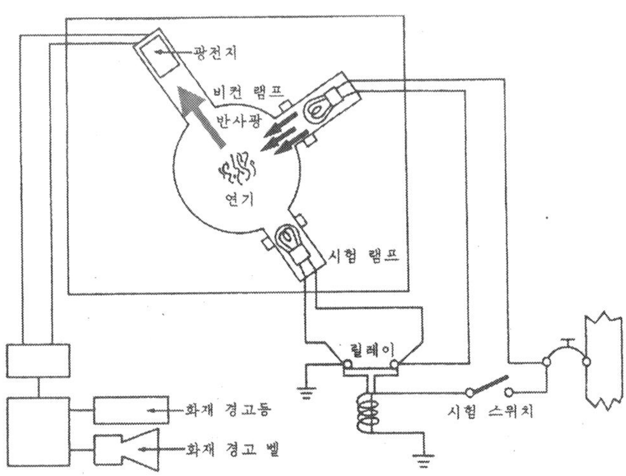

그림 3-40 광전지식 화재경보 장치

복습문제

[1] 화재탐지 장치 중에서 온도상승을 바이메탈(bimetal)로 탐지하는 것은?

㉮ 용량(capacitance)형　　㉯ 써모커플(thermocouple)형
㉰ 써멀 스위치(thermal switch)형　　㉱ 저항 루프(resistance loop)형

[2] 다음 중에서 화재 탐지기(fire detector)로 사용하지 않는 것은?

㉮ 온도 상승률 탐지기　　㉯ 이산화탄소 탐지기
㉰ 스모크 탐지기　　㉱ 과열 탐지기

[3] 화재감지 시스템에서 온도가 서서히 오르는 변화를 감지할 수 있는 것은?

㉮ 써미스터형　　㉯ 써모커플형
㉰ 저항 루프형　　㉱ 써멀 스위치형

제4장 방빙, 제빙 및 제우 계통

항공기는 비행 중 어떠한 기상 상태에서도 안전하고 쾌적한 운항을 할 수 있어야 한다. 추운 겨울이나 고공의 빙점 이하에서 비행을 할 때에는 항공기 주 날개의 앞전, 조종면의 앞쪽 부분, 윈드실드, 기관의 공기 흡입구, 피토관, 프로펠러 깃의 앞전, 각종 공기 흡입 및 배출구 등에 결빙(icing)이 발생할 수 있다.

The Four Forces of Flight

There are four physical forces that are involved in the flight of airplanes. The first is thrust and it makes the airplane go forward. The plane's engines create the force of thrust by pushing air backwards at great speed. Next, there is the force of drag, which pushes the plane backwards. It is usually the result of air resistance as the airplane moves forward through the air. The third force is lift and it is caused by the shape of the planes' wings. The top of each wing is curved and the bottom is flat. As the wings move forward, they force the air travelling over them to go faster than the air travelling under them, and this creates a force that lifts the wings up. Finally, there is weight, the opposite of lift. This is the force of gravity pulling the plane down towards the earth.

The airplane flies in a straight line and at a constant speed when these four forces are balanced. If they are unbalanced, the plane travels in the direction of the push of the strongest force. For example, if ice is formed on the wings, it prevents the airplane from lifting up, resulting in increase of drag at the same time.

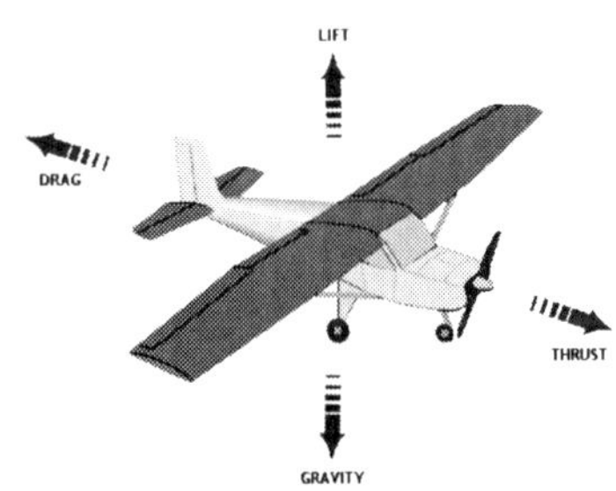

항공기가 비행하는 동안 대기의 상태에 따라, 날개 앞전 혹은 공기흡입구의 결빙으로 인해 많은 문제를 발생시킨다. 날개나 꼬리날개 앞전의 결빙은 그림 4-1과 같이 날개의 기능을 유지할 수 없어 양력(lift)을 잃어버리게 된다. 또한 윈드실드(windshield)의 결빙은 조종사의 시야를 가리게 된다. 기관의 공기 흡입구나 피토관(Pitot tube) 등에 나타날 때는 그 계통의 그 기능을 마비시키기도 한다. 결빙 현상은 철저히 방지하고, 일단 얼어붙은 얼음은 즉시 제거해야 한다. 결빙을 방지하는 장치를 방빙(anti-icing)계통이라 하고, 얼음을 제거하는 장치를 제빙(de-icing)계통이라 한다. 그리고 항공기가 빗속을 비행할 때 승무원의 시야를 좋게 하기 위하여 윈드실드로부터 빗물을 제거해야 하는데, 이 장치를 제우(rain removal)계통이라 한다.

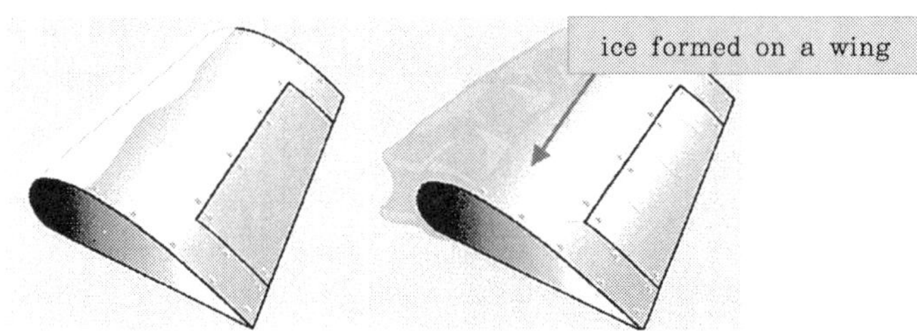

그림 4-1 날개표면의 결빙

4-1 방빙 및 제빙 계통

비행 중인 항공기의 기체 표면에 형성되는 얼음은 그 결빙 부위에 따라 항공기의 성능에 막대한 지장을 가져온다. 결빙은 날개 앞전(wing leading edge), 공기흡입구(air intake area), 윈드실드, 피토관, 프로펠러 등과 같이 대기에 노출이 되는 부분에 잘 발생한다. 항공기에 결빙이 되면 양력(lift)은 감소되고 항력(drag)은 증가되며, 진동이 발생하고 지시계통에 이상이 생길 수도 있다. 또, 조종면의 불균형이 발생하고 슬롯(slot)은 작동이 되지 않으며, 기관 성능의 저하가 뒤따른다.

이러한 결빙을 방지하거나 제거하기 위하여 항공기의 종류나 결빙부분에 따라 여러 가지 방법이 사용되고 있다. 결빙을 막기 위한 방법으로는 가열된 공기를 사용하는 방법, 전열선으로 해당부분을 가열시키는 방법 및 알콜을 분사하는 방법

등이 있다. 얼음 제거를 위해 보통 제빙 부츠에 압축 공기를 공급하여 얼음을 깨뜨리는 방법이 많이 쓰이고 있다.

표 4-1은 항공기의 각 부분별 방빙 및 제빙 방법을 요약한 것이다. 공기식 방빙을 사용하는 계통은 날개 앞전, 기관의 나셀(nacelle)과 같이 방빙 지역이 광범위한 곳이다. 전기식 방빙은 Pitot관, 외기 온도감지기, 받음각 감지기, 기관압력 감지기, 기관온도 감지기, 얼음감지기, 조종실 윈도우 및 물 공급라인 등의 지역에 적용된다.

표 4-1 항공기의 각 부분별 방빙 또는 제빙 방법

결빙부분	제거방법
날개 앞전	블리드 공기
수직 및 수평 안정판 앞전	블리드 공기
윈드실드 및 윈도우	블리드 공기, 전기히터, 알콜
기관 공기흡입구	전기히터
실속경고장치	전기히터
피토관	전기히터
프로펠러 블레이드 앞전	전기히터, 알콜
기화기	블리드 공기, 알콜
VHF 안테나	블리드 공기

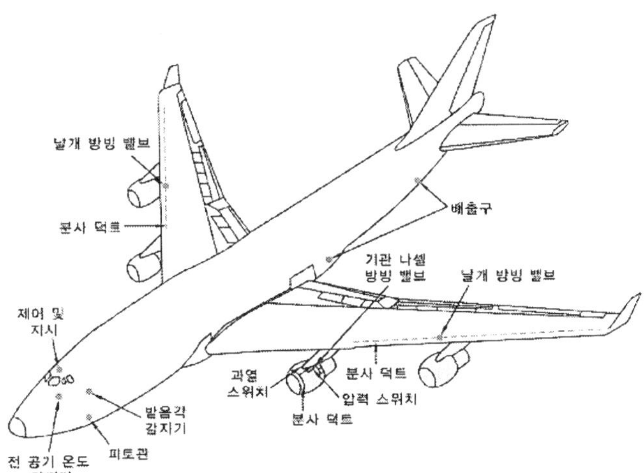

그림 4-2 대형 항공기의 방빙계통 적용 부분

4-1-1 방빙 계통

방빙 계통은 결빙의 우려가 있는 항공기의 부분에 화학물질이나 가열공기 및 전열기를 사용하여 결빙을 미리 방지하는 계통이다.

1. 공기식(열적) 방빙 계통

열에 의한 방빙 계통은, 방빙이 필요한 부분에 덕트를 설치하고, 여기에 가열된 공기를 통과시켜 온도를 높여 줌으로써 얼음이 어는 것을 막는 장치이다. 경우에 따라서는 가열 공기 대신 전기적인 열을 이용하여 방빙시키기도 한다.

방빙 계통에 이용되는 가열 공기를 얻는 방법으로는 가스터빈 압축기로부터 블리드 공기를 얻는 방식과 기관 배기가스 열교환기를 통해 얻는 방법 및 연소 가열기에 의한 방법 등이 있다. 과거의 왕복기관을 장착한 항공기는 연료 연소시 발생하는 열을 이용한 연소 가열기 방식을 이용하거나, 온도가 높은 배기가스가 지나는 부분에 외부 공기가 통과되게 하여 공기를 가열시키는 열교환기 방식을 이용하였다. 그러나 요즈음은 보통 가스터빈 항공기를 주로 사용하기 때문에, 가스터빈 기관의 압축기에서 쉽게 얻을 수 있는 가열된 블리드 공기를 이용하여 방빙이나 제빙에 사용한다.

그림 4-3은 항공기의 방빙 계통을 나타낸 것으로서, 기관 압축기의 6단과 13단의 블리드 공기를 이용하여 날개 앞부분의 크루거 플랩(Kruger flap)과 슬랫(slat) 및 VHF안테나를 방빙시킨다.

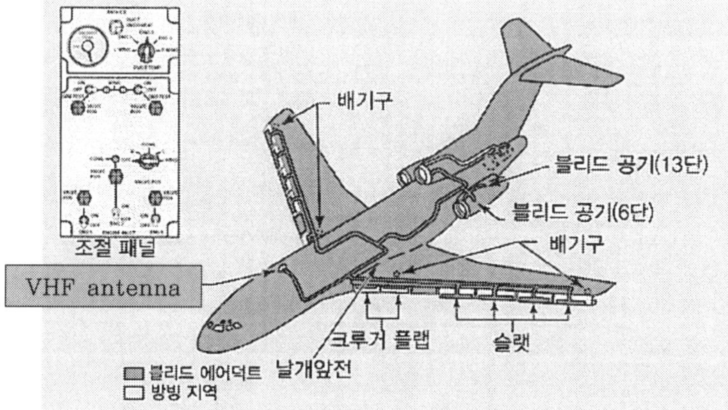

그림 4-3 열에 의한 방빙 계통

날개앞전의 방빙

일반적으로, 날개 앞전의 방빙을 위하여 그림 4-4와 같이 방빙을 필요로 하는 날개의 앞전 부분은 이중판을 설치하여, 판 사이의 틈으로 뜨거운 공기가 통하게 하여 결빙이나 제빙시킬 부분이 가열되도록 한다.

날개나 꼬리날개 앞전의 결빙은 앞전의 곡률 반경이 큰 경우에는 램 효과가 있어서 작은 부분에 비해 결빙이 어려운 경향이 있다. 날개 앞전의 열적 방빙 장치는 날개 앞전의 내부에 날개폭 방향으로 열 방빙 덕트(duct)가 연결되어 있고 이 덕트에 뜨거운 공기를 통과시켜 날개 앞전을 따뜻하게 하여 얼음의 형성을 막는다.

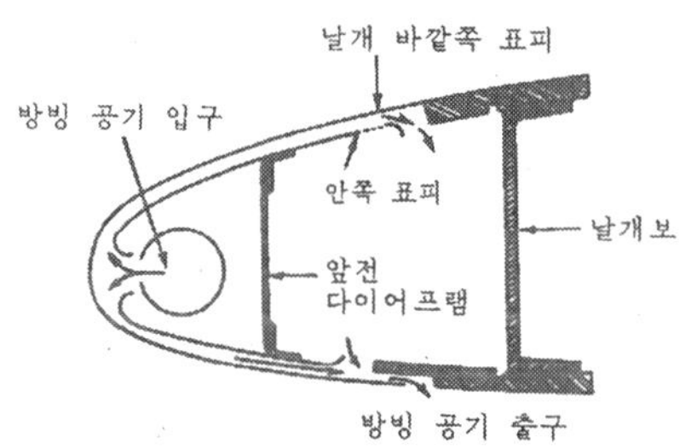

그림 4-4 날개 앞전의 방빙

기관의 열적 방빙장치

1) 왕복기관

왕복기관에서 결빙되는 부분은 기화기 및 연소용 공기흡입구이다. 이 부위의 방빙은 예열방식으로서 기관을 냉각시킨 후의 고온공기나 배기관 주위를 통과히여 따뜻해진 공기를 기화기로 들어가게 한다.

2) 가스터빈기관

가스터빈 기관의 열적 방빙 방식은 기관 압축기부에서 고온공기를 이용하여 가열하는 방식과 전기적으로 가열하는 방법이 있다.

나셀(nacelle)이나 기관 카울(cowl)은 가스터빈 기관이나 터보 프롭 등의 기관에서 결빙되기 쉽다. 이들 공기 흡입구의 결빙은 출력을 저하시키고 떨어져 나가는 얼음이 흡입되어 기관에 손상을 주기 때문에 그림 4-5와 같이 방빙시킨다.

고온 공기를 이용하여 방빙을 하는 경우에 공급된 고온공기와 따뜻한 공기를 흡입함으로써 기관은 불안정한 상태가 되고 출력이 저하된다. 이 때 기관의 연소정지를 막기 위해 점화계통을 작동시키는 등의 예방조치가 필요하다. 기관의 작동 중에는 지상이나 공중의 구별없이 기관 나셀 방빙 장치를 작동할 수 있으며 결빙이 예상될 때는 반드시 사용해야 한다.

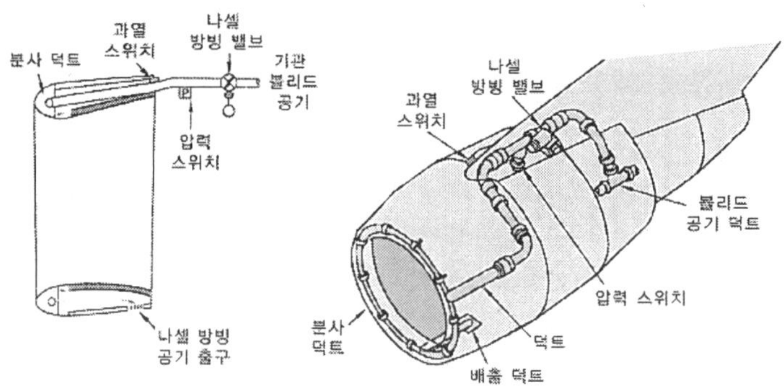

그림 4-5 기관 나셀 방빙계통

2. 전기식 방빙 계통

항공기의 피토관(Pitot tube)이나 윈드실드(windshield) 등은 전기적인 열을 이용한 방빙 장치가 사용되고 있다. 피토관 하우징 내부에는 전기 가열기가 설치되어 있어서, 피토관이 타는 것을 방지하기 위해 지상에서는 작동되지 않으며, 작동 여부는 조종실의 지시등이나 전류계를 통해 알 수 있다.

윈드실드(windshield) 및 윈도우 방빙

윈드실드와 윈도우 방빙 목적은 조종실의 전망을 확보하기위해 착빙, 결빙, 이슬 맺힘, 안개를 방지하는 것이다. 이들의 방빙 방법은 전기적인 열, 화학적인 알콜 및 가열된 블리드 공기를 이용한다.

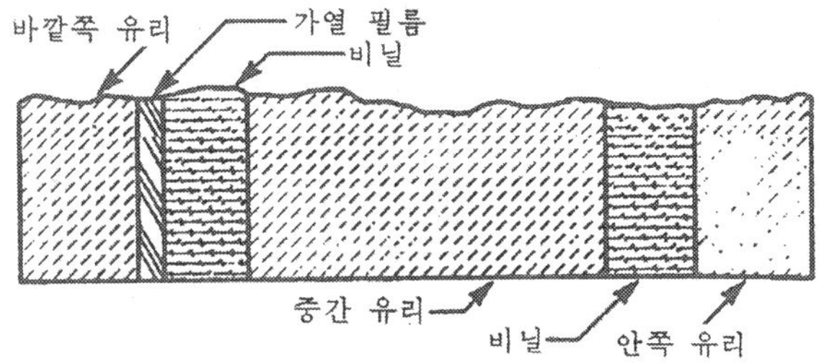

그림 4-6 윈드실드의 구조

그림 4-6과 같이, 윈드실드는 여러 층으로 이루어진 윈드실드 바깥 유리의 안쪽 부분을 전기가 잘 통하는 금속 피막을 입혀 전기를 통하게 함으로써 가열시키거나 전기 저항선을 윈드실드 내부에 설치하여 가열시켜 방빙시킨다.

프로펠러 방빙

프로펠러는 단면이 날개모양으로 되어있으므로 프로펠러 앞전이 결빙되기 쉽다. 이 결빙은 추진효율을 감소시키고 프로펠러의 불규칙적인 진동을 일으킨다. 프로펠러 앞전의 방빙은 화학적방법과 전기적방법이 있다.

전기식 방법은 프로펠러 블레이드 앞전 부분에 가열기의 전열선을 붙이고, 슬립링(slip ring)을 통하여 블레이드에 전력을 공급한다. 전력은 연속 또는 간헐적으로 공급되어 결빙을 방지한다. 얼음은 블레이드에서 떨어져 나가 원심력으로 분산된다.

감지기 방빙

감지기의 방빙은 각종 계기류, 경고장치, 조종계통에 결빙되면 정상적인 기능을 상실하는 부분에 사용한다. 계기에 비행 정보신호를 주는 감지기에는 방빙 기능을 필수적으로 설치해야 한다. 주로 Pitot관, 정압공, 실속 감지기, 외기온도 감지기 및 기관 압력비 감지기 등이다.

안테나 방빙

무선 안테나 모양은 와이어(wire)형, 핀(pin)형, 슬롯(slot)형 또는 기체구조의 일부를 이용하는 방법 등과 같이 다양하다. 레이더 안테나 돔(radar antenna dome)은 동체 앞부분에 있어서 방빙을 필요로 하는 부분이지만 형상, 재료, 램(ram)효과 의해 동결조건이 다르므로 방빙여부를 별도로 정한다.

3. 화학적 방빙 계통

화학적 방빙 계통은 결빙의 우려가 있는 부분에 이소프로필(isopropyl) 알콜이나 에틸렌글리콜과 알콜을 섞은 용액을 분사, 어는점을 낮게 하여 결빙을 방지하는 것이다.

주로 프로펠러 깃이나 윈드실드 또는 기화기의 방빙에 사용하는데, 때로는 주날개와 꼬리날개의 방빙에 사용할 때도 있다. 그림 4-7은 프로펠러의 화학적 방빙 계통을 나타낸 것으로, 계통의 스위치를 작동시키면 전기 모터에 의해 구동되는 펌프가 회전하여 유체탱크로부터 알콜을 계통에 공급하게 된다. 이때 유량을 조절하기 위한 유체 펌프의 제어는 가변 저항기에 의해 이루어진다.

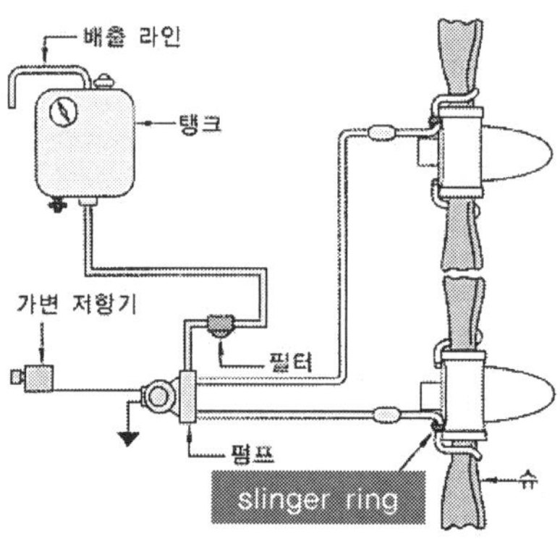

그림 4-7 화학적 방빙 계통

이들 각각의 프로펠러에는 슬링어(slinger) 링이 설치되어 있어서, 원심력에 의해 알콜을 노즐에 공급하여 분사시킨다. 윈드실드에 알콜을 분사할 때에는 윈드실드의 아랫부분에 분사시켜 공기의 흐름에 따라 전 지역에 퍼지게 한다.

복습문제

[1] 다음 중 방빙이 필요없는 곳은?

㉮ 동체 리딩에지 ㉯ 주 날개 리딩에지
㉰ 꼬리날개 리딩에지 ㉱ 엔진 카울링 리딩에지

[2] 다음 중 전기적인 방빙(anti-icing)을 사용하는 부분이 아닌 것은?

㉮ 정압공 ㉯ Pitot관 ㉰ 코어 카울링 ㉱ 프로펠러

[3] 방빙 및 제빙 계통에서 서로 연결이 잘못된 것은?

㉮ 실속 탐지기 - 블리드 공기 ㉯ 조종날개 - 블리드 공기
㉰ 윈드실드, 윈도우 - 전열, 블리드 공기 ㉱ 화장실 - 전열

4-1-2 제빙 계통

일반적으로, 항공기의 제빙에는 공기압을 이용하는 공기압식 제빙 계통을 사용한다. 이것은 날개나 조종면의 앞전에 팽창 및 수축될 수 있는 고무 부츠를 부착시키고, 가압된 공기와 진공 상태의 공기를 교대로 가하여 해당 부분에 결빙된 얼음을 부츠의 팽창과 수축 작용에 의하여 제거하는 장치이다. 그러나 최신 항공기는 방빙 계통이 완벽하여 제빙 계통을 갖추고 있지 않은 경우가 많다.

1. 제빙 부츠

그림 4-8의 (a)와 같이, 제빙 부츠는 팽창 및 수축할 수 있는 공기방(air chamber)이 유연성 있는 호우즈(hose)에 의해서 계통의 압력관과 진공관에 연결된다.

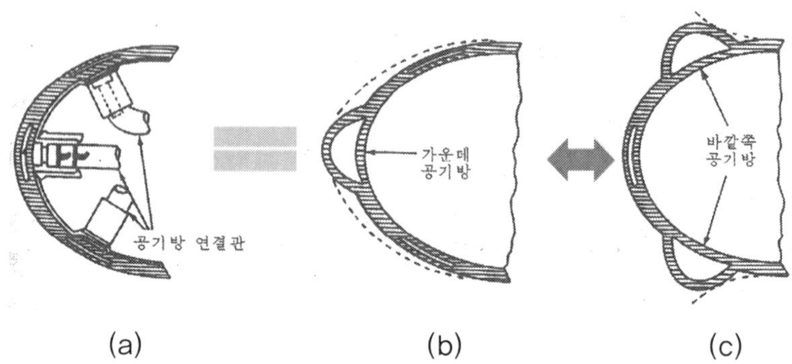

그림 4-8 제빙 부츠의 작동

그림 (b)와 같이, 계통이 작동을 시작하면 가운데 공기방이 팽창을 하면서 얼음을 깨뜨리고, 그림 (c)와 같이, 가운데 공기방이 수축하면 바깥쪽 공기방이 팽창하면서 깨진 얼음을 밀어내어 기류에 의하여 대기 중으로 날려버린다.

2. 계통의 구성과 작동

그림 4-9와 같이, 공기압식 제빙 계통에 사용되는 부츠의 압축 압력과 진공 압력을 발생시키는 방법에는, 압력조절기와 공기배출기를 사용하는 방법과 기관 구동 진공펌프에 의한 방법이 있다.

기관 압축기에서 공급된 압축 공기가 압력조절기에 의하여 적당한 압력으로 낮추어져 분배밸브(distribution valve)에 공급된다. 분배밸브에 의하여 압축공기가 부츠의 공기방(air chamber)에 공급되면 부츠는 팽창되고, 분배밸브에 의하여 잠시 동안 압력관이 닫혀 있다가, 공기 배출기에 연결된 진공관 쪽에 연결되면 부츠는 수축된다. 부츠안의 압력이 규정값 이하로 떨어지게 되면 공기 배출기는 차단되고, 다시 분배밸브의 압력관에 연결되는데, 이것을 1주기(one cycle)라고 한다. 이 때, 주기는 지상에서 조절하거나, 분배밸브에 타이머를 설치하여 자동적으로 주기가 조절되도록 하는데, 타이머는 계통이 정지하면 바로 원 위치로 돌아간다.

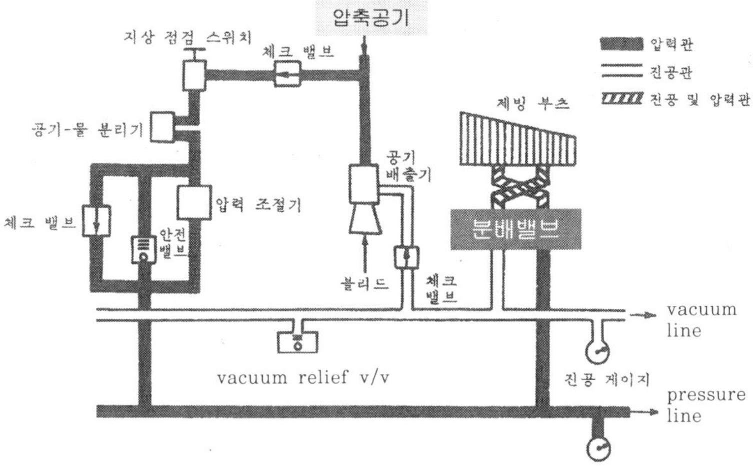

그림 4-9 공기압식 제빙 계통

압력조절기와 함께 연결되어 있는 객실 압력 릴리프밸브는 압력 조절기의 압력이 규정값을 초과하게 될 때 압력을 낮추는 장치이고, 진공 릴리프밸브는 진공 압력을 규정값으로 유지하는 장치이다. 기관 구동 진공펌프에 의하여 압력이 조절되는 공기압식 제빙 계통은, 계통의 구성이나 작동에 있어 압력조절기에 의하여 조절되는 제빙 계통과 별로 다른 점이 없다. 진공펌프를 통과한 공기에는 오일이 섞일 수 있는데, 오일을 분리하기 위하여 펌프의 출구에 오일 분리기를 설치한다.

4-1-3 방빙과 제빙 계통의 정비

방빙 및 제빙 계통의 정비는 항공기의 종류에 따라 달라지므로, 해당 항공기의 정비 매뉴얼에 따라 정비해야 한다. 그 일반적인 내용은 다음과 같다. 가열 공기를 이용하는 방법 계통의 작동 점검과 검사를 하려면 기관의 규정된 회전수로 작동시키고, 방빙 계통의 작동 스위치를 동작시킨다. 이 때 가열 공기가 제대로 해당 부위에 공급되는지를 확인한다. 특히, 윈드실드의 경우에는 윈드실드가 시험 중에 열로 파손되는 것을 방지하기 위하여 알루미늄 판이나 적당한 재료의 판을 노즐 끝과 윈드실드 사이에 설치하여 열을 방출시킨다. 제빙 계통의 작동 점검은, 항공기 기관을 구동시키거나 외부 공기압을 이용하여 수행할 수 있다. 또, 그 밖의 기관을 구동하지 않고 계통을 위한 지상 점검용 시험 플러그를 이용하여 수행하기도 한다. 기후 조건이 제빙 부츠의 고무에 손상을 입힐 수 있다고 생각될 때에는 전도성 접착제를 바른다. 이 접착제는 부츠에서 일어날 수 있는 정전기를 없애고 비행 중에 정전기로 인한 아크를 방지함으로써 이 아크에 의한 부츠의 터짐을 막는다. 제빙부츠를 정비할 때에는 부츠에 묻어 있는 윤활유, 연료, 그리스 등의 이물질을 제거해야 하는데, 묽은 비눗물이나 물을 사용하여 제거해야 한다. 제거해야할 이물질이 윤활유나 그리즈인 경우에는 나프타로 씻어 낸 다음에 비누와 물로 깨끗이 세척한다. 제빙 부츠의 파손이 경미한 경우에는 고무 조각으로 덧대기 작업을 하여 수리할 수 있지만, 그 표면이 크게 손상되어 파손에 이르렀을 때에는 부츠를 교환한다.

복습문제

[1] 제빙계통에서 제빙부츠의 팽창 및 수축 순서를 조절하는 것은?

㉮ 분배밸브 ㉯ 부츠구조 ㉰ 진공밸브 ㉱ 흡입밸브

[2] 지상에 있는 항공기의 기체표면에 이미 결빙해 있을 때 분사해 주는 제빙액으로 적합한 것은?

㉮ 질소 ㉯ MIL-H-5026 ㉰ 4염화탄소 ㉱ 에틸렌글리콜

[3] 방빙(anti-icing)계통에 대한 다음 설명 중 옳은 것은?

㉮ 프로펠러의 방빙, 제빙에는 슬링어 링(slinger ring)을 이용해 날개끝 부분에 뜨거운 공기를 공급한다.

㉯ 기화기(carburetor)는 water separator를 사용하여 흡입공기의 수분을 제거함으로써 방빙을 한다.

㉰ drain mast의 예열은 지상 계류 시에는 저전압, 고공에서는 고전압으로 예열한다.

㉱ 연료에 수분이 포함되면 필터부분에 결빙이 발생되므로 이를 방지하기 위해 필터 앞에 전기히터를 설치한다.

4-2 제우 계통

제우(rain removal) 계통은 항공기가 비행 중에 비가 내릴 경우에 조종사가 좋은 시야를 가질 수 있도록 윈드실드에 묻은 빗물을 제거하는 계통이다. 빗물을 제거하는 방법으로는 자동차에서와 같이 윈드실드 와이퍼를 작동시키는 방법, 가열 공기를 윈드실드 아랫부분에서 공기의 흐름 방향으로 분사하는 방법 혹은 화학적 방법이 있다.

4-2-1 제우 장치의 종류

1. 윈드실드 와이퍼 계통

윈드실드 와이퍼(windshield wiper)는 그림 4-10(a)와 같이 구성되어 있으며, 와이퍼를 구동시키는 방식에는 전동기에 의해 구동시키는 전기식과 그림 4-10(b)와 같이 유압이나 공기압을 이용한 방식이 있다. 전기식 윈드실드 와이퍼는 각각의 와이퍼가 각각의 전동기에 의하여 작동되며, 그림 (a)와 같이 조종석의 위쪽에 있는 조절 패널의 스위치를 조절함으로써 전동기의 작동 속도의 조절이 된다.

유압식 윈드실드 와이퍼는 항공기의 유압 계통에서 공급되는 유압에 의하여 작동되며, 그림 (b)와 같이 와이퍼의 속도를 조절하기 위한 속도제어 밸브가 있어서 조종사가 선택한 속도에 따라 작동된다. 제어 유닛에는 유압 공급관과 귀환관이 연결되어 있으며, 반대쪽에는 랙(rack)과 피니언(pinion)으로 구성되어 있는 작동기가 설치되어 있다. 유압이 라인 1로 공급되면 랙이 오른쪽으로 움직이게 되고, 동시에 피니언에 부착된 와이퍼는 반시계 방향으로(counterclockwise) 움직이게 된다. 이번에는 라인 2로 유압이 공급되어 반대로 와이퍼는 시계방향으로(clockwise) 움직인다.

윈드실드 와이퍼는 물방울을 제거하는 것 이외에 방빙액이나 방우제를 확산시키고, 세척액과 함께 윈드실드 유리의 청소에도 사용된다. 윈드실드 유리의 표면이 건조할 때에는 와이퍼를 작동시켜서는 안된다.

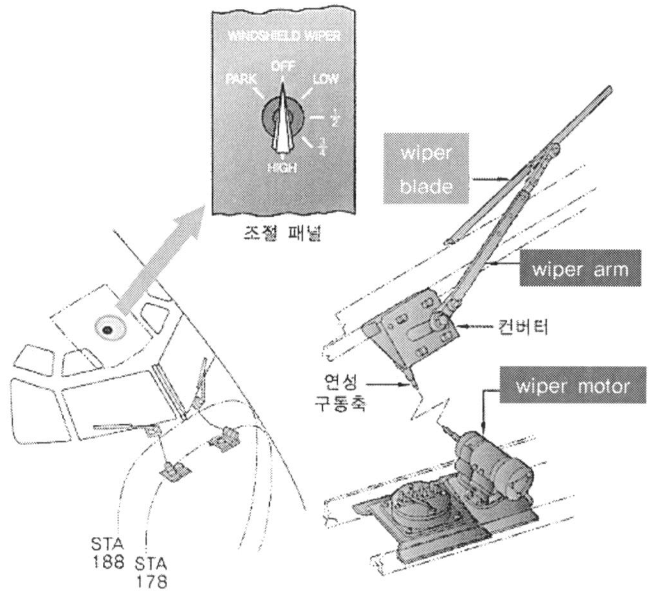

(a) 전기식

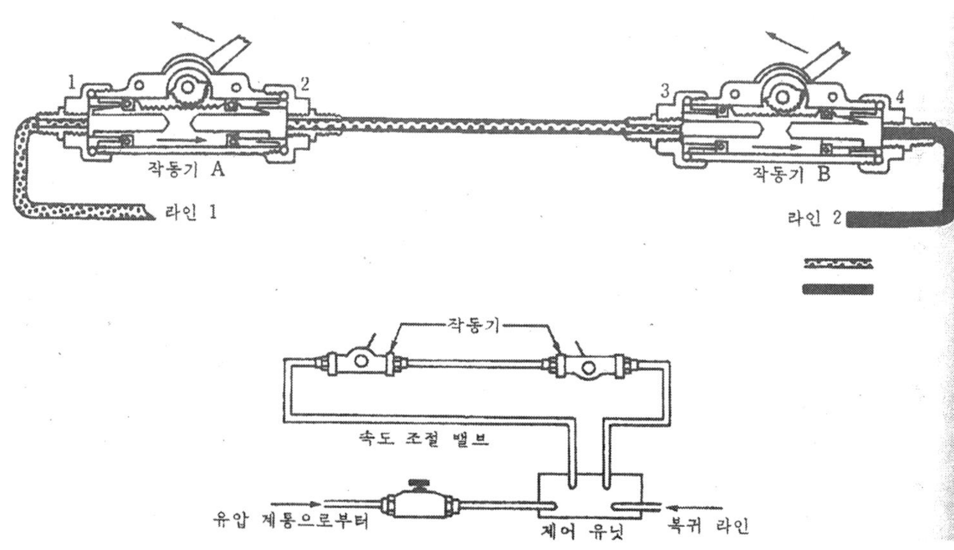

(b) 유압 또는 공기식

그림 4-10 윈드실드 와이퍼 계통

2. 제트 블라스트 제우 계통

그림 4-11는 제트 블라스트(jet blast) 제우 계통을 나타낸 것이다. 제트 기관의 압축공기나 기관시동용 압축기의 블리드 공기(bleed air)를 이용하여, 고온, 고압의 공기를 윈드실드 앞쪽에서 분사하여 공기 커튼(air curtain)처럼 빗방울이 윈드실드 유리 표면에 붙기 전에 날려 버린다.

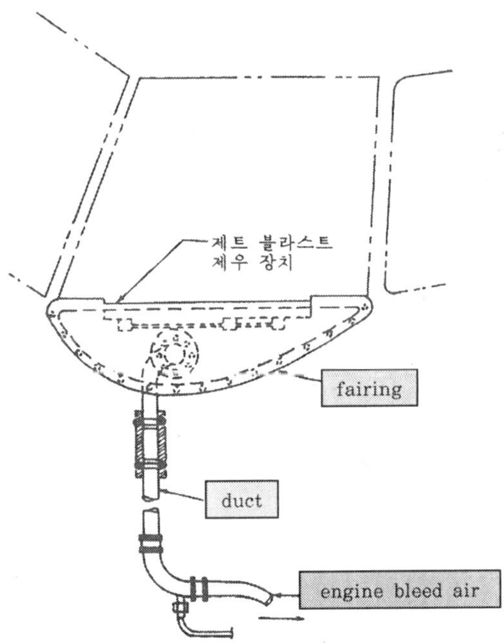

그림 4-11 제트 블라스트 제우 계통

3. 방우제 계통

방우제(rain repellent)는 비가 오는 동안 윈드실드가 더욱 깨끗하고 선명해질 수 있도록 와이퍼 작동과 함께 사용된다. 방우제는 표면 장력이 작은 액체로서, 윈도실드 위에 분사되면 피막을 형성하여 빗방울을 아주 작고 둥글게 만들어 윈드실드에 붙지 않고 대기 중으로 빨리 흩어져 날릴 수 있도록 한다. 그림 4-12는 방우제를 사용한 제우 계통을 나타낸 것으로서 저장 용기, 선택밸브, 솔레노이드 작동밸브, 분사 노즐 및 푸시버튼 스위치 등으로 구성되어 있다.

건조한 유리 표면에 방우제를 사용하면 방우제가 고착되기 때문에 오히려 시야를 방해하므로, 강우량이 적을 때는 사용하지 않아야 한다. 또, 방우제가 고착되면 제거하기가 어렵기 때문에 빨리 중성세제로 닦아 내야 한다. 방우제는 피부나 눈에 묻으면 매우 해롭기 때문에 취급할 때 인체에 묻지 않도록 주의해야 하고, 피부 등에 묻었을 때에는 물로 깨끗이 씻어야 한다.

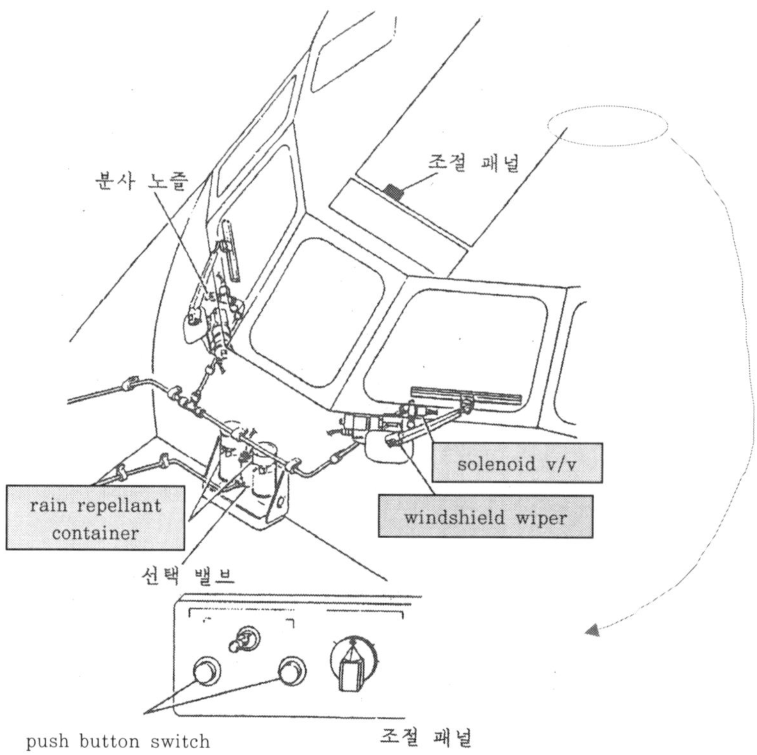

그림 4-12 방우제 계통

4-2-2 제우 계통의 정비

제우 계통의 정비는 항공기의 종류에 따라 달라지므로, 해당 항공기의 정비 매뉴얼에 따라 시행하며, 그 일반적인 내용은 다음과 같다. 제우 계통의 작동 점검 사항에는, 윈드실드 와이퍼의 작동속도, 작동주기 및 정지 위치에 대한 점검 등이 있다. 윈드실드 와이퍼의 작동속도 점검은, 먼저 와이퍼 스위치를 저속 위치에 놓고 와이퍼 깃을 윈드실드 가장 자리에 겹치는지를 검사한다. 이 때, 와이퍼 깃이 윈드실드 가장자리에 겹치게 되면 피벗 볼트를 풀어 장착위치를 조절해야 한다. 그리고 와이퍼 스위치를 고속 위치에 놓고, 와이퍼의 작동 속도가 규정값 내에 있는지를 확인해야 한다. 와이퍼가 작동 중에 윈드실드에 있는 물을 제대로 제거하지 못하면 와이퍼 브러시 상태를 점검하며, 와이퍼 스프링 장력을 조절해야 한다.

복습문제

[1] 압축공기를 이용한 계통이 아닌 것은?

㉮ 객실 냉방계통 ㉯ 객실 여압계통
㉰ 제우 계통 ㉱ 착륙장치 작동계통

[2] 다음 중 제우(rain removal) 계통이 아닌 것은?

㉮ 윈드실드 와이퍼 ㉯ 분배밸브
㉰ 공기커튼 ㉱ 방우제

메모

제5장 경고 및 비상계통

항공기가 이착륙할 때에나 비행 중에 이상이 발생한 경우, 긴급 사태를 미연에 방지할 수 있는 장치를 경고 장치라 한다. 일반적으로, 경고 장치는 화재 경고장치, 실속 경고장치, 대지접근 경고장치(GPWS), 충돌회피 경고장치(ACAS) 등으로 나눌 수 있다.

What is ACAS or TCAS?

A traffic alert and collision avoidance system (abbreviated as TCAS) is an aircraft collision avoidance system designed to reduce the incidence of air collisions between aircraft. It monitors the airspace around an aircraft for other aircraft equipped with a corresponding active transponder, independent of air traffic control(ATC), and warns pilots of the presence of other transponder-equipped aircraft which may present a threat of air collision.

It is a type of airborne collision avoidance system mandated by the ICAO to be fitted to all aircraft with a maximum take-off mass of over 5,700 kg or authorized to carry more than 19 passengers. In modern glass cockpit aircraft, the TCAS display may be integrated in the Navigation Display(ND) or Electronic Horizontal Situation Indicator(EHSI).

The illustration below gives an example of a typical TCAS protection volume, where the unit NM means the nautical mile. The size of the protected volume depends on the altitude, speed, and heading of the aircraft involved in the encounter.

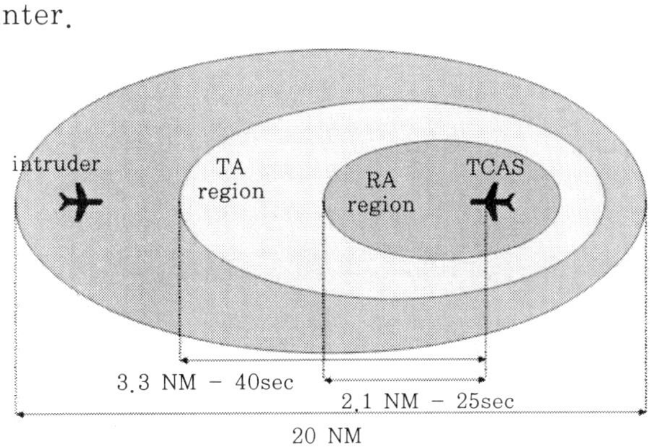

5-1 경고 계통

항공기에 FMS(flight management system) 기능 중에서 중요한 하나로서 경고 표시가 있다. 조종사가 별다른 주의를 기울이지 않더라도 경고등이 켜지거나 경고음이 울릴 때 조종사는 비행기의 이상을 쉽게 판단할 수 있다.

최신 전자식 항공기에서의 메신지는 조종사의 전방 엔진계기 패널에 위치하며, 색깔표시가 모니터 상에 나타난다. 경고(warning)는 적색의 문자 및 숫자겸용(alphanumeric) 표시, 주의 (caution)와 권고(advisory)는 호박색의 문자 및 숫자겸용 표시로 나타낸다.

조언과 경고 표시는 구분되며, 가장 새로운 메시지는 항상 카테고리(category)의 상부에 나타내고 있다 이들의 경고 메시지 발생의 유형은 다음과 같다.

- **경고(warning): 긴급사태(emergency) 발생**

운항 상태 또는 항공기 시스템에 대하여 조종사가 즉각 조치하지 않으면 안 되는 긴급 사태 발생

- **주의(caution): 이상 상태(abnormal) 발생**

운항 상태 또는 항공기 시스템에서 조종사가 즉각 그 사태 발생을 인식하지 않으면 안되는 이상이 발생되었을 때, 교정이나 보정조작을 하는 데 시간적인 여유가 있는 경우

- **권고(advisory): 사태 개선을 위한 보정 및 조작**

운항상태 또는 항공기 시스템 상태가 정상을 벗어나려고 할 때, 조종사가 이를 인식 또는 보정할 필요가 있을 때, 사태를 개선하기 위하여 보정 조작을 필요로 하거나 그렇게 하지 않아도 무방한 상태

5-1-1 조종실에서의 시각 및 청각 경고 장치

비행 안정을 위해 항공기의 시스템 또는 부품의 상황, 조종사의 조작 실수를 조기 인식하기 위한 경고 시스템이 설계되어 있다. 경고 시스템은 항공기의 기능과 비행의 각 단계에서 매우 밀접한 관계가 있다. 이 목적을 달성하기 위하여 조종실

내의 경고 시스템은 승무원의 주위를 환기시키고, 문제의 성질 및 위치를 확인·표시하며, 신뢰성 높은 운항 요건과 환경에 대응해야 한다.

경고 시스템의 우선순위를 보면 다음과 같다.

- 엔진화재 경고 : 벨
- 속도초과 경고 : 크랙커 음
- 착륙장치 경고 : 경적음
- 이륙경고 : 단속 경적음
- 객실여압 경고 : 단속적 경적음
- 자동조정 장치 해제 경고 : 부저음
- 수평 안정판 작동 경고 : C 코드음
- 결심고도(decision altitude) 경고 : C 코드음

5-1-2 경고장치의 종류

실속 경고 장치

수평비행 중에 서서히 조종간을 뒤로 당기면 날개의 받음각이 점점 증가하고, 항공기의 속도는 서서히 감소한다. 조종간을 더 당기면 받음각이 실속 받음각에 이르게 되고, 갑자기 급격한 롤 운동(rolling)이 발생하는 것을 실속(stall)이라 한다. 실속이 발생하였을 때, 롤운동을 하는 이유는 양쪽 날개에서 동시에 실속이 일어나지 않기 때문이다.

그림 5-1은 받음각(AOA)에서 공기흐름을 나타낸 것이다.

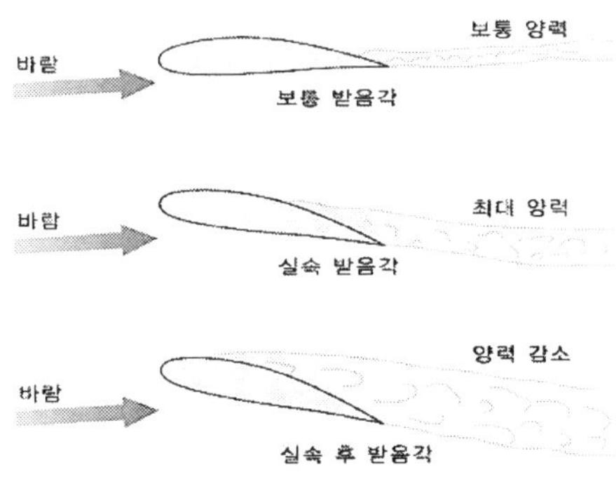

그림 5-1 날개의 실속(stall) 현상

실속현상은 날개를 지난 공기가 소용돌이를 형성하며 받음각이 커지면서 그 영역이 점차 증가하며 실속받음각이 되면 양력이 최대가 되며, 받음각이 더욱 증가하여 날개의 거의 대부분이 소용돌이 속에 들어가면 양력을 잃기 때문에 일어난다.

실속이 생겼을 때 항공기를 다시 수평으로 만드는 조종을 하지 않거나 방향키를 조작하여 요(yaw)운동까지 함께 발생시키면 조종능력을 잃고 선회하며 하강하는 스핀으로 들어갈 위험성이 있다. 실속 경고장치는 실속현상이 일어나기 전에 날개의 받음각을 감지하여 실속 받음각에 가까워지면 조종간의 진동과 함께 경음기 소리를 내어 조종사에게 알린다.

그림 5-2는 실속 경고장치의 계통도로서 받음각 센서, 플랩 각도 센서 및 경고 컴퓨터로 구성되어 있다. 검출된 받음각 신호는 플랩 각도 센서에 보내져 받음각과 플랩 각도신호의 차이가 만들어진다. 미리 정해진 각도에 이르면 조종간에 장착된 진동모터에 의해 조종간을 진동시킨다. 조종사가 조종간을 당기다가 조종간에 진동이 생기면, 조종간을 더 당기면 실속에 들어갈 수 있다는 것을 알게 된다.

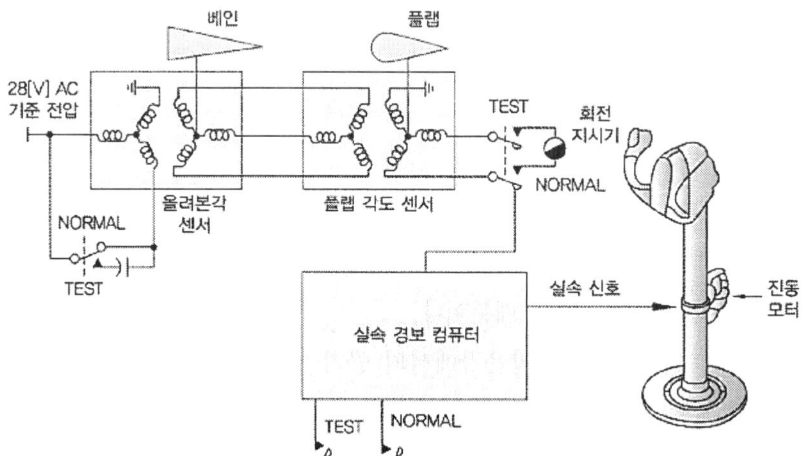

그림 5-2 실속 경고장치 계통도

고도 경고 장치(altitude alert system)

항공 교통량의 증가와 공항 주변의 관제의 복잡화에 따라, 보다 직접적으로 조종사에 의해 지정 고도를 확인하고, 고도 오인을 방지하기 위한 필요성이 인식되어 미연방 항공국(FAA)에서 공중 충돌방지를 위한 고도 경고장치가 1972년부터 의무화되었다. 비행 중인 항공기의 고도를 지상에서 모니터하기 위해 ATC 트랜스폰더(transponder)의 MODE-C에 의해 고도(기압고도) 정보를 제공한다.

항공교통관제(ATC: air traffic control)로부터 지정된 고도를 유지하고 있다가 고도 변경이 필요할 때에는 지정 고도에 정확히 상승 또는 하강하는 것이 필요하다. 이것은 적정한 관제 간격을 유지하여 안정성을 확보하는 것이 중요하기 때문이다

그림 5-3은 고도 경고 시스템의 계통도이다.

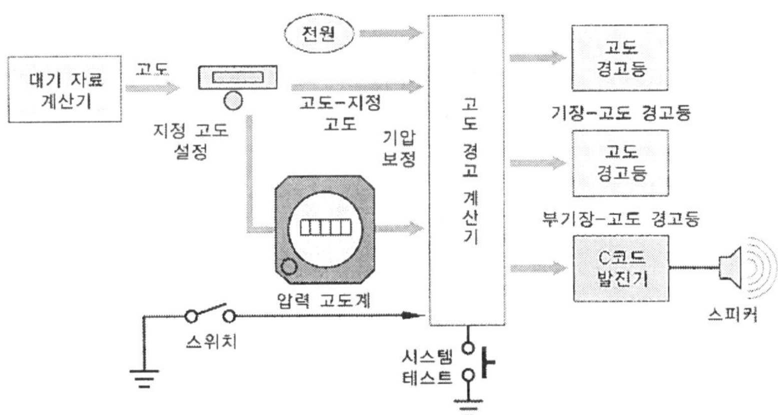

그림 5-3 고도 경고 시스템

대기 자료 컴퓨터로부터 고도와 수동 세트된 지정 고도의 차이 신호가 고도 정보 계산기에 입력된다. 또, 고도계의 기압 보정값이 입력되면 이 두 신호의 차와 각 조종석 계기판의 경고등 또는 경고음을 2초 간격의 C코드 발진기가 동작된다

지정 고도의 수동 세트는 자동 조종장치 및 비행 지시기와 공용으로 연결 가능하여 자동 조작이 가능해진다.

대지 접근 경고 장치(GPWS)

GPWS(ground proximity warning system),는 과거의 항공기 사고로 부터의

경험을 통해 필요성이 인식되어 개발된 장치이다. 1975년 이 후 FAA는 GPWS를 의무적으로 장착하도록 하였고, 그 후 전 세계적으로 보급되었다.

그림 5-4는 시스템의 구성 및 개요를 나타낸 것으로서, 대지 접근 경고 컴퓨터를 중심으로, 여기에 대지 이상 접근을 감시하는 중요한 파라미터를 공급하는 전파 고도계, 대기 자료 컴퓨터, 글라이드 슬로프 수신기, 앙각 위치 및 플랩 위치 등으로 관련 시스템을 구성한다. 경고 출력으로는 경고등과 경고음 등이 있다

GPWS용 경고 컴퓨터는 항공기의 대지 이상 접근을 그 원인별로 일곱 가지의 감시 형태(모드)로 나누어 각각의 모드에 대해서 영역을 설정한다.

모드 1 : 강하율이 크다

모드 2 : 지표 접근율이 크다.

모드 3 : 이륙 후의 고도 감소가 크다.

모드 4 : 착륙은 하지 않았으나 고도가 부족하다.

모드 5 : 글라이드 슬로프의 밑에 편이가 지나치다.

모드 6 : 전파 고도의 음성(call out) 기능

모드 7 : 전단풍(windshear)의 검출 기능

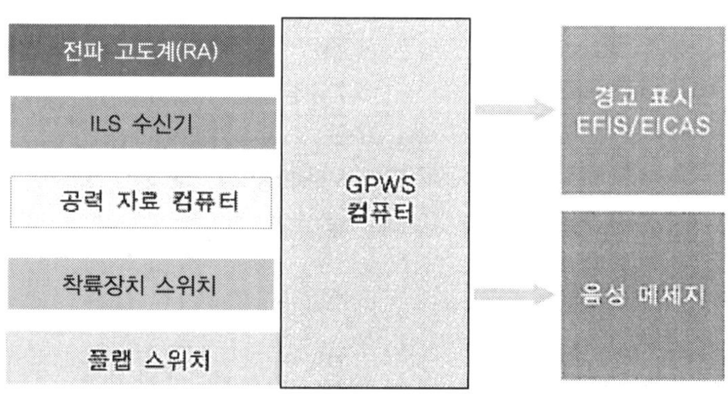

그림 5-4 GPWS 운용개요

전파고도계(RA)가 항공기와 지상간의 거리를 측정하기 때문에 오직 아래만 보게 되어 진행방향 앞에 어떤 장애물이 있는지 보지 못해 경고를 내지 못하는 단점이 있었다. 또한 착륙을 위해 플랩과 착륙장치를 내리고 활주로에 진입할 때,

지상에 접근한다는 불필요한 경고를 방지하기 위해 GPWS를 동작시키지 않아야 한다.

GPWS의 기억 장치에 미리 특정 공항에 대한 정보를 기억시켜 경고를 내는 로직(logic)이 변하도록 하는 기능이다. 이 기능에는 특정 지역의 위도, 경도, 변화 시켜야 할 모드, 로직의 종류, 이 밖에 기압 보정 고도, 활주로 고도, 로컬라이저 편이, 자기 방위 등의 정보도 사용되고 있다 현재 세계의 40개소의 공항의 정보가 기억되고 있어, 지금까지의 GPWS보다 신뢰성이 높은 경고가 가능하게 되었다.

항공기 충돌 방지 시스템(ACAS)

항공기 충돌 방지 시스템(ACAS: airborne collision avoidance system)은 항공기의 접근을 탐지하고, 조종사에게 그 항공기의 위치 정보나 충돌을 피하기 위한 회피 정보를 제공하여 항공 보안 업무를 지원하는 것이다. 이 장치의 필요성은 1950년대에 항공기끼리 공중에서 충돌하는 사고들이 발생되면서 대두되었다.

ACAS는 국제적인 명칭이며, 미국에서는 TCAS(traffic alert and collision avoidance system)라고 부르며, 점차 미국 명칭으로 사용하는 추세이다.

항공기 충돌 방지 시스템은 다음과 같이 세 가지로 분류된다.

- ACAS Ⅰ: 위치 정보만을 제공한다
- ACAS Ⅱ: 위치 정보와 수직면 내의 회피 정보를 제공한다
- ACAS Ⅲ: 위치 정보와 수직면, 수직면의 회피 정보를 제공한다.

ACAS Ⅱ의 동작 원리는 그림 5-5와 같이 감시, 위치 정보, 판정, 회피 정보를 발생하여 회피 방향을 조정한다.

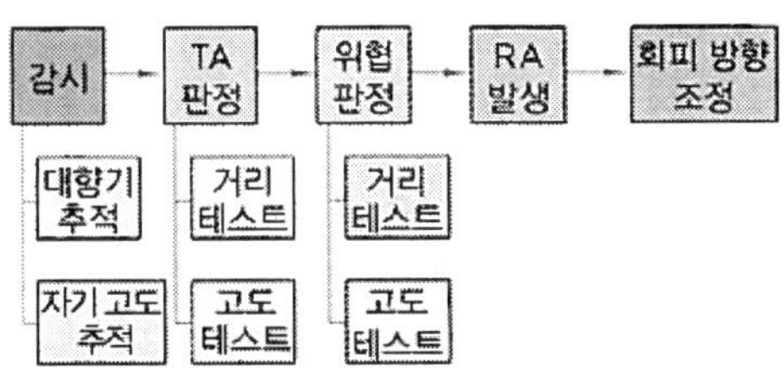

그림 5-5 ACAS Ⅱ의 동작 계통도

(1) 감시

항공교통관제(ATC)는 항공기들의 위치와 비행방향을 관제소만 알고 지시를 내리는 방식으로 이루어지지만, TCAS는 조종사도 관제소와 같은 정보를 가지고 비행할 수 있도록 만들어 통상적인 관제기능을 보완하는 역할을 한다.

감시 기능은 상대방 항공기를 추적하고, 자기 고도를 추적하는 기능이 있다. ACAS Ⅱ 의 상대방 항공기 추적에 대하여 알아보면, 모드-S 트랜스폰더 항공기에 대해서는 모드-S로 질문을 하며, 각각의 응답 신호를 수신한다.

응답신호에는 항공기의 기압고도 정보가 들어 있으며, 질문과 응답의 시간차에 의하여 상대 거리를 구한다. 또한, 응답신호의 도달 범위를 지향성 안테나에서 검출한다. 매초마다 질문에 대한 응답신호를 해독하여 거리, 고도의 상관관계가 있는 응답신호를 검출하여 항공기의 존재를 확인하여 추적한다. 추적에서는 상대방 항공기와의 주기적 시간적인 질문에 의해서 상대속도와 고도변화를 구한다.

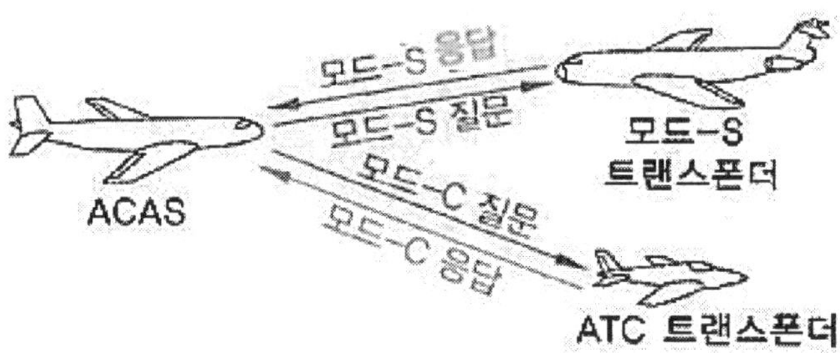

그림 5-6 ACAS(TCAS)에 의한 질문과 응답신호 수단

ACAS Ⅱ의 자기 고도 추적에서는 외부의 기압고도계에서 입력되는 고도를 해독하며, 또한 고도의 시간적인 변화에 의해 자기의 고도 변화율을 얻는다.

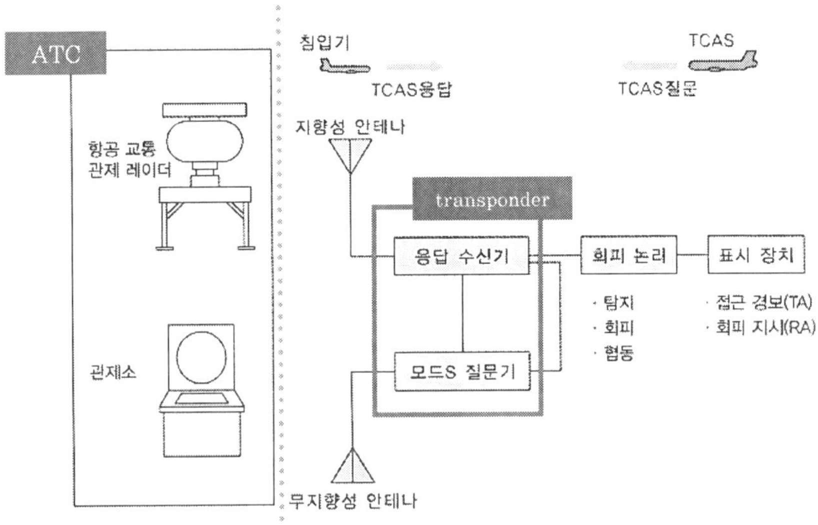

그림 5-7 TCAS 구성도

TCAS는 안테나, 2차 감시 레이더의 모드-S 질문기, 응답수신기, 교통상황에 따라 회피논리를 처리하는 컴퓨터, 결과 표시장치 및 동작 상태를 설정하는 설정 패널 등으로 구성된다. 안테나는 항공기의 꼭대기에 장착된 하나의 지향성 안테나(directional antenna)와 항공기의 밑면에 장착된 무지향성(non-directional) 안테나가 있다. 이들 안테나는 모드-S 트랜스폰더가 1,030MHz에서 질문들을 받고 1,090MHz에서 받은 질문들에 응답한다.

모드-C 응답기는 지상의 항공교통 관제기인 2차 감시 레이더의 질문에 대해 고도 및 고유의 4자리 수로 구성된 응답신호를 보고하는 정상적인 응답기 기능을 수행한다. 추가로 다른 항공기의 공중충돌 회피 장치 질문에 24자리 식별부호를 송출하며, 자신의 항공기 자료와 상태를 공중충돌 회피 장치에 보낸다.

(2) 위치 정보 판정

ICAO는 항공기가 공항 반지름 64km이내의 영역에서 같은 고도로 4.8km 이내의 거리로 접근하여 비행하거나, 그 외의 공역에서 8km 이내로 접근 비행하는 것을 근접 사고 비행으로 간주한다.

그림 5-8은 TCAS 감시영역을 나타내며 충돌공역이란 TCAS를 장착한 항공기 주변의 공간을 말한다.

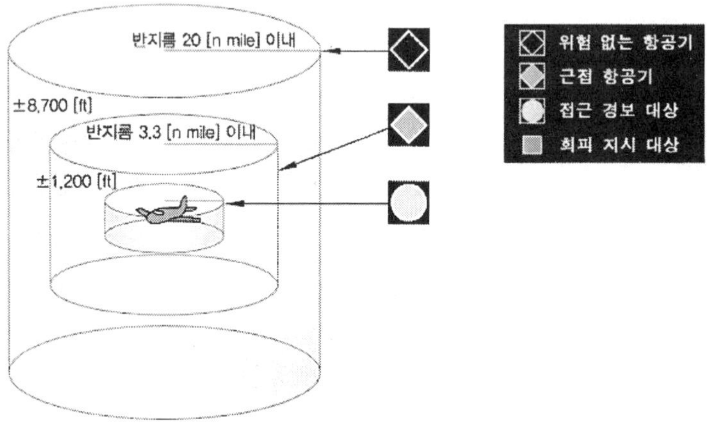

그림 5-8 TCAS 감시영역 및 위치정보 표시기

그림에서 오른쪽 기호는 상대 항공기가 그 영역으로 들어 왔을 때, 표시기에 나타나는 색 표지이다. TCAS는 상대 항공기가 이 영역 내에 들어오면 2차 감시 레이더의 모드-S 질문기로 질문을 던져 자기 주위 공역의 항공기를 검출하고 추적한다. 질문에 대한 응답신호를 기초로 침입기의 거리, 방위, 고도를 산출한다.

추적하고 있는 상대방 항공기가 자기에 접근하고 있거나, 또는 근접의 가능성이 있는지를 판정한다. 위치 정보판정은 2개의 테스트에 의존하고 있다. 거리 테스트 및 고도 테스트는 상대방 항공기가 자기로부터 어떤 가까운 거리에 있는지, 또는 이 거리 내로 들어오기까지의 예측시간이 어떤 값 이하인지를 판단한다. 2개의 테스트에 동시에 합격하면 이 상대방 항공기는 위치 정보 대상기로 판정된다.

위치 정보 대상기에 대하여 ACAS Ⅱ는 상대 거리, 고도차, 수직면 운동 방향 및 방위를 위치 정보로서 조종사에게 표시한다. 위치정보 표시기로서는 기상 레이더 표시기를 보통 사용한다.

(3) 위협 판정 및 회피정보 발생

추적하고 있는 상대방 항공기가 자기에 대하여 충돌할 위협이 있는지를 판정하며, 위협 판정은 두 개의 테스트에 의존한다. 두 개의 테스트에 동시에 합격하면

이 대상 항공기는 위협기라고 판정한다.

- **거리 테스트 :** 대상 항공기가 자기에서 어떤 작은 거리 내에 있는가 또는 이 항공기가 거리 내에 들어오기까지의 예정 시간이 어떤 값(예: 25초) 이하에 있는지를 판정한다.
- **고도 테스트 :** 대상 항공기가 자기에서 어떤 작은 고도차 이하에 있는지를 판정한다.

그림 5-9는 TCAS에서 거리 및 고도 테스트의 개념도를 나타낸다. 단, 거리는 항공기가 300*knots* 속도로 접근한다고 가정하였다. 1 *knot*는 1시간 동안 1 NM(nautical mile)을 이동하는 속도이며 1NM은 1.85*km* 이다. 대상 항공기가 위협기라고 판정되면 ACAS Ⅱ는 위협기와의 최고 접근점에서 고도 관계를 계산하여, 이 고도차가 안전간격 이상으로, 동시에 ACAS 기의 현재의 수직면의 운동에 미치는 영향이 가장 적은 수직면의 회피 정보를 선택한다.

수행과정은 다음과 같다.

침입기가 40초 이내 공중충돌 회피 장치를 장착한 항공기가 충돌공역 내로 들어 올 것으로 예상될 때, 조종사에게 접근 지시(TA: traffic advisory)를 내 보내며, 침입기가 25초 이내 공중충돌 회피 장치를 장착한 항공기가 충돌공역 내로 들어 올 것으로 예상될 때, 조종사가 회피조작을 하도록 회피 지시(RA: resolution advisory)를 하고 경고음을 낸다.

ACASⅡ의 경우 25초 이내에 근접시고 비행이 될 가능성이 있으면 회피 지시정보를 내면서 자장 적절한 회피 가동방법을 제시한다. 고도는 600*ft* 이내로 접근하면 회피 지시정보(RA)를 낸다. 이와 같이 위험성 수준을 판단하기 위해 상대거리를 접근율로 나누어 가장 가까이 접근하는 위치까지 도달하는데 걸리는 시간을 기준으로 삼는다.

ACAS 컴퓨터에서 상대기의 항공교통관제 모드-C 응답기(ATC transponder)에 질문하여 침입기의 자료를 입수하고, 충동 판단논리를 적용하여 위험하면 회피 조작을 선택한다.

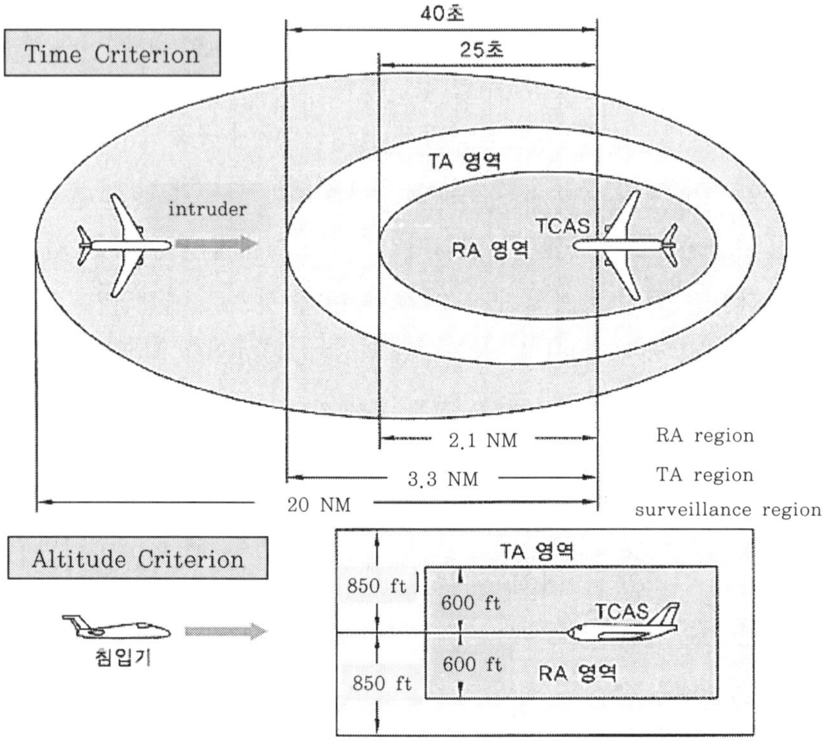

그림 5-9 ACAS의 거리(시간) 및 고도 판단 기준

(5) 회피 방향의 조정

위협기가 ACAS Ⅱ를 탑재하고 있지 않으면 그대로 이 회피 정보는 조종사에게 표시한다. 그러나 위협기가 ACAS Ⅱ를 탑재하고 있으면 자기와 위협기는 모드-S의 질문 응답에 의하여 데이터 링크를 사용하여 회전 방향 정보를 교환하며, 상호 간의 회전 방향이 같지 않도록 조정하고, 회피 정보를 조종사에게 표시한다. 항공 충돌 회피장치(ACAS)에서 만든 교통정보는 자신의 표시장치, 대지접근 경보장치(GPWS), 전자식 계기시스템(EFIS), 항공기 레이더 표시장치 또는 승강계(IVSI: instantaneous vertical speed indicator) 등에 표시된다.

위치 정보의 판정기준은 회피 정보의 판정 기준보다 완화되어 있기 때문에 접근하는 항공기는 먼저 위치정보 표시기에 표시된다. 이 위치정보에 의해 조종사는 이 항공기를 인식하는 것이 용이하게 되었으며, 계속해서 표시되는 회피정보에 대하여 준비할 수 있다. 회피정보의 상대방 항공기는 동시에 위치정보의 상대방 항공기이다. 위치정보 표시기에는 위치 정보 상대방 항공기가, 회피정보 상대방 항공기에서는 심벌의 모양과 색깔로 구별된다.

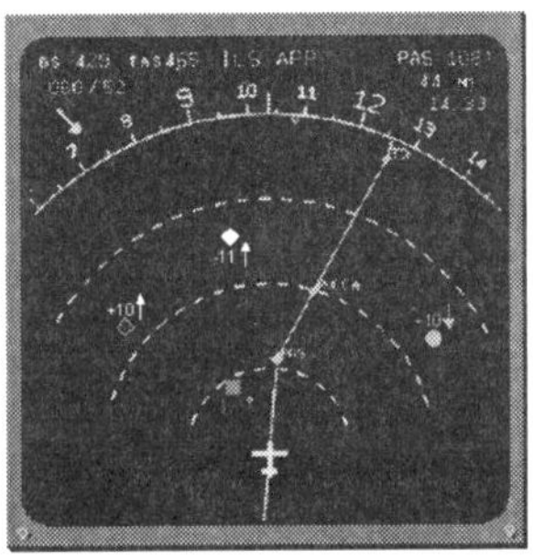

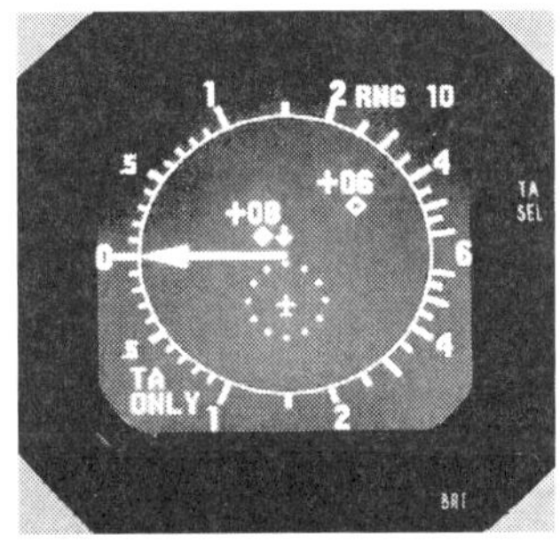

(a) TCAS and IVSI cockpit display (monochrome)
(b) TCAS and EHSI cockpit display (color)

그림 5-10 TCAS에서 해당 정보 표시장치

접근 경보로 음성메시지는 "Traffic, Traffic" 합성음을 발생시킨다. 약 10초 후에는 회피 지시 상태로 되므로 조종사는 즉시 침입기(intruder)를 육안으로 확인해야 한다. 회피지시는 조종조작에 대응하는 적절한 합성음을 발생한다. 예를 들면, “Increase climb” 등 13종류의 합성음으로 지시한다.

ACAS Ⅲ는 GPS와 관성측정장치(IMU)로부터 위치정보, 기수방위 및 항공기 자세자료를 추가로 받아 수평면 회피조작에 대한 지시를 할 수 있도록 연구해오고 있다.

복습문제 1

[1] 1차(primary) 감시 레이더(radar)에 대한 설명으로 옳은 것은?

㉮ 전파를 수신만하는 레이더이다.

㉯ 전파를 송신만하는 레이더이다.

㉰ 송신한 전파가 물체(항공기)에 반사되어 되돌아오는 전파를 스크린에 표시하는 방식이다.

㉱ 송신한 전파가 물체(항공기)에 닿으면 항공기는 이 전파를 수신하여 필요한 정보를 추가한 후 다시 송신하여 스크린에 표시하는 방식이다.

[2] 항공교통관제(ATC)의 트랜스폰더(transponder)에 대해 맞는 것은?

㉮ 지상 무선시설의 질문에 응답하기 위한 장치이며, 교통량이 많은 공역을 비행할 때에는 이것의 탑재를 의무화한다.

㉯ 인공위성에서 발사한 전파를 수신하여 관측점까지 소요시간을 측정함으로서 항공기의 위치를 구하는 장치이다.

㉰ 전파가 물체에 부딪쳐서 반사되는 성질을 이용하여 지상과 항공기사이의 수직거리를 측정하는 장치이다.

㉱ 항공기가 지상으로 과도하게 접근시 조종사에게 시각 및 청각경고를 제공하는 장치이다.

[3] 항공기 충돌회피장치에서 침입하는 항공기에서 고도를 알려주는 것은?

㉮ SELCAL　　㉯ ADI / RMI

㉰ VOR / DME　　㉱ ATC transponder

[4] 항공교통관제(ATC)의 트랜스폰더(transponder)에서 mode-C의 질문에 대해 항공기가 응답하는 비행고도는?

㉮ 진고도　　㉯ 절대고도

㉰ 기압고도　　㉱ 객실고도

복습문제 2

[1] ACAS에서 조종사가 보기 편리하도록 인터페이스로 TA와 RA라는 표시장치를 사용한다. 이들의 의미는 무엇인가?

- TA:
- RA:

[2] ACAS Ⅱ 시스템에서는 이런 상황을 감지하여 조종사가 쉽게 볼 수 있도록 TA와 RA를 표시하기위해 (   )와 (   )를 검사한다.

㉮ 거리, 속도　　㉯ 거리, 고도
㉰ 압력, 거리　　㉱ 밀도, 고도

[3] 속도의 단위인 knot는 거리 (   )를 (   )시간에 가는 속도이다. 이 거리를 항법마일(NM: nautical mile)이라 부르며 1NM은 1.85 km 이다.

[4] 그림 5-9에서와 같이 20 NM 떨어진 물체를 레이더가 감지하는데 걸리는 시간은 약 몇 μs 인가?

[5] TCAS에서 2차 감시 레이더인 mode-S 트랜스폰더는 다른 항공기와 통신을 위해 2개의 안테나들을 해당 항공기 꼭대기와 밑에 장착하여 사용한다. 질문과 응답하기위한 운용주파수는?

- 질문:　　- 응답:

레이더, 2차 감시 레이더(SSR) 및 트랜스폰더에 관해

레이더(radar)라는 말은 radio detecting and ranging의 약어이다. 레이더의 첫 번째 사용은 제2차 세계대전에 영국 공군이 독일 폭격기들을 시야에 들어오기 전에 검출함으로써 이들을 저지할 수 있게 한 것이다. 즉, 펄스파(pulse wave)의 직진성, 정속성, 반사성을 이용하여 멀리 있는 선박, 항공기, 비, 구름 등의 목표물을 찾아내어 그 벡터(vector)량인 거리(range)와 방향(angle)을 알아내기 위한 장치이다. 이와 같은 레이더를 펄스 레이더라고 부르며, 선박이나 항공기 운항의 안전을 위하여, 또한 로켓이나 인공위성의 추적용, 기상 관측용 등에 널리 사용되고 있다. 이 외에도 연속파 또는 펄스파를 사용하여 움직이고 있는 목표물의 속도를 측정하는 도플러 레이더(Doppler radar)도 있다.

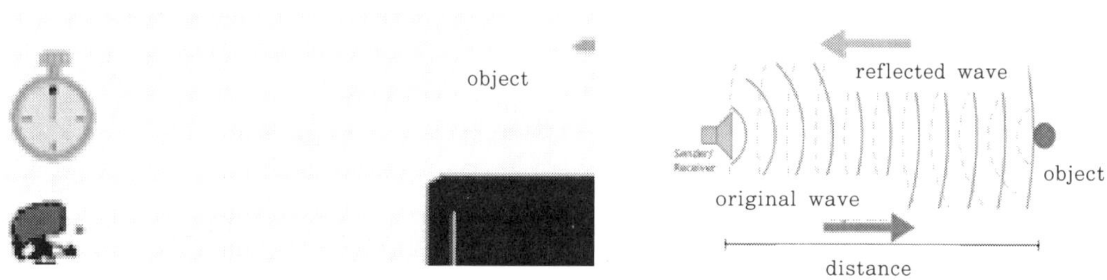

그림 5-11 펄스 레이더 및 연속파 레이더의 비교

1. 레이더의 원리

레이더는 그림 5-12와 같이 안테나로부터 목표물을 향하여 펄스 전파를 방사하면 전파는 목표물에 도달하여 반사되어 다시 안테나로 되돌아온다. 이 반사 신호(reflected signal)를 수신하고, 안테나와 목표물 사이를 왕복하는 시간 t를 측정하면 전파속도 c는 일정($3\times10^5 km/\text{sec}$)하므로 목표물(target)까지의 거리 l은 다음 식으로 정해진다.

$$l=\frac{t}{2}\times c=t\times1.5\times10^5 km$$

그러나 전파를 연속적으로 방사하면 전파가 언제 나가서 돌아왔는지 모르므로 전파를 단시간(0.05~5.0μs)만 방사하고 그 전파가 돌아온 후에 다음 전파를 방사한다. 이와 같이 방사하는 전파는 시간적 주기를 가지는 펄스(pulse)파이다.

펄스 전파를 지향성이 예민한 안테나로 일정 방향으로 방사하였을 때, 반사 전파를 수신할 수 있었다고 하면 안테나가 향한 방향에 목표물이 있다는 것이 된다. 이를 우리는 1차 레이더(primary radar)라고 부른다. 반사된 신호가 없도록 한다면 스텔스(stealth) 기능을 가지는 항공기를 구현할 수 있다.

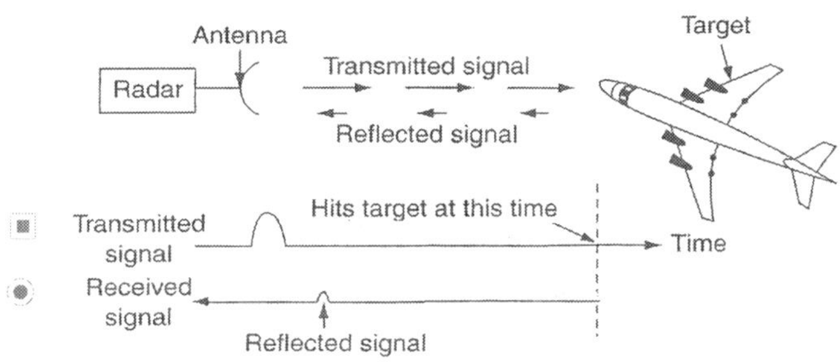

그림 5-12 레이더 원리

레이더 시스템에서는 신호를 송신해서 그 신호를 송신해서 그 신호가 표적에 의해 얼마나 반사가 되는지를 감지하게 된다. 좁은 전자장 패턴을 사용하면 높은 정확도를 가지고 표적의 특정한 방향을 찾을 수 있다.

2. 2차 감시 레이더(SSR: secondary surveillance radar)

2차 감시 레이더(SSR)는 1차 감시 레이더와는 달리, 일종의 통신 회선으로 고안되었다. 즉 지상국에서의 질문 신호(interrogation signal)에 대하여 항공기에 탑재된 트랜스폰더는 이것을 해독하여 항공기의 식별 부호나 비행 고도의 정보를 응답 신호(response signal)로서 지상국에 반송한다. 지상국은 이것을 해독하여 관제 데이터로서 항공 관제사에게 제공한다.

최근에는 컴퓨터를 이용하여 대지 속도, 상승, 하강의 표시, 저고도 경보 등의 제공이 가능해졌다. 이와 같이, 2차 감시 레이더는 국내선, 국제선이든 전체의 항공기를 감시의 대상으로 하기 때문에 지상국과 트랜스폰더를 포함한 2차 감시 레이더 시스템으로서의 중요한 특성은 ICAO에 의해 국제 표준으로 정하고 있다.

이와 같이, 2차 감시 레이더는 관제 데이터를 얻는 수단으로서 대단히 유효한 시스템이지만, 최근 항공 교통량의 증가나 지상국과 담당 지역이 폭주하고, 수가 증가됨에 따라 시스템으로서의 포화 현상이 발생하고, 이것이 중첩되거나 상호 영향을 주는 현상을 발생시키게 되어 정보의 신뢰성을 떨어뜨리게 됨에 따라 이 문제점을 비교적 재빨리 인식하여 각국에서는 새로운 2차 감시 레이더의 개발, 연구가 이루어졌다. 이 중에서 미국에서 연구된 ADBS와 영국에서 연구된 ADSEL이 ICAO에서 통합되어 SSR mode-S로 불리게 되었다. ICAO에서는 SICASP(SSR 개선과 충돌 방지 시스템에 관한 회의)가 설립되어 국제 표준의 작성 개선작업이 계속 진행 중에 있다.

현재 사용하는 2차 감시 레이더에서는 지상국에서의 질문 신호를 받은 항공기의 트랜스폰더가 전부 응답하는 것에 반하여 SSR mode-S에서는 한 개의 지상국과 특정의 항공기와의 사이에 통신 회선을 확립하는 것을 기본 구상으로 하며, 다음과 같은 특징이 있다.

1〉 항공기의 개별적인 어드레스

세계의 전체 항공기에 대하여 24[bit]로 구성된 개별적인 어드레스(address)를 부여하여 이것을 이용함에 따라 지상국은 질문의 대상이 되는 항공기를 지정할 수 있다. 지정되지 않은 항공기는 응답하지 않으므로 혼신을 현저히 줄일 수 있다.

2〉 채널 관리

채널 관리는 SSR mode-S 지상국에 특유한 기능이다. 질문의 대상이 되는 항공기의 예측 위치나 질문신호 및 응답신호의 예측되는 길이 등의 자료를 기초로 항공기로부터의 응답 신호가 시간축 상에 수신되지 않도록 질문신호의 송신시간을 제어한다.

3〉 현용 SSR와의 호환성

SSR mode-S에서의 지상국 및 트랜스폰더는 현용 SSR의 지상국 및 트랜스폰더와 상호의 공용성을 가진다. 이 때문에 두 가지를 병용해도 SSR 모드-S로의 이행시에 예상되는 운용상의 문제점이 없다.

4〉 항공기 충돌방지 시스템(ACAS)로의 이용

SSR mode-S에서 사용되는 질문 및 응답의 신호 형태는 ACAS에서의 항공기 간의 감시 및 회피 지시에도 이용된다.

5〉 데이터 링크

SSR mode-S에는 데이터 링크 기능이 있으며, 항공기와 지상의 디지털 데이터 링크를 가능하게 한다. 데이터 링크 통신은 음성에 의한 통신에 비하여 확실성과 신뢰성이 우수하고, 장래 관제 업무의 VHF 고도화가 필요하다.

현재 고도화되고 있는 항공기와 지상의 데이터 링크 매체로서 SSR 모드-S 이외에 VHF 및 항공 위성이 있으며, 또한 국제적인 것으로 MLS가 있다. 장래에는 이러한 데이터 링크의 부넷트웍(subnetwork)이 유기적으로 결합되어 지구적 자료 정보망(global data network)을 구축하는 것도 고려되고 있다.

2차 감시 레이더(SSR)는 피아(foes or friends) 식별을 위하여 만들어진 장비 계통에서 발달한 것으로서, 일반적으로 1차 레이더(primary radar)인 공항 감시 레이더(ASR)를 병용해서 쓰이고 있다.

항공교통관제 레이더 비컨 시스템(ATCRBS: ATC radar beacon system)의 기상 장치인 트랜스폰더(transponder)에서 부호를 받아 신속, 정확하게 목표 항공기를 식별하는 동시에 거리와 방위, 그리고 비행고도와 비상신호 등의 항공관제에서 필요로 하는 정보를 레이더를 표시해 주는 것이다. 그림 5-14는 SSR의 일반적인 계통도를 나타낸 것이다.

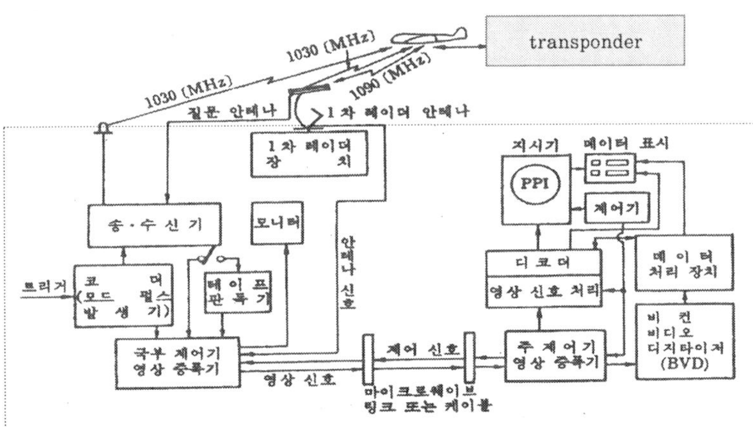

그림 5-14 2차 감시 레이더(SSR) 지상시스템

SSR은 1차 레이더에서 트리거를 얻고, 이 트리거에 의해 정해진 시간에 질문펄스를 발생시켜 소정의 간격으로 질문 펄스에 의해 송·수신기가 변조되며, 주파수 1030[MHz]로 변조된 질문모드 펄스로 변조되어 지향성(directional)을 지닌 질문 안테나에서 방사된다. 이와 같이, 방사된 신호는 트랜스폰더의 무지향성(non-directional) 안테나에 의해 수신되는데, 이것을 해독하여 기상에서 선택된 모드와 일치시키면 응답 신호로서 1090[MHz]로 변조된 최대 15개의 펄스로 구성된 펄스열의 지상의 SSR에 방사한다.

지상의 SSR에서는 이 응답신호를 질문 안테나로 수신하여 영상신호로 한다. 다른 국의 질문에 대한 응답신호인 간섭을 제거하기 위하여 자기 국에서의 질문에 동기된 신호만을 빼내기도 한다. 이것이 관제사에 의해 정해진 방법으로 해독되고 신호처리가 이루어진 후 1차 레이더의 PPI(plane position indicator: 평면 위치 표시기) 상의 목표에 일치시켜 표시하거나, 지정된 목표의 데이터를 디지털로 표시하기도 한다.

ATC의 정보를 처리하는 경우에는, 수신기로부터의 영상신호는 BVD(beacon video digitaizer)로 보내져 실제의 목표만을 자동적으로 탐지하여 목표의 거리, 방위를 산출하고, 필요하면 비행고도 자료를 추출하여 자료 처리 장치로 보내지고, 항공기에서의 응답신호를 코드 펄스(code pulse)라고 한다. 모드 펄스는 정해진 간격을 가진 펄스로 형성되며, 군용과 민간용을 합쳐 6종류의 모드가 있다.

항공교통관제 레이더 비컨장치(ATCRBS: air traffic control radar beacon system)에 쓰이는 모드는 A, B, C 및 D의 네 종류이며, 군용은 모드 1, 2 및 3이 쓰인다. 모드 3은 민간용 모드 A와 간격이 같은데, 모드 3/A로 불리며, 군용과 민간용 공통으로 쓰인다. 트랜스폰더에서의 코드 펄스는 최대 15개의 펄스들로 구성되며, 이 펄스열의 처음과 마지막에는 프레밍 펄스(framing pulse)라고 하는 2개의 펄스가 있어 해독시에 기본 펄스가 된다.

3. 항공교통관제 트랜스폰더(ATC transponder)

항공교통관제 트랜스폰더는 항공교통관제 레이더 비컨장치의 기상(on-board) 장치이다. 즉, SSR은 이 시스템의 지상(ground) 장치이고 질문기인 데 대해 항공교통관제 트랜스폰더는 이 질문기에 대한 기상(on-board)의 응답기이다.

그림 5-15와 같이 지상의 SSR의 질문에 대해 부호화된 응답 신호를 주고받아 항공 교통 관제에서 필요한 항공기의 식별과 비행 고도 등의 질문 모드에 대하여 정보를 응답한다. 이 응답 신호를 SSR로 수신하고 해독하여 지시기에 표시한다.

SSR로부터의 1030[MHz] 주파수의 RF 질문 신호는 항공기 동체 하부에 설치되어 있는 무지향성 안테나로 수신하여 방향성 결합기, 송·수신 duplexer 및 pre-selector를 거쳐 믹서로 보낸다. 믹서에서 국부 발진기의 1090[MHz] RF 출력 신호가 혼합되고, 중간 주파수 60[MHz]의 신호를 얻는다. 이 60[MHz]의 신호는 중간 주파 증폭기로 증폭되고, 증폭된 질문 신호는 비디오 신호로서 리코더에 보내진다. 이 신호는 질문 모드 펄스의 진폭과 시간의 간격을 지연 신호를 써서 주 빔으로부터의 신호인지, 또는 사이드 로브들(lobes)로부터의 신호인지를 판별한다. 주 빔으로부터의 질문모드 펄스신호이면 모드 리코더에 보내지지만, 사이드 로브들로부터의 신호이면 억제시킨다.

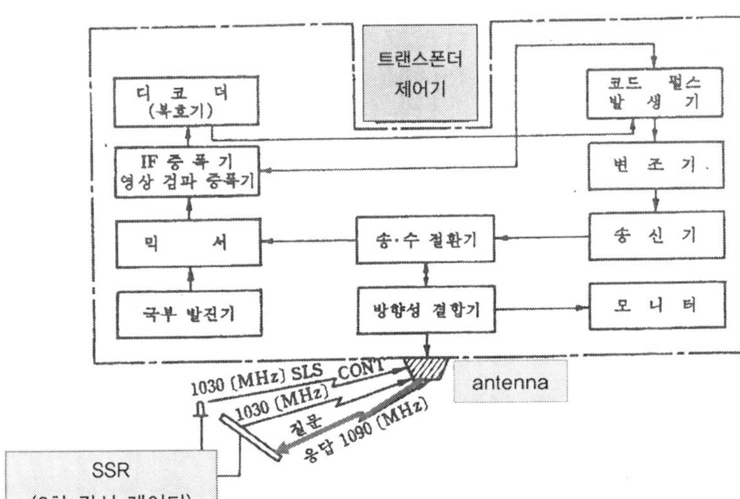

그림 5-15 트랜스폰더 기상(on-board) 시스템

모드 리코더로 보내진 신호는 제어기에서 조종사가 선택 설정한 모드와 맞으면 그 모드에 대응하는 트리거를 발생시켜 인코더(코드 펄스 발생기)로 보낸다. 이

트리거에 의한 인코더에서는 제어기에서 이미 정해진 코드 번호에 선택된 응답신호 코드 펄스열(pulse train)을 발생하는 동시에, 1초 동안 어느 값 이상의 질문신호가 들어오면 송신기에 부하가 걸리지 않도록 자동 과부하 억제 전압을 발생시켜 자동적으로 중간 주파 증폭기의 이득을 낮추는 장치의 안전을 도모하는 응답 제어장치가 갖추어져 있다.

인코더에서 발생한 코드 펄스열은 변조기에 공급된다. 변조기는 코드 펄스에 따라 송신기를 펄스로 변조하고, 변조 펄스는 주파수 1090[MHz]의 RF코드 펄스열을 발생시킨다. 이 신호는 안테나를 거쳐 방사되고, 송신신호의 일부는 방향성 결합기에서 모니터에 보내져 검파된 후, 트랜스폰더가 작동되고 있음을 제어기 상의 표시등으로 나타낸다.

이와 관련된 더 자세한 학습은 안테나, 항공통신 및 항법에 관한 서적을 참조하길 바란다.

메모

5-1-3 기계적 경고 장치

항공기의 문이 이륙 전이나 비행 중에 안전하게 닫혀 있는지의 여부, 플랩(flap)이 항공기의 속도에 비하여 적절한 위치에 있는지의 여부, 또는 착륙 장치가 비행에 지장없이 확실하게 올라가고 내려갔는지의 여부 등을 검점할 필요가 있다. 이를 위해 기계적인 장치를 통하여 마이크로 스위치를 개폐시켜, 해당 경고등(emergency light)이나 버저(buzzer)가 작동되도록 하는 장치를 기계적 경고 장치라 한다.

그림 5-11은 착륙 장치의 경고 회로를 나타낸 것으로서, 하나의 녹색(green) 경고등과 하나의 붉은색(red) 경고등으로 구성되어 있다.

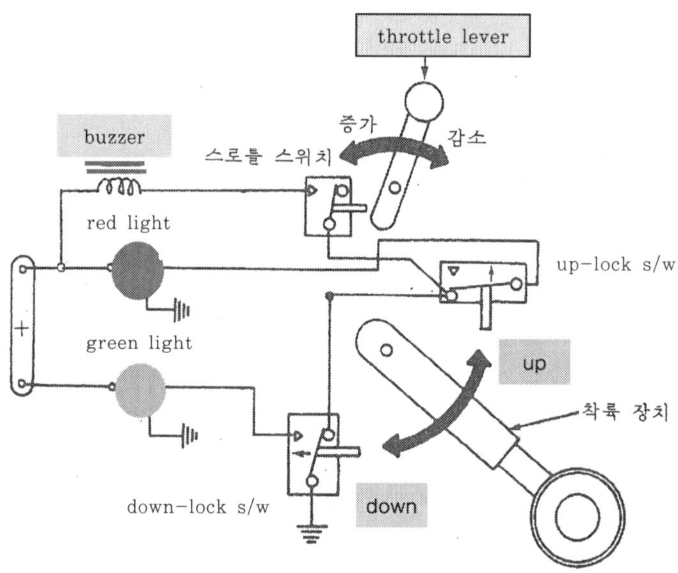

그림 5-11 착륙 장치의 경고 회로

바퀴가 완전히 내려가면 다운락(down-lock) 스위치가 녹색 경고등 회로를 형성시켜 녹색이 불을 켜지며, 올라가지도 내려가지도 않은 상태에서는 업락(up-lock) 스위치와 다운락(down-lock) 스위치에 의하여 붉은 불이 켜진다. 또, 바퀴가 완전히 올라가서 업락 스위치가 작동되면 붉은색 경고등 회로가 차단되어 아무 불도 켜지지 않는다. 그리고 쓰로틀 레버의 개폐에 의하여 작동되는 스위치는 바퀴가 완전히 내려가지 않은 상태, 즉 아무 불도 켜지지 않거나 붉은색 불이 켜져 있는 상황에서 비행기가 착륙하기 위해 그림과 같이 출력을 감소시키면, 쓰로틀 레버의 위치가 전체 쓰로틀 레버의 1/3 위치에 올 때 버저 폐회로가 형성되어 전류가 흘러 경고음이 울린다. 어떤 비행기에서는 착륙 장치마다 독립적으로 녹색등이 설치되어 있어, 바퀴마다 안전 착륙 여부를 판단할 수 있도록 되어 있다.

5-1-4 압력 경고 장치

기관의 윤활유 압력, 연료 압력, 자이로 계기에 이용되는 진공압 및 객실 여압이 안전 한계 미만의 낮은 압력일 때, 그림 5-12와 같이 압력에 민감한 공함(collapsible chamber)을 이용하여 스위치를 개폐시켜 경고등을 작동시킨다.

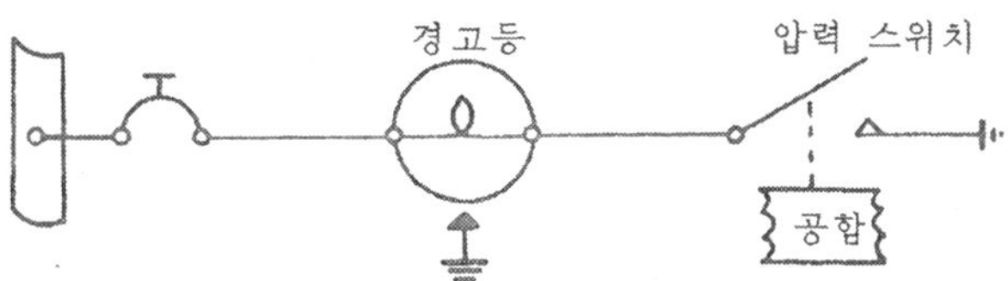

그림 5-12 압력 경고 장치의 기본 회로

여압경고 장치에서 객실 내의 압력이 규정 압력보다 낮을 때에는, aneroid가 팽창하여 압력 스위치가 닫히면서 계전기(relay)가 자화되어 경고음이 울린다. 이 때, 전동기로 구동되는 캡에 의해 단속 스위치가 개폐되면 경고음은 단속적으로 울리게 된다.

5-1-5 경고 장치의 정비

경고 장치의 정비는 각 장치에 따른 정비 매뉴얼을 기준으로 시행하며, 그 일반적인 내용은 다음과 같다. 점멸식 경고 장치의 작동 점검은 전원이 공급된 상태에서 시험 스위치를 작동 시켰을 때 붉은색 경고등이 지정된 시간 동안 계속 깜빡거리는지를 시험한다. 이 작동 시험에서 장치가 정상적으로 작동되지 않는 경우에는 전기 회로상의 고장이거나, 경고등과 시험 릴레이의 고장일 수 있다. 경고장치의 고장에는 단속전인 경고와 허위 경고 및 장치가 작동되지 않는 경우 등이 있다. 일반적으로, 고장의 원인은 단락(short)이나 단선(open)이므로, 경고 회로의 점검 시에는 회로의 손상이나 변형 상태를 점검하고, 단자들 사이에 이물질이 있는가 등의 사항을 점검한다.

메모

5-2 비상 계통

항공기에는 비행 중 불가항력으로 발생할 수 있는 돌발적인 사고에 대비하기 위한 장비들을 갖추고 있어야 한다. 비상시에 승객의 안전을 도모하기 위해 필요한 모든 비상용 장비들을 항공기 내에 비치할 것을 항공법 제 41조 제②항 및 동 시행규칙 제 125조(구급용구)에서 자세히 기술하고 있는데 그 내용을 살펴보면 우리가 평소에 생각해보지도 않은 것들이 많이 있다.

구명보트 수리 장비(repair kit), 거울, 구급약품, 구조대가 조난위치를 쉽게 알아볼 수 있도록 바닷물 염색약(sea dye marker)도 있고 칼, 바닷물을 식수로 정제하는 정수기(desalting kit) 및 정수용 알약, 물통, 호각, 연기·불빛 신호탄, 성경책, 생존법(survival book), 나침반, 성냥, 손전등, 낚시도구 등 그 밖에 비타민 정제, 츄잉껌, 사탕 등 비상식량도 포함되어 있다.

5-2-1 긴급 탈출 장치

긴급히 불시착했을 때 승객 및 승무원을 안전하게 항공기 밖으로 탈출시키기 위한 장치로 대형여객기에는 탑승구 자체가 그대로 비상탈출구로 되어 이곳에 긴급 탈출용 미끄럼대(emergency escape slide, evacuation chute), 탈출용 밧줄(evacuation assist rope)이 장착되어 있다.

그림 5-13 탈출용 미끄럼대(escape slide)

이들 미끄럼대는 90초 이내에 승객, 승무원 전원이 탈출할 수 있도록 설계되어 있기 때문에 비상구(통상은 탑승구) 문을 여는 것과 동시에 자동 개방식 문과 연동되어 자동적으로 밖으로 나와 고압가스, 질소가스 또는 탄산가스에 의해 약

10초 내에 팽창되어 35~45°의 미끄럼대는 구명보트의 역할도 겸한다. 탈출 로프는 탈출구의 근처에 비치해야 하고, 승무원이나 승객이 비상 탈출구를 통하여 지상에 내려올 수 있는 충분한 길이여야 한다.

최근 대부분의 항공기는 출입문에 부착된 비상탈출 미끄럼대(escape slide)가 구명보트(life raft)역할을 겸하게 되어 있다. 그래서 명칭도 이 두 가지의 핵심단어만 조합한 "슬라이드 레프트(slide raft)" 라고 부른다.

5-2-2 구명 장비(life-saving equipment)

구명조끼(life vest)

항공기가 바다나 호수에 불시착했을 경우 한 사람씩 몸에 걸치게 되는데 항공기 밖으로 빠져나오고 나서 끈을 잡아당기면 작은 탄산가스통의 가스가 채워지도록 되어있으나 만일 작동하지 않을 경우는 입으로 불어서 부풀린다. 또 야간일 경우에 대비하여 어깨부분에 해수(海水)전지로 점등하는 표지등이 붙어 있다.

구명조끼에는, 소형의 이산화탄소 병 2개에 의해 조끼를 팽창시키는 일반용과 병 1개에 의해 조끼를 팽창시키는 유아용이 있다. 일반용은 1개의 공기실로도 충분한 부력을 가진다. 이산화탄소에 의해 부풀지 않을 경우에는 입으로 공기를 불어 넣을 수 있게 되어 있다.

구명보트(life raft)

탈출용 미끄럼대가 물 위에서는 구명보트의 역할을 하는데, 탈출용 미끄럼대가 전체 승객을 수용할 수 없을 때에는 구명보트가 구비되어야 한다. 1인용 구명보트는 낙하산의 멜빵에 부착되어 있고 5~6인승과 25인승 구명보트는 비행기 동체의 적당한 위치에 탑재되어 있다. 해상 구조용 구명보트는 각종 보조 기구와 함께 공중에서 낙하시켜 인명을 구조한다. 1인용 구명보트는 고무로 만들어져 있고, 낙하산의 멜빵 속에 넣어져 지퍼로 닫혀 있다. 사용할 때에는 지퍼를 열고, 지퍼에 붙어 있는 핸들을 잡아당기면 압축된 이산화탄소가 들어 있는 실린더 밸브가 열려서 구명보트에 가스가 채워진다.

불시착했을 때 압축가스로 팽창시켜서 탑승자를 수용하고 표류하는 것에 대비하여 구명보트에는 비상용 식량, 민물 제조기, 약품, 통신장비 등이 내장되어 있고 비나 직사광선을 피하도록 되어 있다. 구명보트로는 42인승, 25인승, 10인승 등이 있다. 747, DC-10, 767 이후 최근 도입되고 있는 기종에서는 탈출용 미끄럼대가 탈출 후 바로 구명보트로 사용할 수 있는 형식(slide raft)으로 바뀌고 있다. 이것은 기체의 경량화에도 도움이 된다.

5-2-3 기타 장비

비상 위치 송신기(ELT: emergency locator transmitter)

표류 중에 소재지를 알리는 방법으로 백색 적광탄, 적색 연기탄, 파워·메가폰, 비상 위치 송신기(emergency locator transmitter)가 붙어 있다. 긴급 구조를 위한 비상 송신기는 항공기의 조난 위치를 알리고자 구난 전파를 발신하는 장치로서, 121.5[MHz]와 243[MHz]의 지정된 주파수로 약 48시간 동안 계속 구조 신호를 보낼 수 있게 되어 있으며, 바다에 뜰 수 있다. 긴급무선 표지는 통상 비닐커버로 쌓여 있지만 커버를 떼고 물에 담그면 자동으로 안테나가 늘어나게 된다.

비상등(emergency light)

야간에 불시착했을 때 항공기 외부를 비추는 비상용 조명으로 독립된 비상용 전원(emergency battery)에 의해 작동하도록 되어 있다. 책을 읽을 수 있을 정도로 밝으며 적어도 10분 이상 점등된다.

비상 탈출통로 표지(emergency escape-path marking)

항공기 안이 연기로 덮였을 경우라도 승객이 쉽게 통로를 확인할 수 있도록 통로 바닥면이나 좌석의 측면(777), 기내의 계단(747) 측면에 20~40인치 간격으로 비상용 조명등이 설치되어 있다.

구급함(first aid kit)

불시착 시에 사용하는 약품이나 응급조치용 도구가 소형 금속제 트렁크에 수납

되어 있다. 내용물에 대해서는 항공법규로 자세하게 규정하며 탑재한 수량도 승객 수에 따라 정해져 있다. 구급함은 승객이나 승무원의 부상을 응급 처지하기 위한 기구와 약품을 넣은 상자이다.

복습문제

[1] 착륙장치의 경보회로에서 그림과 같이 바퀴가 완전히 올라가지도 내려가지도 않은 상태에서 쓰로틀 레버를 줄이게 되면 일어나는 현상은?

㉮ 버저만 작동된다. ㉯ 녹색등만 작동된다.
㉰ 버저와 적색등이 작동된다. ㉱ 녹색등과 적색등 모두 작동된다.

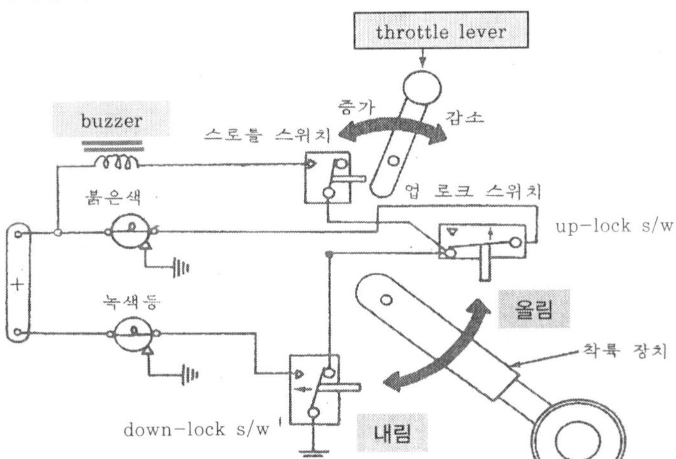

[2] 항공기가 긴급히 불시착했을 때 승객 및 승무원을 안전하게 항공기 밖으로 탈출시키기 위한 장치인 ( )는 ( )초 이내에 승객, 승무원 전원이 탈출할 수 있도록 설계되어 있기 때문에 비상구(통상은 탑승구)을 여는 것과 동시에 자동 개방식 문과 연동되어 자동적으로 밖으로 나와 고압가스, 질소가스 또는 탄산가스에 팽창되어 구명보트의 역할도 겸한다.

[3] 긴급구조를 위한 ( )는 항공기의 조난 위치를 알리고자 구난 전파를 발신하는 장치로서, ( )[MHz]와 ( )[MHz]의 지정된 주파수로 약 ( )시간 동안 계속 구조신호를 보낼 수 있게 되어 있으며, 바다에 뜰 수 있다.

메모

제6장 비행 기록장치

항공기의 비행 기록장치는 사고조사와 사고예방에 유용한 자료를 제공한다. 현재 사용되는 넓은 의미에서 비행 기록장치에는 법적으로 반드시 설치해야 하는 블랙박스인 비행기록장치(FDR)와 조종실 음성 기록장치(CVR)를 비롯하여, 항공기의 신속접근 기록장치(QAR), 항공관제 레이더신호 및 무선통신 기록장치 등이 있다.

FDR and CVR

A flight data recorder (FDR) is an electronic device employed to record any instructions sent to any electronic systems on an aircraft. It is a device used to record specific aircraft performance parameters. Another kind of flight recorder is the cockpit voice recorder (CVR), which records conversation in the cockpit, radio communications between the cockpit crew and others (including conversation with air traffic control personnel), as well as ambient sounds. In this both functions have been combined into a single unit.

Popularly referred to as a "black box" by the media, the data is used for accident investigation, as well as for analyzing air safety issues, material degradation and engine performance.

FDRs are usually located in the rear of the aircraft, typically in the tail. In this position, the entire front of the aircraft is expected to act as a "crush zone" to reduce the shock that reaches the recorder. Also, modern FDRs are typically double wrapped, in strong corrosion-resistant stainless steel or titanium, with high-temperature insulation inside. They are usually bright orange. They are designed to emit an underwater locator beacon for up to 30 days, and can operate immersed to a depth of up to 6,000 meters (20,000 ft).

6-1 비행 기록장치 개요

비행 중에 항공기의 각종 비행 자료를 기록하게 된 것은 항공기의 성능을 확인하기 위해 시작되었으나, 2차 대전 이후 항공 수송량의 증가와 더불어 항공기 사고의 사고 해독용으로 이용되기 시작하였다.

항공기의 FMS(flight management system)기능 중에서 중요한 것으로 경고표시가 있다. 현대의 최신 전자식 항공기의 메시지는 조종사의 전방 엔진 계기패널에 위치하며, 색깔로 화면상에 나타난다. 경고는 적색문자와 숫자 표시, 주의와 충고는 호박색 문자숫자표시(alphanumeric)로 나타낸다.

항공기의 비행 기록장치는 사고조사와 사고예방에 유용한 자료를 제공한다. 현재 사용되는 넓은 의미에서 비행 기록장치에는 법적으로 반드시 설치해야 하는 블랙박스인 비행기록장치(FDR)와 조종실 음성 기록장치(CVR)를 비롯하여, 항공기의 신속접근 기록장치(QAR), 항공관제 레이더신호 및 무선통신 기록장치 등이 있다.

대형 항공기의 요구조건을 충족시키는 기록장치는 비행자료 수집장치(FDAU: flight data acquisition unit)를 별도로 두고, 비행자료 기록장치(FDR)와 조종실 음성기록장치(CVR)로 구성된다.

6-2 비행 기록장치(FDR)

1958년, 최초로 미국에서 채택된 이래 각국에서 독자적인 방법으로 연구되어 왔는데, 이것들은 사고 해독에 필요한 최소한의 자료를 기록, 보존하는 특수성으로부터 출발된다. 이 요건을 만족하기 위해 여러 가지 형식의 기록 장치들이 만들어졌다. 초기에는, 일반적으로 알려져 있는 아날로그 방식으로 자료를 그래프형태로 기록하는 FDR(flight data recorder)이었다. 그 후, 사고 조사의 경험이 축적되어 보다 많은 파라미터의 필요성을 인식하여, 파라미터 요건의 개정이 이루어지고, 기록 용량도 300시간에서 실제 사고 조사에 가장 필요성이 있는 25시간으로 바뀌어졌다.

종래의 아날로그식의 기록에서는 파라미터의 수와 정밀도에서 오차의 한계가 있어서, 파라미터 수를 샘플링하여 디지털화시켜 기록하는 방법이 제안되었는데, 이 방식을 디지털 비행 자료 기록 장치(DFDR: digital flight data recorder)라 부른다.

1〉 디지털 비행자료 기록장치(DFDR)

DFDR는 그림 6-1과 같이 파라미터 신호를 디지털화하는 FDAU(flight data acquisition unit, 비행 자료 수집기)로부터 디지털 자료를 받아 테이프에 기록한다. '이륙을 위한 활주의 시작으로부터 착륙 활주가 끝날 때까지 기록을 행하도록 되어 있으나, 실제에는 주기장을 떠나 다음 주기장에 도착할 때까지 작동된다.

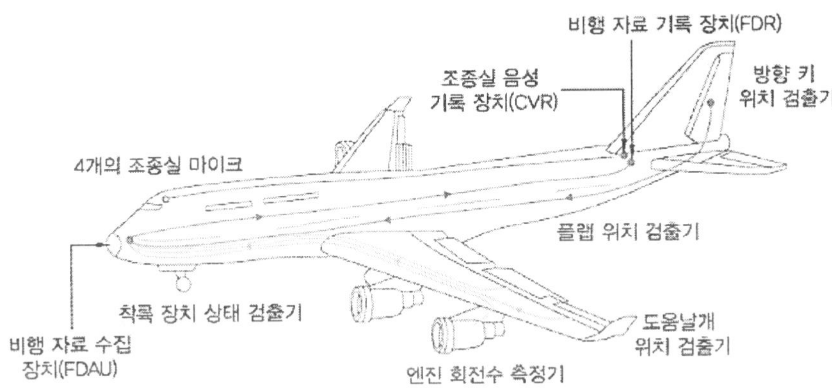

그림 6-1 FDAU

FDAU는 각종 파라미터 신호를 샘플링하여 디지털화한 후, 이 자료를 순서대로 리코더에 보내는 기능을 가지는데, 1초에 64개의 타임 슬롯으로 나누어 리코더에 붙인다.

2〉 비행 집적자료 시스템(AIDS)

AIDS(air integrated data system)는 항공기가 비행 중에 얻어진 자료를 항상 해독하여 항공기의 운항 상태를 수시로 개선하기 위한 종합 시스템이다. 비행 중의 자료를 기록하여 사용하는 점을 DFDR와 같으나, 그 자료를 적극적으로 이용하는 것이 다르다.

AIDS의 구성 요소는 다음과 같이 기상 획득 시스템(acquisition system)과 지상 자료 처리 시스템(ground data processing system)으로 나누어진다.

① 기상 획득 시스템은 해독에 필요한 자료를 비행 중에 필요한 시기를 판단하여 기록 장치에 기록하거나, 즉시성이 요구될 때에는 어느 정도의 해독을 가하여 그 결과를 기상 프린터에 보내는 기능을 가진다.

② 지상 자료 처리 시스템은 기상 시스템에 기록된 자료들을 공학단위로 자료로 변환하여, 자료 해독 프로그램에 의해 처리하여 출력함으로써, 장기적으로 모니터링하면서 자료를 축적시킬 수 있다.

(1) 기상 자료 해석 시스템

기상 시스템은 DFDR에서 설명한 FDAU, 기상 컴퓨터 DMU(data management unit), 기록 장치 QAR(quick access recorder), 조종석에 있는 제어 패널 EDEP(flight data entry panel) 및 기상 프린터로 구성된다. 또한, 최근에는 엔진 관계의 자료를 디지털화하기 위한 PMUX(propulsion multiplexer)가 포함된다.

자료 이용 목적에 따라 결정되나 일반적으로 다음과 같은 종류가 있다.

- 비행 파라미터 : 기압 고도, 대기 속도, 자세, 기수 방향 온도 등
- 조종 파라미터 : 조종 간 위치, 조종익 위치, 플랩 스포일러 등
- 엔진 파라미터 : EPR, EGT, 회전수, 연료량, 엔진 각부 압력, 온도 등
- 항법 파라미터 : 현재의 위치, 풍향, 풍속, 편류각, 대지 속도, 전파 표지 정보

(2) 지상 자료 해석 시스템

지상 자료 해석 시스템은 기록된 자료를 읽어 내는 부분과 읽어낸 자료를 정리하여 해독하는 부분으로 나누며 자료 이용의 내용에 따라 시스템의 형태가 달라진다.

① 자료의 입력 및 출력

DFDR AIDS 등에서 테이프에 기록된 자료는 사인파이다. 이것을 증폭하여 리미트시키면 원래의 구형파가 얻어진다. 신호 전압의 변화로부터 '1'과 '0'으로 판정된 값을 1비트 시간의 3/4에 해당하는 좁은 게이트를 설치하여 통과된 신호를 범용 컴퓨터로 해석한다

② 자료의 해독

자료의 해석은 범용 컴퓨터를 사용하여 각종 목적에 따라 준비된 프로그램에 의해 실행된다 여기에는 다음의 두 단계가 있다.

- 자료를 읽어 공학 단위로 변환하여 파일에 일시 보관한다.
- 앞에서 변환된 파일의 자료를 해독 프로그램으로 처리하여 필요한 출력을 얻어낸다.

실제 운영되고 있는 AIDS의 해석 프로그램은 다음과 같다

엔진 모니터링

오퍼레이션 모니터링

순항 성능 모니터링

ILS 전파 특성 모니터링

자동 착륙 장치 특성 모니터

이 밖에도 항공기의 운항, 정비 등 각 분야에서 자료 이용이 확대되고 있다.

6-2 조종실 음성 기록장치(CVR)

음성 기록장치(CVR: cockpit voice recorder)는 비행 기록장치와 더불어, 사고 발생 때 생생한 음성의 해독이 사고의 원인 규명에 크게 기여할 것으로 판단되어 설치하게 되었으며, 1966년 미국에서 최초로 이 장비의 장착을 의무화하였고, 그 후 모든 항공기에 탑재하게 되었다. 기록되는 음성은 다음 사항에 규정되어 있다

- 비행기 내에서 무선에 의해 송수신되는 음성 통신
- 조종실 내의 비행 승무원 간의 음성
- 기내 인터폰 계통을 사용하는 조종실 내의 비행 승무원 간
- 승객 확성기 계통을 이용한 비행 승무원의 음성 통신

녹음기는 기본적으로 4채널 무종단 리코더이며, 이것은 방호 용기에 수용되어진다. 녹음 시간은 30분이며, 30분 전의 음성을 소거하면서 녹음된다. 장치가 정지된 때에는 항상 최후 30분 동안의 녹음 내용이 남아 있도록 되어 있다.

CVR 방호 요건은 1,100℃에서 30분 동안 유지되며, 충격 1,100[g]에서 11[m/s]까지 견디며, 해수 항공 연료, 작동유 중에 48시간 침전되어도 이상이 없어야 되므로, 열이나 충격에서 보호되도록 캡슐에 수용되고 있다. 기록된 음성은 사고 조사를 위하여 사용되는 것이므로, 정상 비행에서는 그 비행이 종료되었을 때 승무원이 녹음을 소거할 수 있는 기능이 되어 있다. 또, 잘못된 동작으로 인행 녹음이 소거되는 것을 방지하기 위하여 비행 중에서 소거 기능이 동작되지 않도록 되어 있다.

비행 기록장치, 음성 기록장치 등은 사고 발생 때 충격으로 인한 파괴나 화재에 의한 손상을 최소화하기 위하여 가능한 한 비행기 후방에 설치하도록 규정되어 있다. 또 이 설치 부분은 발견되기 쉽도록 밝은 등색이나 황색으로 도장하도록 정해져 있다.

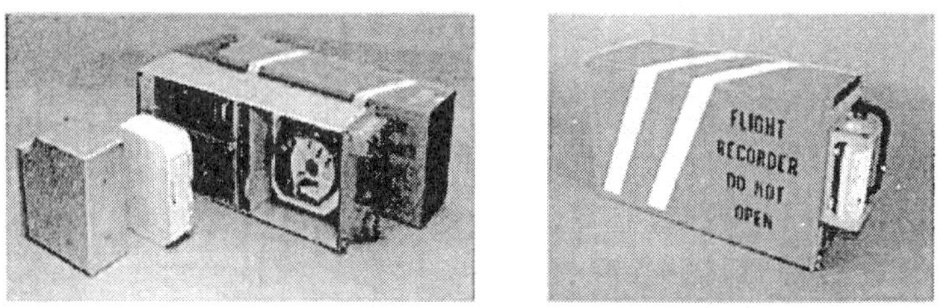

(a) DFDR (b) FDR

그림 6-2 FDR(비행 기록장치)

6-3 신속 접근 기록장치(QAR)

항공기 사고조사에 비행 기록장치가 이용되면서 항공기의 결함은 갑자기 발생하는 것이 아니고 일정시간을 두고 진전된다는 사실을 알게 되었다. 따라서, 항공기의 상태를 주기적으로 살피고 해석하는 것이 사고 예방에 훨씬 더 효과적이란 사실이 입증되었다. 이러한 요구에 의해 신속 접근 기록장치가 개발되었다. 이것은 FDR이나 CVR과 같이 법적 장치에 포함되지 않으므로 충돌 충격이나 화염으로부터 보호되는 구조는 포함하지 않는다.

QAR(quick access recorder)은 데이터 버스를 연결하면 언제든지 기록된 자료를 읽어 낼 수 있다. 반면 FDR과 CVR은 사고 후에만 개봉하여 읽을 수 있다. FDR은 주로 무엇이 잘못되어 사고가 일어났는지를 알려주지만, QAR은 무엇이 잘못되어 가고 있는가를 알려 주므로 문제발생의 예방에 유익하다.

그림 6-3 QAR(신속 접근 기록장치)

복습문제

[1] 조종실에서 교신하는 통신 및 대화 내용, 엔진 등 배경잡음(background noise)이 기록되는 장치는?

㉮ 비행기록 장치(FDR) ㉯ 음성기록 장치(CVR)
㉰ 음성관리 장치(OMU) ㉱ 플라이트 인터폰

[2] 항공기 사고원인 규명 또는 사고 대비를 위한 장치가 아닌 것은?

㉮ CVR ㉯ GPS ㉰ ELT ㉱ DFDR

[3] 항공기의 비행 기록장치는 사고조사와 사고예방에 유용한 자료를 제공한다. 현재 사용되는 넓은 의미에서 비행 기록장치에는 법적으로 반드시 설치해야 하는 블랙박스인 비행 기록장치(FDR)와 조종실 음성 기록장치(CVR)를 비롯하여, 항공기의 신속접근 기록장치(QAR) 등이 있다.

( )은 데이터 버스를 연결하면 언제든지 기록된 자료를 읽어 낼 수 있다. 반면 ( )과 ( )은 사고 후에만 개봉하여 읽을 수 있다. FDR은 주로 무엇이 잘못되어 사고가 일어났는지를 알려주지만, QAR은 무엇이 잘못되어 가고 있는가를 알려 주므로 문제발생의 예방에 유익하다.

메모

저자소개

오상광

공학박사
SDI 연구원 및 대호아이엔티 기술고문
창신대학교 교수

최쌍룡

연세대학교 관리과학대학원
육군항공 헬기조종사
창신대학교 헬기정비과 교수

박윤명

공학박사
LG전자 선임연구원
동원과학기술대학교 항공정비과 학과장

김정래

동국대학교 전기전자공학대학원
육군항공작전사령부 인사참모
여주대학교 군사학부 교수

송병호

기계항공공학박사
항공(기술사, 기능장, 정비사)
구미대학교 헬기정비과 학과장

신동호

한양대학원 전자공학 석사
국방대학교 국방과학 석사
서울벤처대학원 경영학 박사
육본, 합참, 연합사 등 정책부서 근무
국제대학교 군사학과 학과장